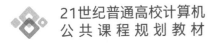

Python 程序设计基础

◎ 崔贯勋 主编　　陆渝 邹航 高羽舒 副主编

清华大学出版社
北京

内 容 简 介

本书包括 Python 语言程序设计的入门知识，从 Python 的安装开始，随后介绍 Python 的基础知识和基本概念，包括数据类型、运算符及表达式，程序流程控制，序列及其他数据结构，字符串和正则表达式，函数，面向对象编程，模块和包，异常，文件，可视化编程，数据库操作，最后结合前面讲述的内容，按照实际项目开发的流程讲解几个综合应用案例的开发过程。

本书可作为高等学校 Python 语言程序设计课程的教材，也可作为工程技术人员和编程爱好者的参考书。

本书封面贴有清华大学出版社防伪标签，无标签者不得销售。
版权所有，侵权必究。举报：010-62782989，beiqinquan@tup.tsinghua.edu.cn。

图书在版编目（CIP）数据

Python 程序设计基础/崔贯勋主编. —北京：清华大学出版社，2021.2（2024.10重印）
21世纪普通高校计算机公共课程规划教材
ISBN 978-7-302-56749-3

Ⅰ. ①P… Ⅱ. ①崔… Ⅲ. ①软件工具–程序设计–高等学校–教材　Ⅳ. ①TP311.56

中国版本图书馆 CIP 数据核字（2020）第 212128 号

责任编辑：付弘宇　张爱华
封面设计：刘　键
责任校对：时翠兰
责任印制：丛怀宇

出版发行：清华大学出版社
　　　　　网　　址：https://www.tup.com.cn, https://www.wqxuetang.com
　　　　　地　　址：北京清华大学学研大厦A座　　邮　　编：100084
　　　　　社 总 机：010-83470000　　　　　　　　邮　　购：010-62786544
　　　　　投稿与读者服务：010-62776969, c-service@tup.tsinghua.edu.cn
　　　　　质 量 反 馈：010-62772015, zhiliang@tup.tsinghua.edu.cn
　　　　　课 件 下 载：https://www.tup.com.cn, 010-83470236
印 装 者：三河市君旺印务有限公司
经　　销：全国新华书店
开　　本：185mm×260mm　　　　印　张：22　　　　字　数：520 千字
版　　次：2021 年 2 月第 1 版　　　　　　　　　　　印　次：2024 年 10 月第 7 次印刷
印　　数：9001～10000
定　　价：69.00 元

产品编号：074837-02

前　言

程序设计是大学生的必修基础课程，也是培养学生计算思维能力的重要课程之一。Python 语言是一种解释型、面向对象的计算机程序设计语言，其经过 20 多年的发展，已经广泛应用于计算机科学与技术、科学计算、数据的统计分析、移动终端开发、图形图像处理、人工智能、游戏设计、网站开发等领域。Python 语言是扩展性很强的程序设计语言，语法简洁清晰，同时拥有功能丰富的标准库和扩展库。其标准库提供了系统管理、网络通信、文本处理、数据库接口、图形系统、XML 处理等功能；扩展库则覆盖科学计算、Web 开发、数据库接口、图形系统等多个领域。

由于 Python 语言的简洁性、易读性以及可扩展性，在国外用 Python 语言进行科学计算的研究机构日益增多，一些知名大学已经采用 Python 语言讲授程序设计课程。例如，卡内基-梅隆大学的"编程基础"、麻省理工学院的"计算机科学及编程导论"就是使用 Python 语言讲授的。根据 IEEE Spectrum 的研究报告，Python 语言是 2017 年世界上最受欢迎的语言。自 2018 年起，教育部将 Python 语言新增为全国计算机等级考试语言。

本书由浅入深、循序渐进地讲述 Python 语言的基本概念、基本语法和数据结构等基础知识。全书共 13 章，第 1 章和第 2 章介绍 Python 语言基本概念、基本数据类型、运算符和表达式；第 3 章介绍三种基本程序设计结构（顺序结构、选择结构和循环结构）；第 4 章介绍序列（包括列表和元组）、字典与集合等；第 5 章介绍字符串和正则表达式；第 6 章介绍函数；第 7 章介绍面向对象编程；第 8 章介绍模块和包；第 9 章和第 10 章介绍异常和文件；第 11 章介绍可视化编程；第 12 章介绍数据库操作；第 13 章讲解 Python 应用案例。本书配套建设了代码自动评测系统，读者可以扫描二维码访问该系统，在系统里在线提交代码，系统会自动评测代码是否正确并及时反馈结果。

本书是重庆理工大学的规划教材，由重庆工商大学的陆渝老师和重庆理工大学的多位老师共同编写，其中第 1 章和第 2 章由高羽舒编写，第 3 章由周宏编写，第 4 章、第 6 章、第 13 章和附录由崔贯勋编写，第 5 章由丛超编写，第 7 章和第 8 章由陆渝编写，第 9 章和第 10 章由邹航编写，第 11 章由陆艳军、魏晔编写，第 12 章由刘亚辉、倪伟编写，全书由崔贯勋统稿。

学生张晓君、俞桦翀、陈国栋、刘强等参与了部分示例代码的调试，编者在此一并表示衷心的感谢。

本书的主要特点是精选了大量经典实例与案例，并在初学者容易出错的实例前标注★以提醒读者特别注意。另外，本书在编写过程中参考的资料已在书末参考文献中列出（如未列出请联系作者），在此对相关资料的作者深表感谢。

本书配套PPT课件（含课程思政内容）、教学大纲、实例程序代码和思维导图等学习资源，读者可以从清华大学出版社官方微信公众号"书圈"（itshuquan）下载。

编者还整理了本书的习题答案，并精心编写了课程思政内容（含思政元素与实例，见附录B），有需要的老师请联系 404905510@qq.com。

由于编者水平有限，书中难免存在不足之处，恳请广大读者批评指正。

编　者

2020 年 12 月

目 录

第 1 章 Python 语言简介 1
1.1 什么是 Python 语言 1
1.2 Python 语言的发展历史 1
1.3 Python 语言的优点 2
1.4 Python 语言的应用 2
1.5 Python 的安装 3
1.6 第一个 Python 程序 5
1.7 Python 源代码编译 8
1.8 实验与习题 10

第 2 章 数据类型、运算符及表达式 11
2.1 数据类型 11
2.1.1 标识符 11
2.1.2 变量和常量 12
2.1.3 整型 14
2.1.4 浮点型 15
2.1.5 分数 17
2.1.6 布尔型 19
2.1.7 空值 20
2.2 输入与输出 20
2.2.1 print()函数 20
2.2.2 input()函数 22
2.2.3 其他输入输出函数 23
2.3 运算符 25
2.3.1 Python 语言运算符简介 25
2.3.2 算术运算符和算术表达式 25
2.3.3 逻辑运算符和逻辑表达式 26
2.3.4 关系运算符和关系表达式 27
2.3.5 位运算符 27
2.3.6 赋值运算符 28

2.3.7　其他运算符 30
　　2.3.8　运算符的优先级 32
2.4　实例精选 32
2.5　实验与习题 45

第 3 章　程序流程控制 46

3.1　算法概述 46
　　3.1.1　算法及其要素和特性 46
　　3.1.2　算法表示方法 46
3.2　顺序结构 48
3.3　选择结构 48
　　3.3.1　if 选择结构 48
　　3.3.2　选择结构的嵌套 51
3.4　循环结构 51
　　3.4.1　while 循环结构 52
　　3.4.2　for 循环结构 53
　　3.4.3　break 和 continue 语句 55
　　3.4.4　else 语句 55
　　3.4.5　pass 语句 56
　　3.4.6　循环结构的嵌套 56
3.5　实例精选 57
3.6　实验与习题 65

第 4 章　序列及其他数据结构 68

4.1　序列 68
　　4.1.1　序列类型的基本操作 68
　　4.1.2　解压序列赋值给多个变量 68
4.2　列表 70
　　4.2.1　列表的创建与删除 70
　　4.2.2　列表元素的访问与计数 71
　　4.2.3　列表元素的增加与删除 72
　　4.2.4　用列表作为栈 74
　　4.2.5　常用列表内置函数 75
　　4.2.6　成员资格判断 76
　　4.2.7　切片操作 76
　　4.2.8　列表排序 77
　　4.2.9　列表复制 78
　　4.2.10　列表推导式 79

4.3	元组	80
	4.3.1 创建元组	80
	4.3.2 访问元组	80
	4.3.3 元组与列表的区别	81
	4.3.4 序列解包	81
	4.3.5 生成器推导式	83
4.4	字典	84
	4.4.1 创建字典	84
	4.4.2 访问字典	85
	4.4.3 字典元素的修改与删除	87
	4.4.4 有序字典	87
	4.4.5 字典推导式	88
	4.4.6 字典的运算	88
	4.4.7 查找两字典的相同点	89
	4.4.8 字典中的键映射多个值	90
4.5	集合	91
	4.5.1 创建与删除集合	92
	4.5.2 更新集合	92
	4.5.3 集合的数学运算	93
4.6	排序算法	95
4.7	实例精选	97
4.8	实验与习题	111

第 5 章 字符串和正则表达式 · 113

5.1	文本序列类型——字符串	113
	5.1.1 字符串的创建	113
	5.1.2 字符串的转义与连接	113
	5.1.3 数字字符串与时间的格式化	114
	5.1.4 字符串的索引与切片	117
	5.1.5 常见的字符串操作	117
5.2	正则表达式	118
	5.2.1 正则表达式的语法	118
	5.2.2 正则表达式与 Python 语言	121
	5.2.3 常用的正则表达式	123
5.3	jieba 分词与 wordcloud 词云	124
	5.3.1 jieba 分词的应用	124
	5.3.2 wordcloud 词云的应用	136

5.4 实例精选 ··· 138

5.5 实验与习题 ··· 142

第 6 章 函数 ·· 144

6.1 概述 ··· 144

6.2 函数的定义 ··· 144

  6.2.1 无参函数的定义与调用 ··· 144

  6.2.2 有参函数的定义与调用 ··· 145

  6.2.3 函数嵌套定义 ·· 145

6.3 函数参数与函数返回值 ·· 146

  6.3.1 位置参数 ··· 146

  6.3.2 关键字参数 ··· 146

  6.3.3 默认值参数 ··· 147

  6.3.4 可变长度参数 ·· 147

  6.3.5 只接收关键字参数的函数 ·· 148

  6.3.6 函数传递参数时序列解包 ·· 149

  6.3.7 函数返回值 ··· 154

6.4 函数的递归调用 ·· 155

6.5 匿名函数：lambda 表达式 ··· 157

6.6 map()函数 ··· 157

6.7 变量作用域 ··· 158

6.8 生成器 ·· 160

6.9 协程 ··· 162

6.10 偏函数与函数柯里化 ·· 163

6.11 实例精选 ··· 165

6.12 实验与习题 ··· 186

第 7 章 面向对象编程 ··· 187

7.1 概述 ··· 187

  7.1.1 什么是面向对象的程序设计 ··· 187

  7.1.2 面向对象程序设计的特点 ·· 187

7.2 类的定义和对象的创建 ·· 187

  7.2.1 类和对象的关系 ··· 187

  7.2.2 类的定义 ··· 187

  7.2.3 self 和 object 参数 ·· 188

7.3 属性和实例 ··· 188

  7.3.1 类的属性和实例 ··· 188

  7.3.2 对象的属性和方法 ··· 190

7.4 派生类、多重继承与运算符重载 ··· 191
　　7.4.1 派生类 ·· 191
　　7.4.2 多重继承 ·· 192
　　7.4.3 运算符重载 ··· 192
7.5 新式类的高级特性 ··· 193
　　7.5.1 什么是新式类 ·· 193
　　7.5.2 __slots__类属性 ·· 194
　　7.5.3 描述符的变化 ·· 194
　　7.5.4 特殊方法__getattribute__() ·· 195
　　7.5.5 装饰器的区别 ·· 195
7.6 类的设计技巧 ··· 196
　　7.6.1 调用父类方法 ·· 196
　　7.6.2 静态方法和类方法的区别 ··· 197
　　7.6.3 创建大量对象时减少内存占用 ··· 197
7.7 实例精选 ··· 198
7.8 实验与习题 ·· 205

第8章 模块和包 ·· 206

8.1 命名空间 ··· 206
　　8.1.1 命名和对象的区别 ·· 206
　　8.1.2 作用域和闭包机制 ·· 206
8.2 装饰器 ·· 207
　　8.2.1 简单装饰器 ··· 207
　　8.2.2 参数的处理 ··· 208
　　8.2.3 调用顺序 ·· 209
8.3 模块 ··· 209
　　8.3.1 什么是模块 ··· 209
　　8.3.2 导入模块 ·· 210
　　8.3.3 标准模块 ·· 211
8.4 包 ·· 212
　　8.4.1 包的概述 ·· 212
　　8.4.2 包管理工具——pip ··· 213
　　8.4.3 虚拟环境工具——virtualenv ··· 215
8.5 实例精选 ··· 216
8.6 实验与习题 ·· 219

第9章 异常 ··· 220

9.1 异常概述 ··· 220

9.1.1 什么是异常 220
9.1.2 标准异常类 220
9.2 异常处理 221
9.2.1 try…except 语句 221
9.2.2 try…except…else 语句 221
9.2.3 try…except…finally 语句 222
9.3 抛出异常和自定义异常 222
9.3.1 抛出异常 222
9.3.2 自定义异常 223
9.4 断言与上下文管理 224
9.4.1 断言 224
9.4.2 上下文管理 225
9.5 两个特殊语句 227
9.5.1 raise 语句 227
9.5.2 with 语句 228
9.6 调试程序 231
9.6.1 使用 IDLE 调试程序 231
9.6.2 使用 pdb 模块调试程序 233
9.7 实例精选 235
9.8 实验与习题 241

第 10 章 文件 243

10.1 文件的描述 243
10.2 文件的打开与关闭 243
10.2.1 文件的打开 243
10.2.2 文件的关闭 244
10.3 文件的读写 245
10.3.1 文件的读取 245
10.3.2 文件的写入 245
10.4 文件的定位 246
10.4.1 seek()和 tell()函数 246
10.4.2 以 r+方式打开文件 246
10.4.3 以 w+方式打开文件 247
10.5 文件的备份和删除 247
10.5.1 文件和文件夹的备份 247
10.5.2 文件的删除 248
10.6 实例精选 249

10.7 实验与习题 260

第 11 章 可视化编程 261

11.1 用 matplotlib 模块绘制图形 261
  11.1.1 绘制单个图表 261
  11.1.2 绘制多个图表 262

11.2 用 Tkinter 模块绘制图形 265
  11.2.1 绘制圆形 265
  11.2.2 绘制直线 265
  11.2.3 绘制方形 266
  11.2.4 绘制椭圆 267

11.3 用 Tkinter 模块设计交互式界面 268
  11.3.1 标签组件 268
  11.3.2 按钮组件 268
  11.3.3 输入框组件 269
  11.3.4 单选框组件和复选框组件 270
  11.3.5 消息窗口组件 271

11.4 用 turtle 库绘制图形 272
11.5 实例精选 276
11.6 实验与习题 282

第 12 章 数据库操作 283

12.1 数据库中的事务 283
12.2 数据库连接 284
12.3 创建数据表 285
12.4 表的插入操作 285
12.5 表的查询操作 286
12.6 表的更新操作 287
12.7 表的删除操作 287
12.8 错误处理 288
12.9 实例精选 288
12.10 实验与习题 290

第 13 章 Python 应用案例 291

13.1 Python 爬虫开发实战 291
  13.1.1 Requests：让 HTTP 服务人类 291
  13.1.2 Beautiful Soup：解析 HTML 利器 292
  13.1.3 教务系统课程表爬虫 293

   13.1.4 常见文档的爬取方法 ································· 300
 13.2 Tromino 谜题 ·· 303
   13.2.1 案例分析与算法设计 ····································· 304
   13.2.2 程序实现及运行结果 ····································· 304
 13.3 最大总和问题 ·· 308
   13.3.1 案例问题分析与算法设计 ······························· 309
   13.3.2 程序实现及运行结果分析 ······························· 309
 13.4 校园导航问题 ·· 311
   13.4.1 案例问题分析与算法设计 ······························· 311
   13.4.2 程序实现及运行结果 ····································· 312
 13.5 实验与习题 ·· 316

附录 A Python 常用的方法及函数 ·· 317

附录 B Python 程序设计课程的思政目标与思政元素 ······················· 329
 B.1 Python 程序设计课程思政目标 ··································· 329
 B.2 本书知识点与思政元素的关联 ······································ 330
 B.3 课程思政的 Python 实例 ·· 336

参考文献 ·· 338

第 1 章　Python 语言简介

1.1　什么是 Python 语言

Python 是一种面向对象的、直译式的计算机程序语言。它包含了一组功能完备的标准库，能够轻松完成很多常见的任务。与其他大多数程序设计语言使用花括号不一样，它使用缩进来定义语句块。Python 语言的语法简单，但相对来说，Python 程序运行所需时间更多。

Python 语言是一种解释型语言，即采用伪编译方法，编写完程序后，需要解释并运行程序，与 C 语言等不同，Python 语言的程序不需要编译。

Python 语言具备垃圾回收功能，能够自动管理内存使用。它经常被当作脚本语言用于处理系统管理任务和网络程序编写，然而它也非常适合完成各种高级任务。Python 语言虚拟机本身几乎可以在所有的操作系统中运行。

Python 语言是开源的程序语言，它的每个模块和库都是开源的。模块是有组织的代码片段，其表现形式为代码文件，每个文件就是一个模块；库是具有相关功能的模块的集合。Python 语言具有强大的标准库和第三方库，这是 Python 的特色之一。

Python 语言的设计理念是"优美、简洁、简单"，当在 Python 解释器内运行 import this 时，便会出现完整的 Python 语言哲学理念的列表。

1.2　Python 语言的发展历史

Python 语言是由 Guido van Rossum（以下简写为 Guido）在 20 世纪 90 年代初期创造的，作为 ABC 语言的继任者出现。尽管 Python 语言中包含了其他人所做的贡献，但因为 Guido 是 Python 的主要作者，所以通常把 Guido 称为"Python 之父"。

1995 年，Guido 移居美国，并发布了 Python 语言的一些版本。

2001 年，Python 语言软件基金会成立，这是一个非营利性组织，负责 Python 语言开发的各项相关工作，如开发 Python 语言核心版本、管理相关知识产权等。

同年，Python 2.0.1 发布。

2009 年，Python 3.0.1 发布。

由于 Python 2.X 和 Python 3.X 的某些语法不兼容，本书所采用的语法都基于 Python 3.X。已发布的所有 Python 语言版本都是开源的。

1.3　Python 语言的优点

Python 语言非常简单，非常适合人类阅读。

Python 语言是 FLOSS（Free/Libre and Open Source Software，自由/开放源码软件）之一。也就是说，用户可以自由地发布这个软件的副本、阅读它的源代码、对它做改动，或把它的一部分用于新的自由软件中。

Python 语言的主要优点如下。

（1）Python 语言具有可移植性。由于它的开源本质，Python 语言已经被移植在许多平台上（经过改动使它能够工作在不同平台上）。如果开发者小心地避免使用依赖于系统的特性，Python 程序无须修改就可以在很多平台上运行。

（2）在计算机内部，Python 解释器把源代码转换成称为字节码的中间形式，然后再把它翻译成计算机使用的机器语言并运行。事实上，用户不再需要担心如何编译程序、如何确保连接装载正确的库等，所有这一切使得使用 Python 语言更加简单。用户只需要把 Python 程序复制到另外一台计算机上，它就可以工作了，这使得 Python 程序更加易于移植。

（3）Python 语言既支持面向过程的函数编程，也支持面向对象的抽象编程。在面向过程的语言中，程序是由过程或仅仅是由可重用代码的函数构建起来的。在面向对象的语言中，程序是由数据和功能组合而成的对象构建起来的。与其他主流的程序设计语言如 C++和 Java 相比，Python 语言以一种非常强大又简单的方式实现面向对象编程。

（4）Python 语言具有可扩展性和可嵌入性。如果用户需要自己的一段关键代码运行得更快或者希望某些算法不公开，可以把部分程序用 C 语言或 C++语言编写，然后在自己的 Python 程序中使用它们。

（5）Python 语言包含丰富的库。Python 语言的标准库确实很庞大。Python 语言有可定义的第三方库可以使用。它可以帮助用户处理各种工作，包括正则表达式、文档生成、单元测试、线程、数据库、网页浏览器、CGI、FTP、电子邮件、XML、XML-RPC、HTML、WAV 文件、密码系统、GUI（图形用户界面）、Tk 和其他与系统有关的操作。记住，只要安装了 Python 语言，所有这些功能都是可用的。这被称作 Python 语言的"功能齐全"理念。除了标准库以外，Python 还有许多其他高质量的库，如 wxPython、Twisted 和 Python 图像库等。

（6）Python 语言有规范的代码。Python 语言采用强制缩进的方式使得代码具有极佳的可读性。

Python 语言的这些优点需要读者在学习 Python 语言的过程中不断地去验证。

1.4　Python 语言的应用

Python 语言有很多方面的应用，下面列举了一小部分。

（1）系统编程：Python 语言提供 API（Application Programming Interface，应用程序编程接口），能方便地进行系统维护和管理。

（2）图形处理：Python 语言有 PIL、Tkinter 等图形库支持，能方便地进行图形处理。

（3）数据库编程：Python 语言可通过遵循 Python DB-API（数据库应用程序编程接口）规范的模块与 Microsoft SQL Server、Oracle、Sybase、DB2、MySQL、SQLite 等数据库通信。Python 语言自带的 Gadfly 模块提供了一个完整的 SQL 环境。

（4）网络编程：Python 语言提供丰富的模块支持 Sockets 编程，能方便、快速地开发分布式应用程序。

（5）Web 编程：Python 语言可以开发 Web 应用并支持最新的 XML 技术。

（6）多媒体应用：Python 语言的 PyOpenGL 模块封装了"OpenGL 应用程序编程接口"，能进行二维和三维图像处理。PyGame 模块可用于编写游戏软件。

1.5　Python 的安装

要使用 Python 语言来开发程序，就需要在操作系统中安装 Python。

Linux 和 Mac OS X 操作系统就预先安装了某个版本的 Python，也可以选择重新安装新的版本，不建议删除原有版本。

如果使用的是 Windows 或 Mac OS X 操作系统，可以在 Python 官方网站上下载合适的版本，这里推荐下载 Python 3.X 版本。

如果使用的是 Linux 操作系统，则将 Python 下载完成后解压，然后进入目录./configure，输入指令 make，之后再输入指令 make install 即可。

以 Windows 操作系统为例，当 Python 安装完成后，可以运行命令提示符程序（cmd.exe），输入 python，即可知道 Python 是否安装成功。图 1.1 所示即为安装成功界面。

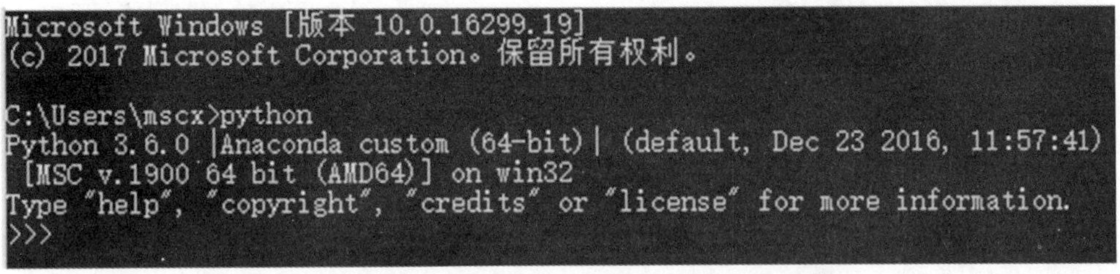

图 1.1　Windows 系统下的 Python 安装成功界面

Anaconda 是一个开源的 Python 发行版本，包含 conda 等 180 多个科学包及其依赖项。Anaconda 安装时容易出现以下问题，需要重点注意。

（1）Anaconda 安装时，会出现如图 1.2 所示的选项。如果只有一个用户，则选择 Just Me 单选按钮，但如果在安装 Python 时图 1.3 所示界面中的复选框是选中状态，则在图 1.2 中最好选择 All Users 单选按钮。

（2）Anaconda 安装时注意路径要简单，类似 D:\Anaconda3 这样即可，路径不要有空格和中文字符。Anaconda 安装完后可以在 Windows 的 cmd 命令界面中分别输入 python 和 conda-version 以检验 Anaconda 是否安装成功。若没有安装成功或者提示 conda 不是内部或外部命令，就意味着 Anaconda 没有把环境变量配置好。解决方案是找到 Windows 环境变量，查看 path 中是否有 D:\Anaconda3\和 D:\Anaconda3\Scripts\（假设 Anaconda 安装在 D:\Anaconda3 目录下），如果没有就添加，保存后重启计算机，再用以上方法验证。

图 1.2 Anaconda 安装时用户设置示意图

图 1.3 Python 安装时用户设置示意图

（3）如果打不开 Anaconda Navigator，而且出现如图 1.4 所示的错误，则说明有问题。

图 1.4 打开 Anaconda Navigator 时的错误示意图

解决方法是将\Anaconda3\Library\plugins 目录下的 platforms 文件夹复制到\Anaconda3，再重新打开 Anaconda Navigator。

（4）Anaconda 安装完毕后如果没有出现在 Windows 的"开始"菜单中，一般是由于安装路径中有空格，或之前安装了 Anaconda 后来又删除、再次安装之前未删除旧的环境变量，解决方法是在 Windows 的 cmd 命令界面中进入安装目录，例如 D:\Anaconda3，然后输入 python .\lib_nsis.py mkmenus 并运行，或者打开 Anaconda 提示符，依次输入命令：

```
conda update menuinst
conda install -f console_shortcut ipython ipython-notebook ipython-qtconsole launcher spyder
```

（5）如果 Anaconda 安装后出现在 Windows 的"开始"菜单中，但运行 Navigator 时一闪而过，此时可以打开防火墙，解除对 Navigator 的阻止；如果单击 Jupyter notebook 后出现黑屏闪烁,一般是由于启动项快捷方式路径有误,可以右击 Jupyter notebook 快捷方式,在弹出的快捷菜单中选择"属性"命令,再在"目标"编辑框中输入"D:\anaconda3\Scripts\jupyter-note book-script.py"（注意带双引号）,或者打开 Anaconda 提示符,输入命令 conda update jupyter 或 conda update jupyter notebook；如果运行 Spyder 时一闪而过,可以打开防火墙,解除对 Spyder 的阻止并把用户变量 pythonpath 改为 path。

（6）在 Anaconda 提示符下输入 conda 指令无效,一般是由于 Path 环境变量没有配置好,需要仔细检查,注意不要出现中文字符。

（7）如果安装过程中出现 "extern "Python": function Cryptography_locking_cb() called, but got internal exception (out of memory ......)", 可以参考以下命令进行处理。

```
conda update conda
conda update anaconda-navigator
conda update navigator-updater
```

如果安装第一个命令后出现错误 "PackageNotInstalledError: Package is not installed in prefix", 把终端关闭后重新开启就可以解决。

（8）修改 Jupyter notebook 默认路径。运行 cmd.exe, 输入命令 jupyter notebook --generate-config, 找到生成的 jupyter_notebook_config.py 文件中的以下内容：

```
#c.NotebookApp.notebook_dir = ''
```

将其修改为以下内容（注意路径不能含中文,假设默认路径为 D:\Project\AnacondaProjects）：

```
c.NotebookApp.notebook_dir = 'D:\Project\AnacondaProjects'
```

或者右击 Jupyter notebook 快捷方式,在弹出的快捷菜单中选择"属性"命令,再在"目标"文本框中输入 "D:\Project\AnacondaProjects" 即可,记得必须加双引号。

1.6 第一个 Python 程序

Python 安装完成后,读者就可以开始编写 Python 程序了,可以直接用 Python 的交互式解释器编写,也可以用各种 IDLE（Integrated Development and Learning Environment, 集成开发和学习环境）进行编写。

在这里用 IDLE 进行编写,如图 1.5 所示。

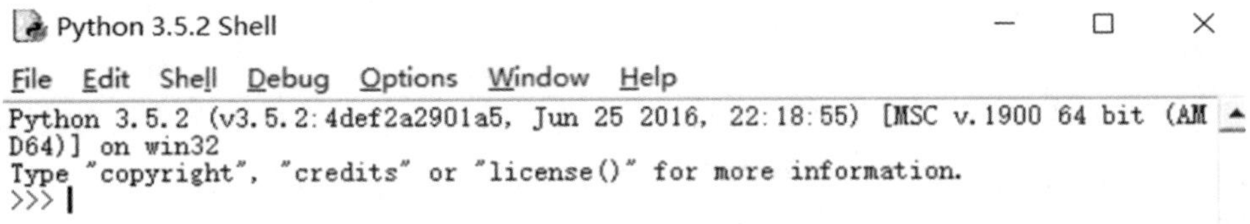

图 1.5 Python IDLE 界面

输入 print('Hello world!') 然后按回车键（即 Enter 键）,第一个 Python 程序就完成了,如图 1.6 所示。

```
>>> print('Hello world!')#第一个Python程序
Hello world!
>>>
```

图 1.6　第一个 Python 程序

将 Hello world! 用引号括起来是因为它的数据类型是字符串。用单引号或双引号括起来的都是字符串类型，关于字符串会在之后的章节详细介绍。

需要注意的是，输入代码时，　>>>是不需要输入的，它只是 Python 中显示的提示符。

print()是一个函数，而 Hello world 是传入的参数，这就是一个简单的函数调用。因为 print()是一个内置函数，因此不需要导入任何模块即可以使用。而有些函数是需要导入模块的，模块导入会在后面讲到。在编写代码时，应该优先选择内置函数、对象或者类型。其次才是 Python 标准库所提供的对象，最后才考虑使用一些扩展库。扩展库的安装需要用到 pip 工具，后面会详细讲解。

当然，在平时用 Python 时，用户可以选择一些更方便的编译器，如 pycharm 等。

Python 不是用{}来表示语句块，而是用缩进来表示，不同的缩进代表了不同层次的语句块。也就是说，相同层次的语句缩进一定要相同。如果某语句结尾有冒号，那么它后面语句中层次比它低的都需要缩进。缩进的最大好处就是使程序看起来美观。

作为一个程序，实现功能是一部分，但美观和可读性也是很重要的。在编写代码时，最好在每个类、函数定义和一段完整的功能代码之后都添加一个空行，同时运算符两侧也应该加一个空格。这样代码布局和排版会比较美观，而不是一团密密麻麻的代码。同时注释也是必不可少的，这样保证别人能快速看懂程序代码，注释是一个很好的途径。

在 Python 中，#是单行注释符，在同一行里，#后面的都是注释。注释是用来对自己的代码进行解释说明的，在代码执行过程中，注释会被忽略。

当然 Python 也提供了多行注释的方法，由三个单引号或三个双引号（即'''注释信息'''或"""注释信息"""）将信息作为注释处理，如：

```
#这是一个注释信息
'''
这是由三个单引号注释的多行信息
这是由三个单引号注释的多行信息
'''
"""
这是由三个双引号注释的多行信息
这是由三个双引号注释的多行信息
"""
```

缩进当然不只是为了美观，它是 Python 语法的一部分。如果同一层级的代码缩进不同，Python 会进行语法报错。缩进可以用来表示代码的逻辑从属关系。

缩进可以由任意数量的空格和制表符组成，但一般不要两者混用，只要同一层级的代码块中的代码缩进相同即可，也就是说，Python 不在乎怎么缩进代码，只在乎缩进是否一致。按照惯例，每个缩进用 4 个空格或者一个制表符，但没有绝对的标准。

下面用一段有些复杂的程序来说明：

```
>>> x=1
>>> if x>0:
        print('x>0')
        if x<10:
            print('x<10')
x>0
x<10
>>>
```

从这个程序可以看出，不同的层级缩进也不同。

注意，进入 Python shell，按下 Delete/Backspace 键，会出现 ^H 字符。命令输入错误后只能从头开始，无法删除，如：

```
Python 3.5.2 (default, Mar 29 2017, 11:05:07)
[GCC 4.8.5 20150623 (Red Hat 4.8.5-11)] on linux
Type "help", "copyright", "credits" or "license" for more information.
>>>
>>> import ^H^H^H^H^H^H
```

出现这样的情况是因为没有安装 readline 相关模块，可以用以下两种方式解决。

（1）安装 readline 相关模块，再重新编译、安装 Python。

```
# yum install readline readline-devel
# make
# make install
```

（2）使用 Python 自带的 readline 模块。

如果用方式（1）没能成功，则切换至 Modules 目录，修改 Setup 文件，尝试使用 Python 自带的 readline 模块：

```
# cd Modules/
# vi Setup
```

取消文件中 readline 部分对应的注释符：

```
#readline readline.c -lreadline -ltermcap
```

然后，再重新编译、安装 Python。

IDLE 提供一些快捷键，掌握这些快捷键将会大大提高代码的编写速度和开发效率，IDLE 中常见的快捷键如表 1.1 所示。

在编写 Python 代码时，要有良好的习惯并遵守一些规范，这样编写的代码会比较美观，而且可以为自己和别人提供很多方便，常见的规范如下。

（1）缩进。4 个空格，在 Linux 系统下体现比较明显，IDLE 会将 Tab 转换为 4 个空格，可放心使用。

（2）行的最大长度。每行代码的最长字符数不超过 80，一屏可以看完，不需要左右移动。

（3）空行。本页的一级类或者方法之间空两行，二级类和方法之间空一行。

（4）类命名。所有单词的首字母都大写，并且不使用特殊字符、下画线和数字。

（5）方法命名。由小写字母或者下画线组成，多个单词用下画线连接，但下画线不能作为首字符。

表 1.1 Python IDLE 常用快捷键

快 捷 键	说　　明	适 用 范 围
F1	打开 Python 帮助文档	Python 文件窗口和 shell 均可用
Alt+P	浏览历史命令（上一条）	仅 Python shell 窗口可用
Alt+N	浏览历史命令（下一条）	仅 Python shell 窗口可用
Alt+/	自动补全前面曾经出现过的单词，如果之前有多个单词具有相同前缀，可以连续按下该快捷键，在多个单词中间循环选择	Python 文件窗口和 shell 窗口均可用
Alt+3	注释代码块	仅 Python 文件窗口可用
Alt+4	取消代码块注释	仅 Python 文件窗口可用
Alt+g	转到某一行	仅 Python 文件窗口可用
Ctrl+Z	撤销上一步操作	Python 文件窗口和 shell 窗口均可用
Ctrl+Shift+Z	恢复上一个撤销操作	Python 文件窗口和 shell 窗口均可用
Ctrl+S	保存文件	Python 文件窗口和 shell 窗口均可用
Ctrl+]	缩进代码块	仅 Python 文件窗口可用
Ctrl+[	取消代码块缩进	仅 Python 文件窗口可用
Ctrl+F6	重新启动 Python shell	仅 Python shell 窗口可用

（6）常量命名。以大写字母开头，全部是大写字母或下画线或数字，多见于项目的 settings 文件中。

（7）注释。单行注释以#开头，复杂逻辑一定要写注释。

（8）导入。每个文件头都会有一些导入，导入顺序为：先导入 Python 包，再导入第三方包，最后导入自定义的包。不使用的包不要导入，不要两个文件循环导入。

（9）空格。给变量赋值时，变量后空一个格，运算符或逗号后空一个格，作为参数时符号前后不空格。

（10）try。代码中要尽量少出现异常捕获的代码，有些临界值或极值是可以预见的，如果没有预见，就让代码报错，重新修改代码。这是一个好的方式，加多了异常捕获，反而会导致问题难以定位。异常分为多种类型，可以根据不同的类型去进行相应的逻辑处理。

（11）全局变量名。没有特殊需求，不要使用全局变量。

（12）变量和传递参数不要使用关键字。

（13）方法的参数默认值中，不要有列表的默认值（参数传的是指针）。

（14）方法的返回值。优先返回 True 或 False，其次返回数据，但一定要保证返回的数据类型是一致的，不要出现 if 中返回的是 True，else 中返回的是数据。

1.7　Python 源代码编译

直接使用 Python 开发的软件时有许多不方便的地方，如需要安装特定的 Python 环境，需要安装依赖库。为了便于部署，需要将 Python 源代码编译成可执行文件，编译后的可执行文件就能脱离 Python 环境运行了。

（1）安装。

```
pip install pyinstall
```

（2）简单使用。

最简单的使用方式是运行 pyinstaller myscript.py 来生成可执行文件，其中，myscript.py 是需要编译成可执行文件的源代码。

通过这种方式生成的可执行文件默认位于当前文件夹的 dist 目录下的 myscript 目录中，该目录下除了有 EXE 文件外，还有若干个其他文件，这些文件都是运行时必需的。

编译完成后可以删除 build 文件夹，该文件夹存放的是编译过程中生成的临时文件。

如果希望编译出的 EXE 文件不依赖其他文件，可以添加-F 选项：

```
pyinstaller -F myscript.py
```

编译出的单独的 EXE 文件在启动时速度上略慢于编译成文件夹方式。因为在执行单独的 EXE 文件时会将资源先释放到临时文件夹中然后再执行。

（3）常用选项。

-distpath=path_to_executable：指定生成的可执行文件存放的目录，默认存放在 dist 目录下。

-workpath=path_to_work_files：指定编译中临时文件存放的目录，默认存放在 build 目录下。

-clean：清理编译时的临时文件。

-F, -onefile：生成单独的 EXE 文件而不是文件夹。

-d, -debug：编译为 debug 模式，有助于运行中获取日志信息。

-version-file=version_text_file：为 EXE 文件添加版本信息，版本信息可以通过运行 pyi-grab_version 加上要获取版本信息的 EXE 文件的路径来生成，生成后的版本信息文件可以按需求修改并作为 version-file 的参数添加到要生成的 EXE 文件中去。

-i <FILE.ico>, -i <FILE.exe,ID>, -icon=<FILE.ico>, -icon=<FILE.exe,ID>：为 EXE 文件添加图标，可以指定图标路径或者从已存在的 EXE 文件中抽取特定 ID 图标作为要生成的 EXE 文件的图标。

另外，还可以通过 spec 文件来生成可执行文件，运行 pyi-makespec options script [script ...] 可以生成 spec 文件，修改 spec 文件后执行

```
pyinstaller specfile
```

或者

```
pyi-build specfile
```

就可以生成可执行文件了。

spec 文件方式生成可执行文件提供了更多的定制选项，包括自定义 Python 库的位置、要打包的其他文件路径等。

1.8 实验与习题

1. 简单说明如何选择正确的 Python 语言版本。
2. 为什么说 Python 语言采用的是基于值的内存管理模式?

第 2 章　数据类型、运算符及表达式

2.1　数 据 类 型

2.1.1　标识符

在程序中使用的变量名、函数名、常量名等统称为标识符。在 Python 中，标识符由字母、数字、下画线组成，但不能以数字开头。另外 Python 中的标识符是区分大小写的。关于 Python 标识符有如下几点说明：

（1）以下画线开头的标识符是有特殊意义的。

（2）以单下画线开头的标识符（_xxx）代表不能直接访问的类属性，须通过类提供的接口进行访问，不能用"from xxx import *"导入。

（3）以双下画线开头的标识符（__xxx）代表类的私有成员。

（4）以双下画线开头和结尾的标识符（__xxx__）代表 Python 中特殊方法专用的标识，如__init__()代表类的构造函数。

（5）在对变量进行命名时应尽量避免使用上述样式。

除此之外，还有一些字符串是 Python 规定具有特殊意义的，称为保留字或关键字，用户定义的标识符不能与之相同。

常见的保留字如下所示：

False	class	finally	is	return	None	continue	lambda
True	def	from	nonlocal	while	and	del	global
not	with…as	elif	if	or	yield	try	assert
else	import	pass	break	except	in	raise	for

下面是一部分保留字的含义。

if：条件判断语句。

for：用于遍历迭代器中的每个元素。

try：与 except、finally 配合使用，处理在程序运行中出现的异常情况。

class：用于定义类型。

def：用于定义函数和类型的方法。

pass：表示此行为空，不执行任何操作。

assert：用于程序调试阶段时测试运行条件是否满足。

yield：在迭代器函数内使用，用于返回一个元素。自从 Python 2.5 版本以后，这个保留字变成一个运算符。

raise：制造一个错误。

import：导入一个模块或包。

from: 从包导入模块或从模块导入某个对象，与 import 配合使用。

as：将导入的对象赋值给一个变量。

in：判断一个对象是否在一个字符串/列表/元组里。

这些保留字中，除了 False、None 和 True 外，其余保留字都不能作为一个值赋给变量，在 Python 3.X 中，所有的保留字都不能被赋值。

需要注意的是，保留字并不是一成不变的，随着 Python 版本的变迁，有些字符串会加入保留字中。

除了保留字外，还有转义字符，转义字符就是在一些字符或字符串前加"\"，用来表示一些无法显示的字符，例如换行符。

表 2.1 是一些常用的转义字符及其含义。

表 2.1 常用的转义字符及其含义

转义字符	转义字符的含义	ASCII 码
\n	换行	10
\t	横向制表符	9
\v	纵向制表符	11
\b	退格	8
\r	回车	13
\f	走纸换页	12
\\	反斜线符"\"	92
\'	单引号符	39
\"	双引号符	34
\a	鸣铃	7
\ddd	1~3 位八进制数所代表的字符	—
\xhh	1~2 位十六进制数所代表的字符	—

2.1.2 变量和常量

在程序执行过程中，其值不发生改变的量称为常量。常量分为直接常量和符号常量。直接常量（字面常量）包括以下几种。

（1）整型常量：12、0、-3；

（2）实型常量：4.6、-1.23；

（3）字符常量：'a'、'b'。

符号常量是指用标识符代表一个常量。需要注意的是，Python 没有真正意义上的符号常量，但是有时候会需要用到符号常量。一般是在 import 语句下面用大写字母作为常量名，如 NUMBER=100。但这并不意味着这个值不可以被改变。

习惯上符号常量的标识符用大写字母，变量标识符用小写字母，以示区别。

使用符号常量的好处是能做到"一改全改"。即如果该常量被使用了很多次，也只需在最开始的地方改变其初值即可。

值可以改变的量称为变量。一个变量应该有一个名字，在内存中占据一定的存储单元。在 Python 中，对一个变量赋值之前并不需要对其定义或声明，它会在第一次赋值时自动生成。在使用一个变量之前需要先对其进行赋值。

变量命名规则如下：

（1）变量名必须以字母或下画线开头，后面可以跟任意数量的字母、下画线和数字。变量名中只能有字母、下画线和数字。

（2）区分大小写，如 Python 和 python 是不同的。

（3）变量名不能使用保留字。

下面的例子是将"hello world"这个字符串赋给了变量 a，然后再将 a 打印出来。

```
>>> a='hello world'
>>> print(a)
hello world
>>>
```

当一个变量不再使用时，可以使用 del 命令将其删除。删除之后要想再使用该变量名需要重新赋值。例如：

```
>>> a='abc'
>>> print(a)
abc
>>> del a
>>> print(a)
Traceback (most recent call last):
  File "<pyshell#3>", line 1, in <module>
    print(a)
NameError: name 'a' is not defined
>>> a='ab'
>>> print(a)
ab
>>>
```

变量只是对象的引用值。在 Python 中对象有类型，但变量没有类型，也就是说，不需要为一个变量声明类型而可以直接赋值、创建各种类型的对象变量，也可以将不同的对象赋给同一个变量。

```
>>> a='this is a string'
>>> print(a)
this is a string
>>> a=123456
>>> print(a)
123456
>>> a=['a','b','c','d']
>>> print(a)
['a', 'b', 'c', 'd']
>>>
```

对象是 Python 最基本的概念之一，Python 中的一切都是对象。Python 也提供了一些内置对象，常见的 Python 内置对象如表 2.2 所示。除此之外，还有大量的标准库和扩展库对象，标准库是 Python 默认安装的，但需要导入之后才能使用其中的对象（如何导入库会在后面详细讲到），扩展库则不是默认安装的，需要先安装再导入，这样才能使用其中的对象，当然也可以选择自定义对象，这会在后面的章节讲到。

表 2.2 常见的 Python 内置对象

对象类型	示例	简要说明
数字	1, 1.2, 1.1e4	数字的长度无限制
字符串	"abc", 'a', '123'	一般使用单引号和双引号作为界定符，三引号一般用于多行注释
列表	[1,2,3], ['1', '2', '3']	元素存放在一组方括号中，用逗号隔开
字典	{name:Jack, age:20}	元素存放在一组花括号中，元素为"键: 值"形式
元组	(2, 1, 3)	元素放在圆括号中，且元组中的元素值不可更改
文件	f=open('file_name.txt', 'r')	open()是 Python 内置函数，用来以指定模式打开文件
集合	{1,2,3}	元素放在花括号中，且元素不可重复
布尔型	True,False	—
空类型	None	—
编程单元	函数和类	在 Python 中，函数和类都属于可调用对象

Python 具有自动管理内存功能，对于没有任何变量指向的值，Python 会自动将其删除。

2.1.3 整型

整型就是整常数。在 Python 3.X 版本中，一般整数和长整数类型已经合二为一了。所以，现在 Python 中的整型精度是无限的，例如：

```
>>> 2**100
1267650600228229401496703205376
>>>
```

Python 不仅支持十进制整型，也支持十六进制、八进制以及二进制的整型。

十六进制的数以 0x 或者 0X 开头，后面跟一个十六进制的数，由 0~9 以及 a~f 组成，分别代表 0~15。其中，a~f 不区分大小写。

八进制的数以 0o 或者 0O（数字 0 加字母 o 或 O）开头，后面跟一个八进制的数，由 0~7 组成。

二进制的数以 0b 或者 0B 开头，后面跟一个二进制的数，由 0、1 组成。

Python 提供了内置函数 hex(a)、oct(a)、bin(a)，可以将一个十进制数 a 分别转换为十六进制、八进制及二进制的字符串，例如：

```
>>> a=100
>>> hex(a)
'0x64'
>>> oct(a)
'0o144'
```

```
>>> bin(a)
'0b1100100'
>>>
```

此外，int(string,b)函数可以将一个字符串作为给定的进制转换为十进制数，例如：

```
>>> string='100'
>>> print(int(string,2))
4
>>> print(int(string,8))
64
>>> print(int(string,10))
100
>>> print(int(string,16))
256
>>>
```

2.1.4 浮点型

浮点数即带有小数部分的数字。

在 Python 中，浮点数分为两种：一种是普通的由数字和小数点组成的，如 1.0、2.3 等；另一种是由科学记数法表示的，由数字、小数点以及科学记数标志 e 或 E 组成，如 2.1e10 这表示 2.1×10^{10}。

需要注意的是，虽然 2.1e10 的结果是一个整数，但 2.1e10 属于浮点数，2e10 也同样属于浮点数。例如：

```
>>> type(2e5)
<class 'float'>
>>>
```

注 type()函数可以显示当前对象的数据类型。

有一种特殊的浮点数是小数对象，与普通浮点数相比，小数对象有固定的位数和小数点，也就是说，小数是有固定精度的浮点数。小数对象与其他数据类型不同，小数对象需要导入一个 decimal 模块后调用函数才能创建。

```
#创建小数对象
>>> from decimal import Decimal
>>> a=Decimal('0.1')
>>> print(a)
0.1
>>> type(a)
<class 'decimal.Decimal'>
```

需要注意的是，小数对象只能与小数对象和整数进行运算，如果和普通浮点数进行运算则会出现语法报错。

```
>>> from decimal import Decimal
>>> a=Decimal('0.10')
>>> b=Decimal('0.20')
>>> print(a/b)
0.5
>>> c=0.2
```

```
>>> print(a/c)
Traceback (most recent call last):
  File "<pyshell#154>", line 1, in <module>
    print(a/c)
TypeError: unsupported operand type(s) for /: 'decimal.Decimal' and 'float'
>>> d=2
>>> print(a/d)
0.25
>>>
```

还可以通过这个模块来设置全局精度,例如:

```
>>> from decimal import Decimal
>>> from decimal import getcontext
>>> getcontext().prec=4#设置精度
>>> print(1/3)
0.3333333333333333
>>> a=Decimal('0.1')
>>> b=Decimal('0.3')
>>> print(a/b)
0.3333
>>> c=Decimal('0.2')
>>> print(a/c)
0.5
>>>
```

但该方法只对小数对象有用,而且如果小数部分的精度不够,也不会补0。

下面的例子只是设置精度:

```
>>> from decimal import Decimal
>>> from decimal import getcontext
>>> getcontext().prec=4#设置全局精度
>>> a=decimal.Decimal('0.1')
>>> b=decimal.Decimal('0.3')
>>> print(a/b)
0.3333
>>> with decimal.localcontext() as local:    #设置局部精度
        local.prec=1
        print(a/b)
0.3
>>> print(a/b)
0.3333
>>>
```

关于with…as语句,后面会做介绍。

由于用来存储数值的空间有限,因此浮点数缺乏精确性。例如,以下语句的计算结果应该得到0,但结果却不是0。虽然很接近0,但没有足够的位数去实现这样的精度。

```
>>> print(0.1+0.1+0.1+0.1-0.3-0.1)
2.7755575615628914e-17
>>>
```

不过使用小数对象就可以改正了。例如:

```
>>> import decimal
```

```
>>> a=decimal.Decimal('0.1')
>>> b=decimal.Decimal('0.3')
>>> print(a+a+a+a-b-a)
0.0
>>>
```

如上所述，用户可以通过 decimal 模块中的 Decimal()构造函数创建一个小数对象，传入的字符串就是小数。当不同精度的小数对象在表达式中混用时，Python 会自动升级成位数最多的小数。

```
>>> import decimal
>>> a=decimal.Decimal('0.1')
>>> b=decimal.Decimal('0.3')
>>> c=decimal.Decimal('0.10')
>>> print(a+c+a-b)
0.00
>>>
```

如果想将一个浮点数按照四舍五入的方法保留位数，还可以使用 round()函数。round()函数很简单，就是对浮点数进行近似取值，保留一定位数的小数。

```
>>> a=0.334
>>> b=0.335
>>> print(round(a,2))
0.33
>>> print(round(b,2))
0.34
>>> print(round(0.55))
1
>>> print(round(0.111))
0
>>>
```

但因为在机器中浮点数不一定能精确表达，所以 round()函数可能会出错，例如：

```
>>> print(round(2.675,2))
2.67
>>>
```

可以看到，结果是 2.67，而不是 2.68，这并不是一个缺陷。在机器中浮点数不一定能精确表达，因为换算成一串 1 和 0 后可能是无限位的，机器已经做出了截断处理。那么在机器中保存的 2.675 这个数字就比实际数字稍小，这导致它离 2.67 要更近，所以保留两位小数时就近似到了 2.67。

所以如果对精确度要求很高，应该尽量避开使用 round()函数，而使用 decimal 模块。

2.1.5 分数

Python 3.0 引入了分数这一数据类型。和小数对象相同，要创建分数对象，需要引入一个模块 Fraction，如下所示：

```
>>> from fractions import Fraction
>>> x=Fraction(1,3)
>>> y=Fraction(1,2)
```

```
>>> print(x)
1/3
>>> print(y)
1/2
>>> type(x)
<class 'fractions.Fraction'>
>>>
```

如上所示，可以传入两个参数即分子和分母来创建分数，也可以使用下面的方法：

```
>>> from fractions import Fraction
>>> print(Fraction(0.5))
1/2
>>>
```

可以通过 from_float()函数和 float()函数实现分数和浮点数的转换。

```
>>> from fractions import Fraction
>>> a=2.5
>>> b=Fraction.from_float(2.5)
>>> print(b)
5/2
>>> print(float(b))
2.5
>>>
```

尽管可以将浮点数转换为分数，但在某些情况下会造成精度损失。例如：

```
>>> from fractions import Fraction
>>> b=Fraction.from_float(0.3)
>>> print(b)
5404319552844595/18014398509481984
>>>
```

出现这种情况时，可以通过限制最大分母值来得到结果。例如：

```
>>> from fractions import Fraction
>>> b=Fraction.from_float(0.3)
>>> a=b.limit_denominator(10)
>>> print(a)
3/10
>>> print(b)
5404319552844595/18014398509481984
>>>
```

可以看到，实际上 b 的值并没有改变。

值得注意的是，Python 会自动进行约分，分子或分母中有负号时，自动约分会最终将负号归于分子。例如：

```
>>> from fractions import Fraction
>>> print(Fraction(0.5))
1/2
>>> print(Fraction(5/10))
1/2
>>> print(Fraction(5/-10))
-1/2
>>>
```

分数可以和整数、浮点数以及分数本身进行二元运算,两个分数相加得到分数。相关规则如下:

(1)一个分数加一个整数得到一个分数;

(2)一个分数加一个浮点数得到一个浮点数。

其他二元运算和加法相同。

下面看一个例子:

```
>>> from fractions import Fraction
>>> a=Fraction(1,2)
>>> b=3
>>> c=0.5
>>> print(a+a)
1
>>> print(a+b)
7/2
>>> print(a+c)
1.0
>>>
```

此外,Fraction 对象有两个属性 numerator 和 denominator,分别代表了分子和分母,例如:

```
>>> from fractions import Fraction
>>> a=Fraction(5/10)
>>> print(a)
1/2
>>> print(a.numerator )
1
>>> print(a.denominator)
2
>>>
```

除了上面这些以外,Fraction 模块提供了一个 gcd()函数,可以迅速找到两个数的最大公约数。例如:

```
>>> from fractions import gcd
>>> print(gcd(256,16))
16
>>>
```

2.1.6 布尔型

在 Python 中,有一种特殊的数据类型叫布尔型(bool),该类型只有两种取值:True 和 False,分别代表真和假。实际上,可以把 True 和 False 看成 Python 内置的变量名,值分别为 1 和 0。因为实际上 True 的值就是 1,而 False 则为 0,如图 2.1 所示。

图 2.1 布尔型的值

在有了 bool 数据类型之后，可以用 True 或 False 更清楚、准确地设置标志位，例如 flag=False，使标志位的含义更加清晰；也可以用于条件语句，如无限循环语句"while True:"。

Python 除了与大多数程序设计语言一样，用整数 0 代表 False，整数 1 代表 True 外，也把任意的非空数据结构看作 True，把任意的空数据结构看作 False。也就是说 Python 的每个对象都有一个属性代表该对象是 True 还是 False。每个对象不是 True 就是 False。数字非 0 即为 True，其他对象非空即为 True，例如：

```
>>> bool(0)
False
>>> bool(10)
True
>>> list_a=[]
>>> print(bool(list_a))
False
>>> list_a=['a']
>>> print(bool(list_a))
True
>>> str1=''
>>> print(bool(str1))
False
>>> str1='123'
>>> print(bool(str1))
True
>>> print(bool(None))
False
>>>
```

这也表明每个对象都可以作为循环结构或选择结构的条件表达式，如"if 1:"或"while 0:"是合法的，这一部分会在后面谈到。

2.1.7 空值

Python 中还有一个特殊的对象，即空值，该对象只有一个值用 None 表示，None 并不等于 0 或其他一些空的数据类型，而是一个特殊的值，代表什么也没有。另外，None 的布尔值为 False。

2.2 输入与输出

2.2.1 print()函数

print()函数的作用就是将对象打印到屏幕上，有人也许会疑惑，在之前的例子中并没有使用 print()，却依然将对象的值打印到了屏幕上，这是因为之前都是在 Python 的交互式解释器中进行的。它会自动打印表达式的值。在 Python 中，print()可以打印任意类型的值，哪怕输一个列表之类的复杂数据类型，也可以打印出来，关于复杂数据类型会在后面讲到。当需要打印多个对象时，对象之间用逗号隔开。

可以传给 print()函数确定的字符串等数据,如果传入一个表达式,它会打印出表达式的值,可能是布尔值也可能是运算结果。

在 Python 解释器中输入 help(print)来获取 print()函数有哪些参数,如图 2.2 所示。

```
>>> help(print)
Help on built-in function print in module builtins:

print(...)
    print(value, ..., sep=' ', end='\n', file=sys.stdout, flush=False)

    Prints the values to a stream, or to sys.stdout by default.
    Optional keyword arguments:
    file:  a file-like object (stream); defaults to the current sys.stdout.
    sep:   string inserted between values, default a space.
    end:   string appended after the last value, default a newline.
    flush: whether to forcibly flush the stream.
```

图 2.2 print()函数

可以看到,print()函数一共有 4 个参数,分别是 sep、end、file 和 flush。由于 flush 参数在客户端脚本上基本用不上,这里就不介绍了,其他参数的含义如下:

(1) sep 是当需要打印多个对象时,对象之间的分隔符,默认是一个空格。

(2) end 是加在打印文本末尾的字符串,默认是换行符,所以当使用 print()函数时,它是会默认换行的。

(3) file 指定了文本需要发送到的文件、标准流或者类似文件的对象。默认是 sys.stdout,即它会将文本输出到控制台上。如果想将文本保存到文件,就可以通过修改 file 的值来达到目的。但需要注意的是,不能直接把文件名传给 file 参数,而应该通过 open()函数将文件传给 file,如 file=open("result.txt"),关于 open()函数会在以后的章节讲到。

在使用 print()函数的时候,一般不需要把所有参数都写出来,除非想更改参数的值,例如 print(1,end=' ')就是将 1 打印出来,但结尾不换行,而是加一个空格。下面看一个例子。

```
>>> a=12
>>> b=34
>>> c=123
>>> d='hello'
>>> print(a,b,c,d)
12 34 123 hello
```

用','代替 print()打印的对象中间的空格。例如:

```
>>> print(a,b,c,d,sep=',')
12,34,123,hello
```

用空格代替打印语句结尾的换行符。例如:

```
>>> print(a,end=' ');
12
>>>
```

最后一条语句的打印结果虽然看上去和直接打印 a 没有什么不同，但实际上结尾是一个空格而不是换行符。另外，参数的顺序并不固定。也就是说，print(a,b,sep=' ',end='')语句和 print(a,b,end='',sep=' ')语句的作用是完全相同的。

如果想将一个对象的值在一句话中的特定位置打印显示出来，可以使用下列语句。

打印整数的语句如下：

```
>>> b=123
>>> print('%d is a number'%b)
123 is a number
>>>
```

打印浮点数的语句如下：

```
>>> b=123.56
>>> print('His weight is %f'%b)
His weight is 123.560000
>>>
```

如果打印浮点数对小数位有要求，可以使用下列语句保留两位小数：

```
>>> b=3.14159
>>> print('%.2f is a number'%b)
3.14 is a number
>>>
```

打印字符串的语句如下：

```
>>> name='Jack'
>>> print('His name is %s'%name)
His name is Jack
>>>
```

此外 print()函数可以做一些很有趣的事，例如打印不同形状的符号。

打印由*组成的正三角形的代码如下：

```
print('   *')
print('  ***')
print(' *****')
print('*******')
```

结果如下所示：

```
   *
  ***
 *****
*******
```

2.2.2　input()函数

在使用变量时，要先对变量进行赋值，但如果事先不知道要赋给变量的值，需要用户提供该怎么办？这时候就需要用到输入函数 input()函数。

在 Python 3.X 中，input()函数接收任意输入，并将输入当成字符串类型返回（字符串类型会在后面讲到），即使输入的是数字。如果需要输入的是数字的话，可以使用 int()函数和 float()

函数把输入得到的字符串转成数字再进行操作，代码如下所示：

```
>>> x=input("Input a number:")
Input a number:1234
>>> type(x)
<class 'str'>
>>> int(x)
1234
>>> float(x)
1234.0
>>>
```

如上所示，把输入的值 1234 赋给了变量 x。除此之外，可以在 input()函数里加入一些语句，作为对输入信息的要求或提示。

如果有时仅仅知道需要输入一个数，却不知道输入的数的类型，这时如果贸然使用 int()函数，可能会导致程序出错。例如：

```
>>> a=input('输入一个数\n')
输入一个数
2.13
>>> a=int(a)
Traceback (most recent call last):
  File "<pyshell#13>", line 1, in <module>
    a=int(a)
ValueError: invalid literal for int() with base 10: '2.13'
>>>
```

这时候可以用 eval()函数，这个函数将字符串 str 当成有效的表达式来求值并返回计算结果。这里只用它来将输入的字符串转换为适当的数。例如：

```
>>> a=eval(input("输入一个数\n"))
输入一个数
2.13
>>> print(type(a))
<class 'float'>
>>> print(a*2)
4.26
>>> b=eval(input("输入一个数\n"))
输入一个数
4
>>> print(type(b))
<class 'int'>
>>> print(b*2)
8
>>>
```

2.2.3 其他输入输出函数

除了 input()函数之外，Python 标准库 sys 还提供了 read()和 readline()两个函数用来从键盘接收字符。read()函数用来接收指定数目的字符。例如：

```
>>> import sys
>>> x=sys.stdin.read(4)     #读取 4 个字符，如果输入字符不足则等待，如果超出则只取前
                            #4 个
a
bds
>>> print(x)
a
bd
>>>
```

需要注意的是，当读取缓冲区的字符时，缓冲区的字符并不会消失，当再次读取时就能继续读取，如下所示。但这一特性有时候也会导致读取数据错误。

```
>>> import sys
>>> x=sys.stdin.read(5)
abcdefghij
>>> print(x)
abcde
>>> y=sys.stdin.read(5)
>>> print(y)
fghij
>>>
```

当缓冲区的字符数小于要读取的字符数时，会继续等待输入。

readline()则是从缓冲区读取字符，遇到换行符结束。例如：

```
>>> import sys
>>> x=sys.stdin.readline()
abcdefg
>>> print(x)
abcdefg
>>>
```

readline()函数会将输入结尾的换行符也读取，也可以带参数。例如：

```
import sys
>>> x=sys.stdin.readline(5)
abcdefghi
>>> print(x)
abcde
>>>
```

当输入超过所需时，会截断，否则就会遇到换行符结束。例如：

```
import sys
>>> x=sys.stdin.readline(5)
abc
>>> print(x)
abc
>>>
```

Python 标准库 pprint 提供了另一个输出函数 pprint()，可以更好地控制输出格式。如果要输出的内容多于一行则会自动添加换行和缩进来更好地展示输出内容。在这个函数中，参数

indent 代表缩进；width 代表一行最大宽度；depth 则是打印的深度，它主要针对一些可递归的对象（关于递归，在函数章节中会讲到），如果超出指定 depth，则其余的用…代替。如[1,2,[3]]的深度为 2。

```
>>> import pprint
>>> data = (
   "this is a list", [1, 2, 3, 4, 5] ,
    "this is yet another list:",[1.0,2.0]
)
>>> pprint.pprint(data,width=30)
('this is a list',
 [1, 2, 3, 4, 5],
 'this is yet another list:',
 [1.0, 2.0])
>>> print(data)
('this is a list', [1, 2, 3, 4, 5], 'this is yet another list:', [1.0, 2.0])
>>>
```

余下的一些参数就不详细描述了。

2.3　运　算　符

2.3.1　Python 语言运算符简介

Python 运算符包括算术运算符、关系运算符、逻辑运算符、位运算符、赋值运算符、成员运算符和身份运算符等，分别简要介绍如下：

（1）算术运算符：用于各类数值运算，包括加（+）、减（−）、乘（*）、除（/）、求余（或称模运算，%）、幂运算（**）和整除运算（//）。

（2）关系运算符：用于比较运算，包括大于（>）、小于（<）、等于（==）、大于或等于（>=）、小于或等于（<=）和不等于（!=）。

（3）逻辑运算符：用于逻辑运算，包括逻辑与（and）、逻辑或（or）、逻辑非（not）。

（4）位操作运算符：参与运算的量，按二进制位进行运算，包括按位与（&）、按位或（|）、按位非（~）、按位异或（^）、左移（<<）、右移（>>）。

（5）赋值运算符：用于赋值运算，分为简单赋值（=）、复合算术赋值（+=, −=, *=, /=, %=, **=, //=）。

（6）成员运算符：包括 in 和 not in。

（7）身份运算符：包括 is 和 is not。

表达式就是数据通过运算符以一定规则连接起来的式子。下面分别介绍各种类型的运算符及使用方法。

2.3.2　算术运算符和算术表达式

表 2.3 是算术运算符及表达式。

表 2.3　算术运算符及表达式

算术运算符	表 达 式	含　义
+	a+b	对 a 和 b 进行加法运算
-	a-b	对 a 和 b 进行减法运算
*	a*b	对 a 和 b 进行乘法运算
/	a/b	对 a 和 b 进行除法运算（保留小数部分）
**	a**b	a 的 b 次幂
//	a//b	对 a 和 b 进行整除运算（不保留小数部分）
%	a%b	a 对 b 取余

在 Python 3.X 中即使两个整型的数进行除法运算也能保留小数部位，而不会将结果变成整型，如果两个浮点数进行整除运算，得到的结果也会舍去小数部分，如下所示：

```
>>> 5/2
2.5
>>> 5.2/2
2.6
>>>
```

需要注意的是，在 a+b 这个表达式中，当 a 和 b 都是数字时，执行的是加法运算；当 a 和 b 都是字符串时，执行的是合并运算，如 'abc' + 'def' = 'abcdef'。这叫运算符的重载，关于重载以后会讲解。除了+之外，* 也有重载，下面用代码来直观地看一下。

```
>>> a=1
>>> b=2
>>> print(a+b)
3
>>> print(a*b)
2
>>> string='hello '
>>> string1='world'
>>> print(string+string1)
hello world
>>> print(string*3)
hello hello hello
>>>
```

可以看出，当执行运算的对象数据类型不同时，运算符的作用也不尽相同。

2.3.3　逻辑运算符和逻辑表达式

逻辑运算符及表达式如表 2.4 所示。

表 2.4　逻辑运算符及表达式

逻辑运算符	表 达 式	含　义
and	a and b	逻辑与
or	a or b	逻辑或
not	not a	逻辑非

在表达式 a and b 中，只有 a 的值为真才会计算 b 的值。

在表达式 a or b 中，只有 a 的值为假才会计算 b 的值。

逻辑运算符可以连用，如 a and b or c，按照从左到右的顺序进行判断，当然括号可以改变运算顺序。

2.3.4 关系运算符和关系表达式

关系运算符是用来对两个对象进行比较的。

这两个对象可以是任意的，不仅仅是复杂的数据类型，甚至自己定义的类也可以用关系运算符进行比较。关系运算符及表达式如表2.5所示。

表 2.5 关系运算符及表达式

关系运算符	表达式	含义
==	a==b	等于，比较对象是否相等
!=	a!=b	不等于，判断对象是否不相等
>	a>b	大于
<	a<b	小于
>=	a>=b	大于或等于
<=	a<=b	小于或等于

关系表达式的值是布尔型的，即只有 True 和 False 两种情况。

关系运算符可以连用，如 a>b>c，该表达式等价于 a>b and b>c。

但需要注意的是，用来比较的两个对象一定要是同一数据类型的，否则会出现语法报错。

2.3.5 位运算符

位运算符就是把数转换为二进制的数后再进行计算，表2.6是位运算符及表达式。

表 2.6 位运算符及表达式

位运算符	表达式	含义
&	a & b	按位与运算
|	a | b	按位或运算
^	a ^ b	按位异或运算
~	~a	按位取反，如~0b1001=0b0110
<<	a<<n（n为正整数）	a 左移 n 位，高位丢弃，低位补0
>>	a>>n（n为正整数）	a 右移 n 位，低位丢弃，高位补0

接下来用一些例子说明上述位运算符的功能。

表格中前3个位运算符都是将进行计算的两个数转换为二进制数。这里假设 a=0b10001，b=0b1001，结果如表2.7所示。

表 2.7 表达式运算

表 达 式	结　果
a & b	0b1
a | b	0b11001
a ^ b	0b11000

这里可以看到 a 和 b 的位数不同,在运算中,Python 会将位数少的 b 补位成 0b01001。这里两个数的相应部位进行逻辑与、逻辑或或者逻辑异或运算得到的值就是结果的相应部位。

```
>>> bin(0b100010>>2)
'0b1000'
>>> bin(0b100010<<2)
'0b10001000'
```

2.3.6　赋值运算符

赋值运算符顾名思义就是赋给对象值的运算符。表 2.8 是赋值运算符及表达式。

表 2.8　赋值运算符及表达式

赋值运算符	表 达 式	含　义
=	a=c	将 c 赋给 a
+=	a+=c	a = a + c
-=	a-=c	a = a - c
*=	a*=c	a = a * c
/=	a/=c	a = a / c
%=	a%=c	a = a % c
**=	a**=c	a = a ** c
//=	a//=c	a = a // c

此外,"a,b=c,d"这样表达式也是允许的,即将 c 赋给 a,d 赋给 b。进一步也可以使用"a,b=b,a",这样就是交换 a、b 的值。

赋值时生成引用而不是复制,如下例所示。这时需要注意的是,如果想要复制生成两个值一样的对象而互不干扰,使用 copy 包中的 deepcopy()函数。这里不再赘述。

```
>>> L1=[1,2,3]
>>> L2=L1
>>> L1[0]=2
>>> print(L1)
[2, 2, 3]
>>> print(L2)
[2, 2, 3]
>>> L1=[1,2]
>>> print(L2)
[2, 2, 3]
>>> print(L1)
[1, 2]
>>>
```

在上面可以看到，当把 L1 的值赋给 L2 后，修改 L1 的同时，L2 也会跟着改变。同样地，修改 L2，L1 也会改变。但如果对 L1 重新赋值，指向另一个对象，则 L2 不会改变。同样地，对 L2 重新赋值指向另一个对象，L1 也不会改变。

当然，赋值运算符有很多的用法，下面用一个例子来说明。

```
>>> a='hello'
>>> print(a)
hello
>>> a,b='hello',234
>>> print(a)
hello
>>> print(b)
234
>>> [a,b]=['hello','world']
>>> print(a,b)
hello world
>>> a,b='hi'
>>> print(a)
h
>>> print(b)
i
>>> a=b='hello'
>>> print(a)
hello
>>> print(b)
hello
>>> a,*b='hello'
>>> print(a)
h
>>> print(b)
['e', 'l', 'l', 'o']
>>> *a,b='hello'
>>> print(a)
['h', 'e', 'l', 'l']
>>> print(b)
o
>>>
```

上面的例子列举了一些特殊的赋值语句，可以看情况选择使用。此外所有的赋值运算符除了"="外，其余的赋值运算符都只能对数值型对象使用，当然一些特殊情况下"+="也可以对字符串使用。

```
>>> a='hello'
>>> b='world'
>>> a+=b
>>> print(a)
helloworld
>>> a='b'
>>> b='y'
>>> a+=b
>>> print(a)
by
>>>
```

此外，Python 不像 C 语言那样支持 ++、-- 运算符。

```
>>> a=1
>>> a++
SyntaxError: invalid syntax
>>> b=1
>>> b--
SyntaxError: invalid syntax
>>>
```

所以在编写程序的时候一定要注意。

2.3.7 其他运算符

在 Python 中还有两种运算符：成员运算符和身份运算符。

成员运算符使用 in/not in 来判断某个对象在不在某序列中，如表 2.9 所示。

表 2.9 成员运算符及表达式

成员运算符	表达式	含义
in	a in list_a	若 a 在序列 list_a 中，则该表达式为真，反之为假
not in	a not in list_a	若 a 不在序列 list_a 中，则该表达式为真，反之为假

下面看一个例子：

```
>>> list_a=['a','b','c','d']
>>> a='a'
>>> print(a in list_a)
True
>>> print(a not in list_a)
False
>>>
```

相信通过这个例子，大家可以明白如何去使用成员运算符。

身份运算符是用来判断两个变量所指向的对象是否为同一个对象，这一点与之前关系运算符中的 "==" 不同，因为 "==" 是判断两个对象的值是否相等。Python 中的变量有 3 个属性：名字、值和 id。身份运算符用于判断 id 是否相同，如表 2.10 所示。

表 2.10 身份运算符

身份运算符	表达式	含义
is	a is b	若 a 和 b 指向的对象为同一个对象，则该表达式为真，反之为假
is not	a is not b	若 a 和 b 指向的对象不是同一个对象，则该表达式为真，反之为假

在 Python 中，可以使用一个内置函数 id() 来查看变量的 id。

```
>>> list1=['a','b','c','d']
>>> list2=list1
>>> print(id(list1))
1232162124424
>>> print(id(list2))
```

```
1232162124424
>>> print(list2 is list1)
True
>>> list3=['a','b','c','d']
>>> print(id(list3))
1232162191752
>>> print(list3 is list1)
False
>>> print(list3 == list1)
True
>>>
```

可以看到,除了指向同一个内存的会共享一个 id 外,其余的哪怕两个对象的值相同,id 也不会相同。

下面再看一个例子:

```
>>> ch1='hello world'
>>> ch2='hello world'
>>> print(ch1 is ch2)
False
>>> ch1='abcde'
>>> ch2='abcde'
>>> print(ch1 is ch2)
True
>>> ch1='abcdefghijkl'
>>> ch2='abcdefghijkl'
>>> print(ch1 is ch2)
True
>>> ch1='Python 语言'
>>> ch2='Python 语言'
>>> print(ch1 is ch2)
False
>>>
```

在这个例子中,有些表达式的值与前面所述的不符。这是因为一般情况下,Python 会为每个对象分配内存,但为了提高内存效率,Python 3.X 中把相等的且只含字母和数字的字符串指向了同一个内存。是不是只有一些字符串是这样的呢?

```
>>> num1=257
>>> num2=257
>>> print(num1 is num2)
False
>>> num1=256
>>> num2=256
>>> print(num1 is num2)
True
>>> num1=-5
>>> num2=-5
>>> print(num1 is num2)
True
>>> num1=-6
>>> num2=-6
>>> print(num1 is num2)
False
```

```
>>> num1=1.1
>>> num2=1.1
>>> print(num1 is num2)
False
>>>
```

结合这个例子可以发现，Python 3.X 中还把-5～256 的相等整数都指向同一个内存，这是需要注意的。

2.3.8 运算符的优先级

Python 的运算符具有优先级和结合性，可以将多个表达式通过运算符连接起来。在进行运算时，Python 会根据优先级依次计算。表 2.11 所示为各运算符的优先级。如果优先级相同，则按从左到右的顺序依次执行（幂运算除外，幂运算从右到左）。括号可以改变优先级。

虽然运算符有明确的优先级，但对于复杂的表达式还是建议在适当的位置添加括号，让计算顺序更明确。

表 2.11　Python 运算符优先级

运 算 符	描 述
**	指数（最高优先级）
~、+、-	按位翻转，一元加号和减号（最后两个的方法名为 +@ 和 -@）
*、/、%、//	乘、除、取模和取整除
+、-	加法、减法
>>、<<	右移、左移运算
&	按位与
^、|	位运算符
<=、<、>、>=	比较运算符
<、>、==、!=	等于运算符
=、%=、/=、//=、-=、+=、*=、**=	赋值运算符
is、is not	身份运算符
in、not in	成员运算符
not、or、and	逻辑运算符

2.4　实 例 精 选

【例 2.1】 学习使用按位与 &、按位或 |、按位异或 ^、按位取反~。

程序分析：0&0=0、0&1=0、1&0=0、1&1=1；0|0=0、0|1=1、1|0=1、1|1=1；0^0=0、0^1=1、1^0=1、1^1=0；~0=1、~1=0。

```
a = 0o77      #八进制
b = a&3
print('077&3=%d'%b)
```

```
b = a | 3
print('0077|3=%d' % b)
b = a ^ 3
print('0077^3=%d' % b)
```

【例 2.2】 取一个整数 a 从右端开始的 4~7 位。

程序分析：考虑如下操作步骤。

（1）将 a 右移 4 位；

（2）设置一个低 4 位全为 1、其余全为 0 的数，可用~(~0<<4)；

（3）将上面二者进行&运算。

```
#!/usr/bin/python
# -*- coding: UTF-8 -*-
if __name__ == '__main__':
    a = int(input('input a number:\n'))
    b = a >> 4
    c = ~(~0 << 4)
    d = b & c
    print('%o\t%o' %(a,d))
```

【例 2.3】 学习使用按位取反~。

程序分析： ~0=1; ~1=0。

（1）使 a 右移 4 位；

（2）设置一个低 4 位全为 1，其余全为 0 的数；可用~(~0<<4)；

（3）将上面二者进行&运算。

```
#!/usr/bin/python
# -*- coding: UTF-8 -*-
if __name__ == '__main__':
    a = 234
    b = ~a
    print('The a\'s 1 complement is %d' % b)
    a = ~a
    print('The a\'s 2 complement is %d' % a)
```

【例 2.4】 算术运算。

```
#!/usr/bin/python3
a = 21
b = 10
c = 0
c = a + b
print ("1 - c 的值为：", c)
c = a - b
print ("2 - c 的值为：", c)
c = a * b
print ("3 - c 的值为：", c)
c = a / b
print ("4 - c 的值为：", c)
```

```
c = a % b
print ("5 - c 的值为: ", c)
a = 2
b = 3
c = a**b
print ("6 - c 的值为: ", c)
a = 10
b = 5
c = a//b
print ("7 - c 的值为: ", c)
```

本例的输出结果如下:

```
1 - c 的值为: 31
2 - c 的值为: 11
3 - c 的值为: 210
4 - c 的值为: 2.1
5 - c 的值为: 1
6 - c 的值为: 8
7 - c 的值为: 2
```

【例 2.5】 关系运算。

```
#!/usr/bin/python3
a = 21
b = 10
c = 0
if ( a == b ):
    print ("1 - a 等于 b")
else:
    print ("1 - a 不等于 b")
if ( a != b ):
    print ("2 - a 不等于 b")
else:
    print ("2 - a 等于 b")
if ( a < b ):
    print ("3 - a 小于 b")
else:
    print ("3 - a 大于或等于 b")
if ( a > b ):
    print ("4 - a 大于 b")
else:
    print ("4 - a 小于或等于 b")
a = 5;
b = 20;
if ( a <= b ):
    print ("5 - a 小于或等于 b")
else:
    print ("5 - a 大于 b")
if ( b >= a ):
    print ("6 - b 大于或等于 a")
```

```
else:
    print ("6 - b 小于 a")
```

本例的输出结果如下:

```
1 - a 不等于 b
2 - a 不等于 b
3 - a 大于或等于 b
4 - a 大于 b
5 - a 小于或等于 b
6 - b 大于或等于 a
```

【例 2.6】 赋值运算。

```
#!/usr/bin/python3
a = 21
b = 10
c = 0
c = a + b
print ("1 - c 的值为: ", c)
c += a
print ("2 - c 的值为: ", c)
c *= a
print ("3 - c 的值为: ", c)
c /= a
print ("4 - c 的值为: ", c)
c = 2
c %= a
print ("5 - c 的值为: ", c)
c **= a
print ("6 - c 的值为: ", c)
c //= a
print ("7 - c 的值为: ", c)
```

本例的输出结果如下:

```
1 - c 的值为: 31
2 - c 的值为: 52
3 - c 的值为: 1092
4 - c 的值为: 52.0
5 - c 的值为: 2
6 - c 的值为: 2097152
7 - c 的值为: 99864
```

【例 2.7】 位运算。

```
#!/usr/bin/python3
a = 60            # 60 = 0011 1100
b = 13            # 13 = 0000 1101
c = 0
c = a & b         # 12 = 0000 1100
print ("1 - c 的值为: ", c)
c = a | b         # 61 = 0011 1101
```

```
print ("2 - c 的值为: ", c)
c = a ^ b          # 49 = 0011 0001
print ("3 - c 的值为: ", c)
c = ~a             # -61 = 1100 0011
print ("4 - c 的值为: ", c)
c = a << 2         # 240 = 1111 0000
print ("5 - c 的值为: ", c)
c = a >> 2         # 15 = 0000 1111
print ("6 - c 的值为: ", c)
```

本例的输出结果如下:

```
1 - c 的值为: 12
2 - c 的值为: 61
3 - c 的值为: 49
4 - c 的值为: -61
5 - c 的值为: 240
6 - c 的值为: 15
```

【例 2.8】 逻辑运算。

```
#!/usr/bin/python3
a = 10
b = 20
if ( a and b ):
    print ("1 - 变量 a 和 b 都为 True")
else:
    print ("1 - 变量 a 和 b 有一个不为 True")
if ( a or b ):
    print ("2 - 变量 a 和 b 都为 True，或其中一个变量为 True")
else:
    print ("2 - 变量 a 和 b 都不为 True")
a = 0
if ( a and b ):
    print ("3 - 变量 a 和 b 都为 True")
else:
    print ("3 - 变量 a 和 b 有一个不为 True")
if ( a or b ):
    print ("4 - 变量 a 和 b 都为 True，或其中一个变量为 True")
else:
    print ("4 - 变量 a 和 b 都不为 True")
if not( a and b ):
    print ("5 - 变量 a 和 b 都为 False，或其中一个变量为 False")
else:
    print ("5 - 变量 a 和 b 都为 True")
```

本例的输出结果如下:

```
1 - 变量 a 和 b 都为 True
2 - 变量 a 和 b 都为 True，或其中一个变量为 True
3 - 变量 a 和 b 有一个不为 True
4 - 变量 a 和 b 都为 True，或其中一个变量为 True
```

5 - 变量 a 和 b 都为 False，或其中一个变量为 False

【例 2.9】 成员运算。

```
#!/usr/bin/python3
a = 10
b = 20
list = [1, 2, 3, 4, 5 ]
if ( a in list ):
    print ("1 - 变量 a 在给定的列表 list 中")
else:
    print ("1 - 变量 a 不在给定的列表 list 中")
if ( b not in list ):
    print ("2 - 变量 b 不在给定的列表 list 中")
else:
    print ("2 - 变量 b 在给定的列表 list 中")
#修改变量 a 的值
a = 2
if ( a in list ):
    print ("3 - 变量 a 在给定的列表 list 中")
else:
    print ("3 - 变量 a 不在给定的列表 list 中")
```

本例的输出结果如下：

```
1 - 变量 a 不在给定的列表 list 中
2 - 变量 b 不在给定的列表 list 中
3 - 变量 a 在给定的列表 list 中
```

【例 2.10】 身份运算。

```
#!/usr/bin/python3
a = 20
b = 20
if ( a is b ):
    print ("1 - a 和 b 有相同的标识")
else:
    print ("1 - a 和 b 没有相同的标识")
if ( id(a) == id(b) ):
    print ("2 - a 和 b 有相同的标识")
else:
    print ("2 - a 和 b 没有相同的标识")
b = 30
if ( a is b ):
    print ("3 - a 和 b 有相同的标识")
else:
    print ("3 - a 和 b 没有相同的标识")
if ( a is not b ):
    print ("4 - a 和 b 没有相同的标识")
else:
    print ("4 - a 和 b 有相同的标识")
```

本例的输出结果如下：

1 - a 和 b 有相同的标识
2 - a 和 b 有相同的标识
3 - a 和 b 没有相同的标识
4 - a 和 b 没有相同的标识

【**is** 与 **==** 的区别】 is 用于判断两个变量引用对象是否为同一个，== 用于判断引用变量的值是否相等。

```
>>>a = [1, 2, 3]
>>> b = a
>>> b is a
True
>>> b == a
True
>>> b = a[:]
>>> b is a
False
>>> b == a
True
```

【例 2.11】 运算符优先级。

```
#!/usr/bin/python3
a = 20
b = 10
c = 15
d = 5
e = 0
e = (a + b) * c / d       #( 30 * 15 ) / 5
print ("(a + b) * c / d 运算结果为: ",  e)
e = ((a + b) * c) / d     #( 30 * 15 ) / 5
print ("((a + b) * c) / d 运算结果为: ",  e)
e = (a + b) * (c / d);    #(30) * (15/5)
print ("(a + b) * (c / d) 运算结果为: ",  e)
e = a + (b * c) / d;      #20 + (150/5)
print ("a + (b * c) / d 运算结果为: ",  e)
```

本例的输出结果如下：

```
(a + b) * c / d 运算结果为:  90.0
((a + b) * c) / d 运算结果为:  90.0
(a + b) * (c / d) 运算结果为:  90.0
a + (b * c) / d 运算结果为:  50.0
```

【例 2.12】 格式化输出实例。

（1）方式 1：用 print 语句输出一个平方与立方的表。

```
>>> for x in range(1, 11):
...     print(repr(x).rjust(2), repr(x*x).rjust(3), end=' ')
...     #注意前一行 'end' 的使用
...     print(repr(x*x*x).rjust(4))
...
 1   1    1
 2   4    8
```

```
 3    9   27
 4   16   64
 5   25  125
 6   36  216
 7   49  343
 8   64  512
 9   81  729
10  100 1000
```

（2）方式 2：用 print 语句输出一个平方与立方的表。

```
>>> for x in range(1, 11):
...     print('{0:2d} {1:3d} {2:4d}'.format(x, x*x, x*x*x))
...
 1    1    1
 2    4    8
 3    9   27
 4   16   64
 5   25  125
 6   36  216
 7   49  343
 8   64  512
 9   81  729
10  100 1000
```

注意，在第一个例子中，每列间的空格由 print() 添加，这个例子展示了字符串对象的 rjust() 方法，它可以将字符串靠右并在左边填充空格。

还有类似的方法，如 ljust() 和 center()。这些方法并不会写任何东西，它们仅仅返回新的字符串。

（3）zfill()格式化方法，它会在数字的左边填充 0。例如：

```
>>> '12'.zfill(5)
'00012'
>>> '-3.14'.zfill(7)
'-003.14'
>>> '3.14159265359'.zfill(5)
'3.14159265359'
```

（4）str.format() 格式化方法使用如下：

```
>>> print('{}网址："{}!"'.format('COJ', 'coj.cqut.edu.cn'))
COJ 网址："coj.cqut.edu.cn"
```

括号及其里面的字符（称作格式化字段）将会被 format() 中的参数替换。

在括号中的数字用于指向传入对象在 format() 中的位置，例如：

```
>>> print('{0} 和 {1}'.format('Google', 'COJ'))
Google 和 COJ
>>> print('{1}和{0}'.format('Google', 'COJ'))
COJ 和 Google
```

如果在 format() 中使用了关键字参数，那么它们的值会指向使用该名字的参数。例如：

```
>>> print('{name}网址: {site}'.format(name='COJ', site='coj.cqut.edu.cn'))
COJ 网址: coj.cqut.edu.cn
```

位置及关键字参数可以任意结合。例如：

```
>>> print('站点列表 {0}, {1}, 和 {other}。'.format('baidu', 'COJ',other='Taobao'))
站点列表baidu, COJ, 和 Taobao。
```

'!a' (使用 ascii())，'!s' (使用 str()) 和 '!r' (使用 repr()) 可以用于在格式化某个值之前对其进行转化。例如：

```
>>> import math
>>> print('常量 PI 的值近似为: {}。'.format(math.pi))
常量 PI 的值近似为: 3.141592653589793。
>>> print('常量 PI 的值近似为: {!r}。'.format(math.pi))
常量 PI 的值近似为: 3.141592653589793。
```

可选项 ':' 和格式标识符可以跟着字段名。这就允许对值进行更好的格式化。下面的例子将 PI 保留到小数点后 3 位：

```
>>> import math
>>> print('常量 PI 的值近似为 {0:.3f}。'.format(math.pi))
常量 PI 的值近似为 3.142。
```

在 ':' 后传入一个整数，可以保证该域至少有这么大的宽度，在美化表格时很有用。

```
>>> table = {'baidu': 1, 'COJ': 2, 'Taobao': 3}
>>> for name, number in table.items():
...     print('{0:10} ==> {1:10d}'.format(name, number))
...
baidu      ==>          1
COJ        ==>          2
Taobao     ==>          3
```

如果有一个很长的格式化字符串而不想将它们分开，那么在格式化时通过变量名而非位置会是很好的事情。

最简单的就是传入一个字典，然后使用方括号 '[]' 访问键值：

```
>>> table = {'Baidu': 1, 'COJ': 2, 'Taobao': 3}
>>> print('COJ:{0[COJ]:d}; Baidu:{0[Baidu]:d}; Taobao:{0[Taobao]:d}'.format(table))
COJ: 2; Baidu: 1; Taobao: 3
```

也可以通过在 table 变量前使用 '**' 来实现相同的功能：

```
>>> table = {'Baidu': 1, 'COJ': 2, 'Taobao': 3}
>>> print('COJ: {COJ:d}; Baidu: {Baidu:d}; Taobao: {Taobao:d}'.format(**table))
COJ: 2; Baidu: 1; Taobao: 3
```

（5）旧式字符串格式化。

% 操作符也可以实现字符串格式化。它将左边的参数作为类似 sprintf() 的格式化字符串，而将右边的参数代入，然后返回格式化后的字符串。例如：

```
>>> import math
>>> print('常量 PI 的值近似为: %5.3f. ' % math.pi)
常量 PI 的值近似为: 3.142。
```

str.format() 是比较新的函数，大多数的 Python 代码仍然使用 % 操作符。但是这种旧式的格式化最终会从该语言中移除，因此应该更多的使用 str.format()。

【★例 2.13】 ++和--不是运算符，虽然有时候这样用也可以。

```
>>> x = 3
>>> x+++5
8
>>> x++
SyntaxError: invalid syntax
>>> ++5
5
>>> ++++++++5
5
>>> --5
5
#下面代码是上面代码的等价形式
>>> -(-5)
5
>>> ---------5
-5
```

【★例 2.14】 变量、函数、类等标识符以及程序文件命名应注意的问题。

首先是变量、函数、类等标识符命名。这些标识符命名时遵循的原则基本上是一致的：① 必须以字母或下画线开头；② 不能包含空格和标点符号；③ 不能使用 Python 关键字作为标识符的名字；④ 英文字母区分大小写；⑤ 不建议使用内置函数的名字、标准库或扩展库的名字、标准库或扩展库中对象的名字来作为标识符名字。

上面的命名规则其他几条还算容易理解，最后一条是必须要注意的，如果不小心则很容易出现错误，而这样的错误是非常难以发现的。以内置函数为例，Python 允许自己在编写代码时使用内置函数名作为变量名，但这会改变内置函数名的含义，从而影响后面对其调用的代码。例如：

```
>>>id(3)
1599775904
>>>id = 5
>>>id(3)
Traceback (most recent call last):
File "<pyshell#2>", line 1, in <module>
id(3)
TypeError: 'int' object is not callable
```

上面代码中，第一次是调用内置函数 id()来查看对象 3 的内存地址，但后面的代码错误地把 id 作为自己的变量名，从此以后，id 再也不是原来的内置函数 id()，而是一个普通的整数 5（但这个操作并不影响其他内置函数的使用），所以接下来执行 id(3)试图查看对象 3 的内存地址就会发生错误，因为现在和执行语句 5(3)是一样的意思，很明显整数 5 不是可调用对象，所以抛出异常。

其次是程序文件命名。Python 在启动时会导入很多标准库，而程序运行时会导入很多标准库和扩展库，而导入时对程序文件的查找顺序是优先考虑当前文件夹，如果找不到就会去 sys.path 变量所指定的路径中去查找。那么问题来了，如果把自己的程序文件起的名字和 Python 标准库或某个扩展库的名字相同会怎么样呢？那就会优先导入这个自己编写的文件(有安全经验的朋友可以查查 DLL 劫持的有关内容)。如果自己编写的文件不符合要求或没有提供所必需的接口，就会影响程序后续代码的运行，甚至会影响 Python 解释器的工作。例如，把自己的程序文件名命名为 threading，就会发现 IDLE 无法启动，如图 2.3 所示。

图 2.3　IDLE 无法启动示意图

【★例 2.15】 字符串转换为数字的几种方式。

```
>>> eval('9.9')
9.9
>>> eval('09.9')
9.9
>>> float('9.9')
9.9
>>> float('09.9')
9.9
>>> int('9')
9
>>> int('09')
9
#需要注意的是，使用 eval()转换整数时前面不能有 0
>>> eval('09')
Traceback (most recent call last):
  File "<pyshell#187>", line 1, in <module>
    eval('09')
  File "<string>", line 1
    09
     ^
SyntaxError: invalid token
```

【★例 2.16】 逗号不是运算符，只是一个普通的分隔符。

```
>>> x = 3, 5
>>> x
(3, 5)
>>> x == 3, 5
(False, 5)
>>> 1, 2, 3
```

```
(1, 2, 3)
>>> 3 in [1, 2, 3], 5
(True, 5)
```

【★例 2.17】 赋值运算符 "=" 应注意的问题。

下面的代码执行后为什么 x 的值是[2, 2]呢？

```
>>> x = [3, 5, 7]
>>> x = x[1:] = [2]
>>> x
[2, 2]
```

修改 x 列表的初始内容，会发现不管 x 的初始值是什么，执行 x = x[1:] = [2]之后的 x 的值都是[2, 2]：

```
>>> x = [1, 2, 3, 3, 4, 5, 6]
>>> x = x[1:] = [2]
>>> x
[2, 2]
```

接下来重启 Python shell，然后执行下面的代码：

```
>>> x = x[1:] = [2]
>>> x
[2, 2]
>>> del x
>>> x
Traceback (most recent call last):
  File "<pyshell#49>", line 1, in <module>
    x
NameError: name 'x' is not defined
>>> x = x[1:] = [2]
>>> x
[2, 2]
```

这个问题的根源在于 x = [1:] = [2]相当于 x = [2]和 x[1:] = [2]这两条语句，也就是说先创建列表 x 的值为[2]，然后使用切片为其追加一个元素 2，然后得到[2, 2]。

【★例 2.18】 round 取整问题。

round()是 Python 自带的函数，用于数字的舍入。格式为 round(number,digits)。

digits>0 时，四舍五入到指定的小数位，如 round(123.45,1)，结果为 123.5；

digits=0 时，四舍五入到最接近的整数，如 round(123.45,0)，结果为 123.0；

digits<0 时，在小数点左侧进行四舍五入，如 round(123.45,-1)，结果为 120.0；

如果 round()函数只有 number 这一参数，就等同于 digits=0。

四舍五入的规则如下。

（1）如果要求保留位数的后一位小于或等于 4，则舍去，如 round(5.214,2)，结果为 5.21。

（2）如果要求保留位数的后一位大于 5，则进位，如 round(5.216,2)，结果为 5.22。

（3）如果要求保留位数的后一位等于 5，且 5 后面有非 0 数字，则进位，如 round(5.2150001,2)，结果为 5.22。

（4）如果要求保留位数的后一位等于 5，且 5 后面没有非 0 数字，则要 "无规律些"，如 round(5.215,2)的结果为 5.21，round(5.225,2)的结果为 5.22。这是因为浮点数小数在计算机中并不一定能像整数那样被准确表达，它可能是近似值。解决方法为使用 decimal 模块，如下所示：

```
from decimal import *
Decimal('5.215').quantize(Decimal('0.00'))   #结果是 Decimal('5.22')
Decimal('5.225').quantize(Decimal('0.00'))   #结果是 Decimal('5.22')
```

当数字字符串作为 decimal 的参数时,存入的是数字字符串而不是将十进制小数转换为二进制,这样,DECIMAL 根据保留位数最后一位的奇偶性实现了"奇进偶舍"。

【★例 2.19】 Python 基于值的内存管理。

Python 采用基于值的内存管理方式。如果将不同变量赋值为相同值,这个值在内存中只保存一份,多个变量指向同一个值的内存空间首地址,这样可以减少内存空间的占用,提高内存利用率。Python 启动时会将[-5, 256]区间的整数缓存,如果多个变量的值相等且介于[-5, 256]区间内,那么这些变量共用同一个值的内存空间;对于[-5, 256]区间之外的整数,同一个程序中或交互模式下同一个语句中的同值不同名变量会共用同一个内存空间,不同程序或交互模式下的不同语句不遵守这个约定。

Python 不会将实数缓存,交互模式下同值不同名的变量不共用同一个内存空间,同一程序中的同值不同名变量共用同一个内存空间。短字符串共用同一个内存空间,而长字符串不遵守这个约定。

基于值的内存管理模式只适用于整数、字符串、元组这样的可散列对象,不适用于列表、字典、集合这样的对象。

```
a=-8
b=-8
a is b      #交互式下是False,脚本下是True
a=8
b=8
a is b      #交互式下和脚本下均是True
a=3.0
b=3.0
a is b      #交互式下是False,脚本下是True
a,b=3000,3000
a is b      #交互式下和脚本下均是True
a=(1000,3,5)
b=(1000,4,5)
a[0] is b[0] #交互式下是False,脚本下是True
a=[1000,3,5]
b=[1000,3,5]
a is b      #交互式下和脚本下均是False
a=(1000,3,5)
b=(1000,3,5)
a is b      #交互式下是False,脚本下是True
a={1:1000,2:3,3:5}
b={1:1000,2:3,3:5}
a is b      #交互式下和脚本下均是False
```

如上面代码所示,同一段代码分别在交互式下和脚本中运行,结果不一样。这是一个很常见但很容易被忽略的问题,解决方法是始终使用 equality(==)运算符而不是 identity(is)运算符来进行比较运算。

```
>>> 'Python' is 'Py' + 'thon'
True
>>>a = 'hello world!'
```

```
>>>b = 'hello world!'
>>>print('a is b,', a is b)
'a is b,', False              #很明显，它们没有被缓存，这是两个字符串的对象
>>>print('a == b,', a == b)
'a == b,', True               #但它们的值相同
#有个特例
>>>a = float('nan')
>>>print('a is a,', a is a)
'a is a,', True
>>>print('a == a,', a == a)
'a == a,', False
```

Python 字符串被缓存了，所有 Python 字符串都是该对象的引用。对于不常见的字符串，即使字符串相等，比较身份也会失败。例如：

```
>>> 'this is not a common string' is 'this is not' + ' a common string'
False
>>> 'this is not a common string' == 'this is not' + ' a common string'
True
```

所以，就像整数规则一样，Python 中总是使用 equal（==）运算符而不是 identity（is）运算符来比较字符串。

2.5 实验与习题

1. 写出变量命名时的规则。
2. 判断下列表达式在 Python 中的布尔值。
   （1）1+3
   （2）1–1
   （3）3>5<4
   （4）1–3<5
   （5）1+2 and 0
3. 输入两个数 a、b，并求二者的平均值，将结果打印出来。
4. 输入一个整型的数 a，将其转换为浮点型以及布尔型。
5. 输入两个数 a、b，计算 a/b 的值，并将结果保留两位小数打印出来。
6. 编写程序，从键盘获取一个人的信息，然后按照下面格式显示自己的信息：

===================================
    学号：xxxxxxxx
    姓名：xxxxxxxx
    班级：xxxxxxxx
    专业：xxxxxxxx
    籍贯：xxxxxxxx
    QQ：xxxxxxx
    手机号码：xxxxxxxxxxx
    宿舍：xxxxxxxxx
===================================

第 3 章　程序流程控制

3.1　算 法 概 述

3.1.1　算法及其要素和特性

算法是指为解决问题而采取的方法和步骤。

算法的要素有以下两部分：

（1）对数据对象的运算和操作。

（2）算法的控制结构（运算和操作时间的顺序）：顺序结构、循环结构和选择结构。其中顺序结构是最简单也最常用的结构，它的执行顺序是自上而下，依次执行。其余两种结构接下来会介绍。

算法的特征有如下几方面。

有穷性：算法的有穷性是指算法必须能够在执行有限步之后停止。

确切性：算法的每步都要有确切的定义。

输入项：一个算法要有 0 个或多个输入项，用来反映问题的原始状态，如果是 0 个输入项，则是算法有初始条件。

输出项：算法都有输出项，可以是一个也可以是多个输出项，用来反映对数据加工处理后的结果。

可行性：即算法的每个步骤都能在有限时间内完成。

因为计算机的运算速度并不是无限快的，所以在设计算法时一定要注意时间资源，同样，存储器的空间也是有限的，所以在设计算法时一定要尽可能地节约时间和空间两方面的开销。

3.1.2　算法表示方法

1. 用自然语言表示

该方法就是直接用自然语言描述算法。一般除了很简单的问题外，不用自然语言表示。

2. 用流程图表示

流程图可以很直观地表现出算法的过程，易于理解。流程图主要由图 3.1 所示的 4 种框加上流程线组合而成。

图 3.2 描述判断输入的年份是否为闰年的流程。

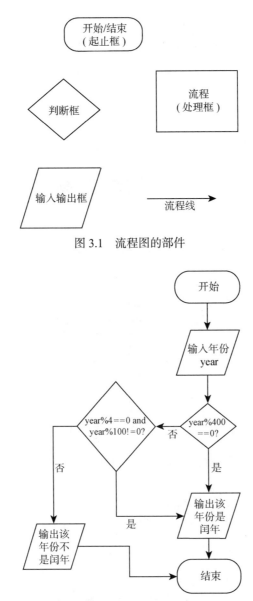

图 3.1　流程图的部件

图 3.2　判断年份是否为闰年的流程图

3. 用伪代码表示

伪代码是一种用来书写程序或描述算法时使用的非正式、透明的表述方法。伪代码通常采用自然语言、数学公式和符号相结合来描述算法的操作步骤，同时采用计算机高级语言的控制结构来描述算法步骤的执行。只要自己或者别人能看懂即可。下面看一个例子。

用伪代码表示求一个列表中最大元素值的算法。

```
MaxElement(a_list : list)
#求一个列表中的最大元素
#a_list : list 代表输入的数据是一个 list 类型（关于 list 会在后面详细讲解）
#输出 a_list 中的最大元素
```

```
max_element = a_list[0]
for i ← 1 to len(a_list) - 1 do
    if list[i] > max_element
        max_element = list[i]
return max_element
```

这里只是举一个例子，实际上，在 Python 中，如果要求一个列表的最大元素值，并不需要这么麻烦，只需要调用 Python 的内置函数 max()即可。

当然算法的表示方法还有很多种，在这里只是选取了比较常用的 3 种进行讲解。

3.2 顺 序 结 构

顺序结构是结构化程序设计中的基本结构，在该结构中，各语句或语句组按照出现的先后顺序依次执行，如图 3.3 所示。在选择结构和循环结构中，顺序结构也是组成部分。

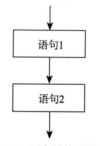

图 3.3　顺序结构流程图

【例 3.1】 输入 3 个数，计算这 3 个数的平均值。

```
a = float(input(''请输入 a 的值：''))
b = float(input(''请输入 b 的值：''))
c = float(input(''请输入 c 的值：''))
f = (a + b + c) / 3
print(str.format(''3 个数的平均值为：{:%.2f}'',f))
```

3.3 选 择 结 构

用 if 语句可以构成选择结构。它根据给定的条件进行判断，以决定执行某个分支程序段。Python 的 if 语句有 3 种基本形式。

3.3.1　if 选择结构

该结构形式为：

```
if 条件：
    执行的操作 1
    执行的操作 2
```

其流程图如图 3.4 所示。

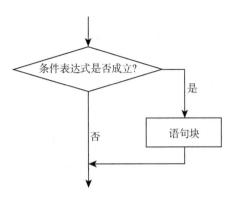

图 3.4　单分支选择结构流程图

该结构的意思是，如果条件为真则执行操作 1 和操作 2。除了 False（包括表达式的值为 False）、None、各种数据类型的 0 以及空的序列与空的字典外，其余的都可以看成条件为真。

需要注意的是，在 Python 中，如果后面的语句需要缩进，那么在该行代码末尾需要加冒号，看下面的例子。

【例 3.2】　判断一个输入的数是否为偶数。

```
b=input()
a=int(b)
if a%2==0:
    print('%d是偶数'%a)
```

在上述例子中，如果想这个数在不是偶数时也将结果打印出来，就需要用到 if…else 结构。当条件为真时，执行条件语句下的嵌套语句，否则执行 else 部分。

```
b=input()     #输入一个数
a=int(b)      #将输入转换为整数
if a%2==0:
    print('%d是偶数'%a)
else:
    print('%d不是偶数'%a)
```

可以看出 if…else 的语句结构为：

```
if 条件:
    操作1
else:
    操作2
```

即当条件满足时，执行操作 1；当条件不满足时，执行操作 2。一个 if 只能和一个 else 搭配。

其流程图如图 3.5 所示。

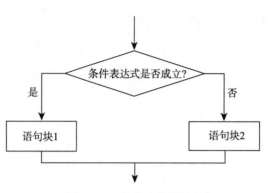

图 3.5　双分支选择结构流程图

但有时所需要的结果不是一次选择能得到的，可能需要多次判断，这就需要用到 if…elif…else 结构。

```
if 条件1:
    操作1
elif 条件2:
    操作2
else:
    操作3
```

其流程图如图 3.6 所示。

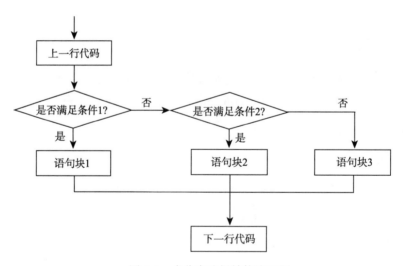

图 3.6　多分支选择结构流程图

在 if…elif…else 结构中，可以有多个 elif 语句，但只能有一个 else 语句，当所有的条件都为假时，才执行 else 部分。

下面用一个例子说明。

【例 3.3】判断输入的年份是否为闰年。

```
str_year=input()    #输入年份
```

```
year=int(str_year)    #将字符串转换为数字
if year%400==0:
    print("%d 是闰年"%year)
elif year%4==0 and year%100!=0:
    print("%d 是闰年"%year)
else:
    print("%d 不是闰年"%year)
```

3.3.2 选择结构的嵌套

当 if 语句的操作语句中还有 if 语句时就构成了选择结构的嵌套，例如：

```
if 条件 1:
    if 选择结构
elif 条件 2:
    if 选择结构
else:
    if 选择结构
```

但是在使用选择结构的嵌套时，要注意 if 和 else 的搭配，一对 if 和 else 一定要对齐，下面用一个例子说明。

【例 3.4】 判断一个输入的数是否是偶数，是否能被 3 整除。

```
a=input()    #输入一个数
b=int(a)     #转换为整型
if b%2==0:
    if b%3==0:
        print("该数是偶数且能被 3 整除")
    else:
        print("该数是偶数但不能被 3 整除")
else:
    if b%3==0:
        print("该数不是偶数但能被 3 整除")
    else:
        print("该数不是偶数且不能被 3 整除")
```

3.4 循环结构

有时想让同一个指令重复执行多次，如打印数字 1~10：

```
print(1)
print(2)
…
print(10)
```

这样的笨办法看起来好像也还能接受，那如果打印数字 1~10 000 呢，这时再用这种方法就不合适了，为了避免这种笨重的代码，就需要用到循环结构，接下来介绍几种循环结构。此外，还会介绍几种在循环中常用的内置函数。

3.4.1 while 循环结构

【例 3.5】 用 while 循环结构打印数字 1~10。

```
x=1
while x<=10:
    print(x)
    x+=1
```

是不是和之前的代码比起来，简洁了很多?

while 循环结构的一般形式为:

while 表达式:
  操作语句

其中，表达式是循环条件，操作语句为循环体。条件为真时执行循环体内操作，当执行完一次操作后，再对条件进行判断，如果条件继续为真，则继续执行循环体，然后再判断条件，直到条件为假退出 while 循环。简而言之，只要顶端的表达式为真，就会重复执行语句块。如果表达式一开始就为假，则循环体语句块不会执行。

注意，表达式后面是有冒号的。前面提到了，后面代码需要缩进的都需要以冒号结尾。

当想执行一个无限循环操作时，可以用"while True"，这样条件就能一直为真。

while 循环结构流程图如图 3.7 所示。

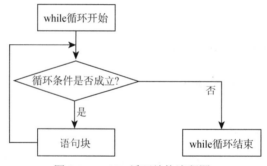

图 3.7 while 循环结构流程图

【例 3.6】 无限循环例子。

```
>>> while True:
        print('Python')
Python
Python
Python
Python
Python
...
```

循环条件可以是任意的对象，前面已经介绍过了，在 Python 中，所有的对象都有对应的布尔值。

3.4.2 for 循环结构

用 while 循环结构可以实现很多循环，但如果想遍历一个序列（关于序列会在后面的章节中讲到，这里可以把它理解成一个集合）中的元素则可以使用 for 循环结构。for 循环结构的一般格式为：

```
for x in object:
    语句块
```

其中，x 是定义的一个用来赋值的变量，object 是要遍历的对象。for 循环结构执行时，逐个将序列对象中的值赋给 x，就可以在语句块中对 x 进行操作。x 的作用域（作用域后面会讲到）只在 for 语句里，可以在循环主体中对 x 进行修改。但当回到循环顶端时，又会被自己赋值成下一个元素。

for 循环结构流程图如图 3.8 所示。

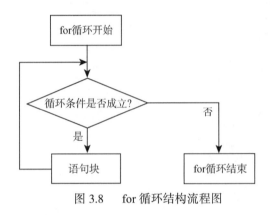

图 3.8　for 循环结构流程图

【例 3.7】用 for 循环将数字 1~5 打印出来。

```
>>> for x in range(1,6):
...     print(x)
...
1
2
3
4
5
```

当需要遍历某个序列对象时，应优先选用 for 循环结构。当把表达式的值作为循环条件时应当选用 while 循环。如果不需要每个元素都访问或者想要改变列表的值，这时候也应该选用 while 循环。

Python 的内置函数 enumerate() 实现遍历元素，它多用于在 for 循环中得到计数。

对于一个可迭代的对象，enumerate() 将其组成一个索引序列，利用它可以同时获得索引和值。enumerate() 返回的是一个 enumerate 对象。

```
>>> list_a=['a','b','c','d']
```

```
>>> print(type(enumerate(list_a)))
<class 'enumerate'>
```

【例 3.8】 enumerate()的用法。

```
>>> list_a=['a','b','c','d']
>>> for index,data in enumerate(list_a):
        print(index,data)
0 a
1 b
2 c
3 d
>>>
```

需要注意的是，for 循环只是把序列中对象的值赋给了另一个对象 x，也就是说对 x 的值进行的操作不会影响序列中对象的值，除非直接对序列进行操作。

```
>>> list_a=['a','b','c','d']
>>> for data in list_a:
        data='d'
        print(data)
d
d
d
d
>>> print(list_a)
['a', 'b', 'c', 'd']
>>> for i in range(len(list_a)):
        list_a[i]='d'
>>> print(list_a)
['d', 'd', 'd', 'd']
>>>
```

任何序列都适用于 for 循环，上面已经看到了 for 循环可以用于列表，此外还可以用于字符串、元组等，甚至字典和文件都可以用 for 循环。

【例 3.9】 for 循环用于字符串。

```
>>> string='hello world'
>>> for i in string:
        print(i)
h
e
l
l
o

w
o
r
l
d
>>>
```

3.4.3　break 和 continue 语句

break 和 continue 语句需要嵌套在循环结构中才能起作用。break 语句用来跳出所在的最近的一个循环结构，而 continue 语句则是跳到所在的最近的循环结构的首行即开头处重新判断条件。下面是两个例子。

【例 3.10】 打印数字 0~5。

```
>>> x=0
>>> while True:
...     if x>5:
...         break
...     print(x,end=' ')
...     x+=1
...
0 1 2 3 4 5
```

在这里虽然用了 while True 是一个无限循环，但因为当 x>5 后，break 语句执行，跳出了这个无限循环。

【例 3.11】 打印数字 0~5 中除了 3 之外的数。

```
>>> for x in range(6):
...     if x==3:
...         continue
...     print(x,end =' ')
...
0 1 2 4 5
```

可以发现在 continue 语句执行后，直接跳到了循环的开头，执行下一次循环，而没有执行 print 语句。

3.4.4　else 语句

循环里的 else 语句是在循环正常结束或循环一次未执行时才执行的，非正常结束（即通过 break 语句结束）的循环不执行 else 语句。

【例 3.12】 判断输入的一个数是否为素数。

```
import math
num=int(input('输入一个正整数，判断是否是素数：'))
if num<0:
    print("输入非法")
elif num == 1:
    print("%d 既不是素数也不是合数" % num)
else:
    for i in range(2,int(math.sqrt(num))+1):#math.sqrt(x)是求 x 的开方值
        if num%i==0:
            print("%d 不是素数"%num)
            break
        else:
            print("%d 是素数"%num)
```

当循环正常结束时，输入的数除了 1 和此整数自身外，没法被其他自然数整除，说明是一

个素数，就需要执行 else 语句，而当通过 break 语句跳出循环时就说明不是素数，也就不需要执行 else 语句了。

循环 else 语句和哪一个 while 或 for 循环搭配就要与之保持相同的缩进。如果在 else 语句之前有多个循环结构且都与 else 语句缩进相同，那么 else 语句便是与在它前面且离它最近那一个循环结构搭配。

这里出现了一个 import 语句，用来导入 Python 的包，后面章节会讲到。

如果循环没有被执行过，循环 else 语句也会执行，因为没有执行过 break 语句。当首行条件一开始就为假时就会出现这种情况。

如果想在一个序列中搜索某一个元素，也可以使用循环 else 语句。

```
list_a = ['a', 'b', 'c', 'd', 'e']
for index, ch in enumerate(list_a):
    if ch == 'f':
        print(index)
        break
else:
    print('未找到')
```

3.4.5　pass 语句

pass 语句是无运算的占位语句，当语法需要语句但又没有实用的语句可以写时，就可以用 pass 语句占位。例如，想要一个无限循环，但每次迭代时又什么都不做，此时可以在循环体内用 pass 语句。

在定义函数时，可以先用 pass 语句填充函数体。待以后再用真正的函数体代替 pass 语句。因为无法使函数体为空而不产生语法错误，所以只能先用 pass 代替。

此外，如果想忽略 try 语句捕获的异常，也可以使用 pass 语句，异常会在后面讲到。

3.4.6　循环结构的嵌套

就像选择结构可以嵌套一样，循环结构也可以进行嵌套。可以将 while 循环结构嵌套进 for 循环结构，也可以将 for 循环结构嵌套进 while 循环结构。

for 循环嵌套进 while 循环结构的格式如下：

```
while 表达式:
    for 循环结构
```

while 循环嵌套进 for 循环结构的格式如下：

```
for x in object:
    while 循环结构
```

continue、break 以及 pass 语句也可以添加到嵌套的循环结构中，但是一定要搞清楚语句的作用域，break 语句只能跳出离它最近的那个 while 或 for 循环结构，不能结束整个循环结构。同理，continue 语句也只能回到离它最近的那个 while 或 for 循环结构的开头，而不是整个循环结构的开头。

3.5 实 例 精 选

【例3.13】 打印九九乘法表。

```
for i in range(1, 10):
    for j in range(i, 10):
        print("%d*%d=%2d" % (i, j, i * j), end=" ")
    print("")  #换行
```

本例的输出结果如下：

```
1*1= 1 1*2= 2 1*3= 3 1*4= 4 1*5= 5 1*6= 6 1*7= 7 1*8= 8 1*9= 9
2*2= 4 2*3= 6 2*4= 8 2*5=10 2*6=12 2*7=14 2*8=16 2*9=18
3*3= 9 3*4=12 3*5=15 3*6=18 3*7=21 3*8=24 3*9=27
4*4=16 4*5=20 4*6=24 4*7=28 4*8=32 4*9=36
5*5=25 5*6=30 5*7=35 5*8=40 5*9=45
6*6=36 6*7=42 6*8=48 6*9=54
7*7=49 7*8=56 7*9=63
8*8=64 8*9=72
9*9=81
```

在这里出现了一个函数range()，range()在Python 3.0中是一个迭代器，会根据需要产生元素，当传入一个参数时，range()会产生0到该数的整数列表，包括0但不包括传进去的参数值；当传入两个参数时，第一个参数会作为下边界，第二个参数是上边界（产生的整数列表包括下边界但不包括上边界）当传入3个参数时，第3个参数作为步长。例如：

```
>>> list(range(5,-5,-2))
[5, 3, 1, -1, -3]
```

【例3.14】 输出1000以内的水仙花数。

水仙花数是指一个 n（n≥3）位数，它的各位上的数字的 n 次幂之和等于它本身。

```
#!/usr/bin/python
#-*- coding:utf-8 -*-
def main():
    for i in range(100,1000):
        a = i%10
        b = i//100
        c = (int(i/10))%10
        if i == a**3+b**3+c**3:
            print("%5d"%(i))

if __name__ == "__main__":
    main()
```

【例3.15】 有1、2、3、4共4个数字，能组成多少个互不相同且无重复数字的3位数？都是多少？

```
cnt = 0  # count the sum of result
for i in range(1, 5):
    for j in range(1, 5):
```

```
            for k in range(1, 5):
                if i != j and i != k and j != k:
                    print(i * 100 + j * 10 + k)
                    cnt += 1
print(cnt)
```

【例 3.16】 企业发放的奖金根据利润提成。利润（i）低于或等于 10 万元时，奖金可提 10%；利润高于 10 万元低于 20 万元时，低于 10 万元的部分按 10%提成，高于 10 万元的部分可提成 7.5%；20 万元～40 万元时，高于 20 万元的部分，可提成 5%；40 万元～60 万元时高于 40 万元的部分可提成 3%；60 万元～100 万元时，高于 60 万元的部分，可提成 1.5%；高于 100 万元时，超过 100 万元的部分按 1%提成。从键盘输入当月利润 i，求应发放奖金总数。

```
i = int(input('Enter the profit:'))
arr = [1000000, 600000, 400000, 200000, 100000, 0]
rat = [0.01, 0.015, 0.03, 0.05, 0.075, 0.1]
r = 0
for idx in range(0, 6):
    if i > arr[idx]:
        r += (i - arr[idx]) * rat[idx]
        print((i - arr[idx]) * rat[idx])
        i = arr[idx]
print(r)
```

【例 3.17】 一个整数，它加上 100 后是一个完全平方数，再加上 168 又是一个完全平方数，求该数。

```
import math
num = 1
while True:
    if math.sqrt(num +100) -int(math.sqrt(num + 100)) == 0 and math.sqrt(num + 268) -int(math.sqrt(num + 268)) == 0:
        print(num)
        break
    num += 1
```

【例 3.18】 输入某年、某月、某日，判断这一天是这一年的第几天。

```
#!/usr/bin/python3
date = input("输入年月日(yyyy-mm-dd):")
y, m, d = (int(i) for i in date.split('-'))
sum = 0
special = (1, 3, 5, 7, 8, 10)
for i in range(1, int(m)):
    if i == 2:
        if y % 400 == 0 or (y % 100 != 0 and y % 4 == 0):
            sum += 29
        else:
            sum += 28
    elif (i in special):
        sum += 31
    else:
        sum += 30
sum += d
print("这一天是一年中的第%d天" % sum)
```

【例3.19】 输出斐波那契数列中的某一项。

斐波那契数列（Fibonacci sequence）又称黄金分割数列，指的是这样一个数列：0、1、1、2、3、5、8、13、21、34……

在数学上，斐波那契数列是以递归的方法来定义的：

```
F0 = 0     (n=0)
F1 = 1     (n=1)
Fn = F[n-1]+ F[n-2](n≥2)
```

程序如下所示。

```python
#!/usr/bin/python
# -*- coding: UTF+-8 -*-
a,b = 1,1
for i in range(9):
    a,b = b,a+b
print(a)            #输出斐波那契数列中第10个数
```

【例3.20】 古典问题：有一对兔子，从出生后第3个月起每个月都生一对兔子，小兔子长到第3个月后每个月又生一对兔子，假如兔子都不死，求每个月的兔子总数。

```python
#!/usr/bin/python
#-*- coding:utf-8 -*-
a = 1
b = 1
for i in range(1,21,2):
    print('%d %d'%(a,b))
    a += b
    b += a
```

【例3.21】 判断101～200有多少个素数，并输出所有素数。

```python
#!/usr/bin/python
#-*- coding:utf-8 -*-
from math import sqrt
def main():
    for i in range(101,201):
        flag = 1
        k = int(sqrt(i))
        for j in range(2,k+1):
            if i%j == 0:
                flag = 0
                break
        if flag == 1:
            print('%5d'%(i))
if __name__ == "__main__":
    main()
```

【例3.22】 将一个正整数分解质因数。例如，输入90，打印出90=2*3*3*5。

```python
#!/usr/bin/python
#-*- coding:utf-8 -*-
def main():
```

```
        n = int(input('Enter a number:'))
        print(n,'=')
        while(n!=1):
            for i in range(2,n+1):
                if (n%i)==0:
                    n//=i
                    if(n == 1):
                        print('%d'%(i))
                    else:
                        print('%d *'%(i))
                    break
if __name__ == "__main__":
    main()
```

【例 3.23】 利用条件运算符的嵌套来完成此题：学习成绩≥90 分的同学用 A 表示，60～89 分的用 B 表示，60 分以下的用 C 表示。

```
#!/usr/bin/python
#-*- coding:utf-8 -*-
def main():
    s = int(input('Enter a number:'))
    if s>=90:
        grade = 'A'
    elif s>=60:
        grade = 'B'
    else:
        grade = 'C'
    print(grade)
if __name__ == '__main__':
    main()
```

【例 3.24】 求 s=a+aa+aaa+aaaa+aa⋯a 的值，其中 a 是一个数字。例如 2+22+222+2222+22222（此时共有 5 个数相加），几个数相加由键盘控制。

```
#!/usr/bin/python
#-*- coding:utf-8 -*-
def main():
    basis = int(input("Input the basis number:"))
    n = int(input("Input the longest length of number:"))
    b = basis
    sum = 0
    for i in range(0,n):
        if i==n-1:
            print("%d "%(basis))
        else:
            print("%d +"%(basis))
        sum+=basis
        basis = basis*10+b
    print('= %d'%(sum))
if __name__ == '__main__':
    main()
```

【例 3.25】 一个数如果恰好等于它的真因子之和，这个数就称为"完数"。例如，6=1+2+3。编程找出 1000 以内的所有完数。

```
for i in range (1, 1000):
    sum = 0
    for j in range (1, i):
        if (i%j === 0):
            sum += j
    if sum == i:
        print('YES')
    else:
        print('NO')
```

【例3.26】一个球从100m高度自由落下,每次落地后反跳回原高度的一半,再落下,求:它在第10次落地时,共经过多少米?第10次反弹多高?

```
s = 100
h = 50.0
for i in range(2,11):
    s += h * 2
    h /= 2
print("the sum length of path:%f"%s)
print("the last height is:%f"%h)
```

【例3.27】猴子吃桃问题:猴子第一天摘下若干个桃子,当即吃了一半,还不过瘾,又多吃了一个,第二天早上又将剩下的桃子吃掉一半,又多吃了一个。以后每天早上都吃前一天剩下的一半零一个。到第10天早上想再吃时,只剩下一个桃子。求第一天共摘了多少个桃子。

```
n = 1
for i in range(9,0,-1):
    n = (n+1)<<1
print(n)
```

【例3.28】两个乒乓球队进行比赛,各出3人。甲队为a、b、c 3人,乙队为x、y、z 3人。已抽签决定比赛名单。有人向队员打听比赛的名单。a说他不和x比,c说他不和x、z比,请编程序找出3队赛手的名单。

```
for i in range(ord('x'),ord('z') + 1):
    for j in range(ord('x'),ord('z') + 1):
        if i != j:
            for k in range(ord('x'),ord('z') + 1):
                if (i != k) and (j != k):
                    if (i != ord('x')) and (k != ord('x')) and (k != ord('z')):
                        print('order is a -- %s\t b -- %s\tc--%s' % (chr(i),chr(j),chr(k)))
```

【例3.29】打印出如下图案(菱形)。

```
   *
  ***
 *****
*******
 *****
  ***
   *
```

```
for i in range(1,8,2):
    print(' '*(int)(4-(i+1)/2)+'*'*i)
for i in range(5,0,-2):
    print(' '*(int)(4-(i+1)/2)+'*'*i)
```

【例 3.30】 有一分数序列为 2/1，3/2，5/3，8/5，13/8，21/13…求出这个数列的前 20 项之和。

```
u = 2.0
d = 1.0
s = 0.0
for i in range(0,20):
    s = s+u/d
    u = u+d
    d = u-d
print('%f'%s)
```

【例 3.31】 求 1+2!+3!+…+20!的和。

```
s = 0
t = 1
for i in range(1,21):
    t*=i
    s+=t
print(s)
```

【例 3.32】 请输入星期的第一个字母来判断一下是星期几，如果第一个字母一样，则继续判断第二个字母。

```
#!/usr/bin/python
# -*- coding: UTF-8 -*-
letter = input("please input:")
#while letter != 'Y':
if letter == 'S':
    print ('please input second letter:')
    letter = input("please input:")
    if letter == 'a':
        print ('Saturday')
    elif letter == 'u':
        print ('Sunday')
    else:
        print ('data error')
elif letter == 'F':
    print ('Friday')
elif letter == 'M':
    print ('Monday')
elif letter == 'T':
    print ('please input second letter')
    letter = input("please input:")
    if letter == 'u':
        print ('Tuesday')
    elif letter == 'h':
        print ('Thursday')
    else:
        print ('data error')
elif letter == 'W':
```

```
    print ('Wednesday')
else:
    print ('data error')
```

【例 3.33】 数字比较。

```
#!/usr/bin/python
# -*- coding: UTF-8 -*-
if __name__ == '__main__':
    i = 10
    j = 20
    if i > j:
        print('%d 大于 %d' % (i,j))
    elif i == j:
        print('%d 等于 %d' % (i,j))
    elif i < j:
        print('%d 小于 %d' % (i,j))
    else:
        print('未知')
```

【例 3.34】 海滩上有一堆桃子,5 只猴子来分。第一只猴子把这堆桃子平均分为 5 份,多了一个,这只猴子把多的一个扔入海中,拿走了一份。第二只猴子把剩下的桃子又平均分成 5 份,又多了一个,它同样把多的一个扔入海中,拿走了一份,第 3~5 只猴子都是这样做的,问海滩上原来最少有多少个桃子。

```
#!/usr/bin/python
# -*- coding: UTF-8 -*-
if __name__ == '__main__':
    i = 0
    j = 1
    x = 0
    while (i < 5) :
        x = 4 * j
        for i in range(0,5) :
            if(x%4 != 0) :
                break
            else:
                i += 1
                x = (x/4) * 5 +1
        j += 1
    print(x)
```

【例 3.35】 809*??=800*??+9*??,其中,??代表的两位数,809*??为 4 位数,8*??的结果为两位数,9*??的结果为 3 位数。求??代表的两位数,及 809*??后的结果。

```
#!/usr/bin/python
# -*- coding: UTF-8 -*-
a = 809
for i in range(10,100):
    b = i * a
    if b >= 1000 and b <= 10000 and 8 * i < 100 and 9 * i >= 100 and b==800*i+9*i:
        print(b,' = 800 * ', i, ' + 9 * ', i)
```

【例 3.36】 八进制数转换为十进制数。

```python
#!/usr/bin/python
# -*- coding: UTF-8 -*-
if __name__ == '__main__':
    n = 0
    p = input('input a octal number:\n')
    for i in range(len(p)):
        n = n * 8 + ord(p[i]) - ord('0')
    print(n)
```

【例 3.37】 输入一个奇数,然后判断最少几个 9 除以该数的结果为整数。

```python
#!/usr/bin/python
# -*- coding: UTF-8 -*-
if __name__ == '__main__':
    zi = int(input('输入一个数字:\n'))
    n1 = 1
    c9 = 1
    m9 = 9
    sum = 9
    while n1 != 0:
        if sum % zi == 0:
            n1 = 0
        else:
            m9 *= 10
            sum += m9
            c9 += 1
    print('%d 个 9 可以被 %d 整除 : %d' % (c9,zi,sum))
    r = sum / zi
    print('%d / %d = %d' % (sum,zi,r))
```

【例 3.38】 输出指定范围的阿姆斯特朗数。

如果一个 n 位正整数等于其各位数字的 n 次方之和,则称该数为阿姆斯特朗数。

```python
lower = int(input("最小值: "))
upper = int(input("最大值: "))
for num in range(lower,upper + 1):
    #初始化 sum
    sum = 0
    #指数
    n = len(str(num))
    #检测
    temp = num
    while temp > 0:
        digit = temp % 10
        sum += digit ** n
        temp //= 10
    if num == sum:
        print(num)
```

【例 3.39】 时间函数举例。这是一个猜数游戏,判断一个人反应的快慢。

```python
#!/usr/bin/python
# -*- coding: UTF-8 -*-
```

```python
if __name__ == '__main__':
    import time
    import random
    play_it = input('do you want to play it.(\'y\' or \'n\')')
    while play_it == 'y':
        c = input('input a character:\n')
        i = random.randint(0,2**32) % 100
        print('please input number you guess:\n')
        start = time.clock()
        a = time.time()
        guess = int(input('input your guess:\n'))
        while guess != i:
            if guess > i:
                print('please input a little smaller')
                guess = int(input('input your guess:\n'))
            else:
                print('please input a little bigger')
                guess = int(input('input your guess:\n'))
        end = time.clock()
        b = time.time()
        var = (end - start) / 18.2
        print(var)
        # print('It took you %6.3 seconds' % time.difftime(b,a)))
        if var < 15:
            print('you are very clever!')
        elif var < 25:
            print('you are normal!')
        else:
            print('you are stupid!')
        print('Congradulations')
        print('The number you guess is %d' % i)
        play_it = input('do you want to play it.')
```

【★例 3.40】 在 for 循环体内改变循环变量的值实例。

```
for i in range(3):
    print ("original:",i)
    i=i+3
    print ("new",i)
original: 0
new 3
original: 1
new 4
original: 2
new 5
```

3.6　实验与习题

1. 一颗球从 100m 高处落下，假设每次弹起距离为落下高度的一半，第几次落下后弹起高度小于 10m？

2. 打印九九乘法表。

3. 编写程序，至少使用两种不同的方法计算 100 以内所有奇数的和。

4. 编写程序，输入一个正数，用迭代的方法计算其近似的平方根。

5. 有一个背包可放入的物品总质量为 20 kg，共有 8 件物品，质量分别为 1 kg、7 kg、3 kg、8 kg、5 kg、10 kg、11 kg、4 kg。如何从这些物品中找出若干件，刚好是 20 kg?

6. 编写程序，用户从键盘输入小于 1000 的整数，对其进行质因式分解。例如，10=2×5，60=2×2×3×5。

7. 输入两个 3 位数 a、b：

（1）找出 a 与 b 之间所有的素数（除了 1 和它自身外，没有其他因子的数）；

（2）找出 a 与 b 之间所有的回文数（各位数字反向排列所得自然数与自己相等的数）；

（3）找出 a 与 b 之间所有的完数（所有的真因子的和等于它本身的数）；

（4）找出 a 与 b 之间所有的水仙花数（也叫阿姆斯特朗数，每位数字的 3 次幂之和等于它本身的 3 位数）；

（5）找出 a 与 b 之间所有的完全平方数（等于某个数的平方的数）；

（6）找出 a 与 b 之间所有的神秘数（组成它的 3 个数字阶乘之和正好等于它本身的数）。

8. 编写程序，输入一个日期（包括年、月、日）：

（1）判断其是否为闰年。如果年份能被 400 整除，则为闰年；如果年份能被 4 整除但不能被 100 整除也为闰年；

（2）计算该日是这年中的第几天；

（3）计算从公元 1 年 1 月 1 日到这个日期的天数（含两端）。

9. 输入 n 的值，分别计算以下式子的值：

（1）$S_n = 1+2+3+4+5+\cdots+n$（共 n 项）

（2）$S_n = 1+11+111+1111+\cdots+$（共 n 项）

（3）$S_n = 1-3+5-7+9-11+\cdots$（共 n 项）

（4）$S_n = 1-\dfrac{1}{2!}+\dfrac{1}{3!}-\dfrac{1}{4!}+\dfrac{1}{5!}-\dfrac{1}{6!}+\cdots$（共 n 项）

（5）$S_n = 1+\dfrac{2}{1}+\dfrac{3}{2}+\dfrac{5}{3}+\dfrac{8}{5}+\dfrac{13}{8}+\dfrac{21}{13}+\cdots$（共 n 项）

10. 使用循环结构完成以下图形的输出。

```
*
* *
* * *
* * * *
* * * * *
* * * *
* * *
* *
*
```

11. 假设小明每个月都需要上 20 天班，每天上班需要来回一次，即每天需要走两次同样路线。编写程序，输入小明从家到单位的距离，根据以下信息提示帮助小明计算全部通过刷卡一年内乘坐轨道需要的总费用以及相比全部买单程票节省的费用。

（1）重庆轨道交通票价标准：起步价 2 元（0~6 km(含)），3 元（6~11 km (含)），4 元（11~17 km (含)），5 元（17~24 km (含)），6 元（24~32 km (含)），7 元（32~41 km (含)），8 元（41~51 km (含)），9 元（51~63 km (含)），10 元（63 km 以上）。

（2）目前在票价标准基础上实行最高票价 7 元封顶的优惠票价。

（3）宜居畅通普通卡、开通电子钱包功能的成人优惠卡，乘车可享受单程票价 9 折优惠。

（4）单程票：乘客购买后，限本站当日一次乘车使用，出闸时回收。单程票仅限单人、单次于车票发售当日限时使用，仅限于购票站进闸，不能挂失。

第 4 章　序列及其他数据结构

4.1　序　　列

在 Python 中,最基本的数据结构之一是序列(Sequence)。Python 序列类似于其他语言中的数组,但功能更为强大。序列中的每个元素被分配一个序号,即元素的位置,也称为索引。使用负整数作为索引是 Python 的一大特色,熟练掌握和运用它可以大幅提高开发效率。

Python 中有很多种序列类型,包括字符串、列表、元组、字典、集合、字节数组、缓冲区和 range 对象等。在本章的序列类型中主要介绍列表和元组。

4.1.1　序列类型的基本操作

大多数的序列类型支持以下操作:in 和 not in 操作,具有与比较操作相同的优先级;+ 和 * 操作,具有与相应的数值操作相同的优先级。可变序列类型还提供其他的方法,如表 4.1 所示。其中 s 和 t 是类型相同的序列,n、i 和 j 是整数。

表 4.1　序列类型基本操作表

操　　作	结　　果
x in s	若 s 中存在一个对象的值与 x 相等则返回 True,否则返回 False
x not in s	若 s 中存在一个对象的值与 x 相等则返回 False,否则返回 True
s + t	s 和 t 的连接
s * n, n * s	n 个 s 的连接(浅复制)
s[i]	s 中的第 i 个元素
s[i:j]	s 中从 i 到 j 的切片
s[i:j:k]	s 中从 i 到 j 的切片,步长为 k
len(s)	s 的长度
min(s)	s 中最小的元素
max(s)	s 中最大的元素
s.index(x)	s 中第一次出现 x 的索引
s.count(x)	s 中出现 x 的次数之和

4.1.2　解压序列赋值给多个变量

任何的序列(或者是可迭代对象)可以通过一个简单的赋值语句解压并赋值给多个变量。唯一的前提就是变量的数量必须跟序列元素的数量是一样的,代码示例如下:

```
>>> p = (4, 5)
>>> x, y = p
>>> x
4
>>> y
5
>>>
>>> data = [ 'ACME', 50, 91.1, (2012, 12, 21) ]
>>> name, shares, price, date = data
>>> name
'ACME'
>>> date
(2012, 12, 21)
>>> name, shares, price, (year, mon, day) = data
>>> name
'ACME'
>>> year
2012
>>> mon
12
>>> day
21
```

如果变量个数和序列元素的个数不匹配，则会产生异常。代码示例如下：

```
>>> p = (4, 5)
>>> x, y, z = p
Traceback (most recent call last):
File "<stdin>", line 1, in <module>
ValueError: need more than 2 values to unpack
```

实际上，这种解压赋值可以用在任何可迭代对象上面，而不仅仅是列表或者元组，包括字符串、文件对象、迭代器和生成器。代码示例如下：

```
>>> s = 'Hello'
>>> a, b, c, d, e = s
>>> a
'H'
>>> b
'e'
>>> e
'o'
```

有时候，可能只想解压一部分赋值，丢弃其他的值。对于这种情况 Python 并没有提供特殊的语法。但是可以使用任意变量名去占位，前提是必须保证选用的那些占位变量名在其他地方没被使用。代码示例如下：

```
>>> data = [ 'ACME', 50, 91.1, (2012, 12, 21) ]
>>> _, shares, price, _ = data
>>> shares
50
>>> price
91.1
```

4.2 列　　表

列表是重要的 Python 内置可变序列之一，是包含若干元素的有序连续内存空间，通常用于存储相同类型的数据集合，也可以存储不同类型的数据，例如同一个列表中可以同时出现整数、字符串等基本类型，也可以出现列表、元组、字典、集合以及其他自定义类型的对象。另外，在列表中，具有相同值的元素可以重复出现多次。

作为最具代表性的 Python 序列结构，列表提供了很多常用的内置方法，如表 4.2 所示。

表 4.2　列表常用方法

方　　法	说　　明
lst.append(x)	将元素 x 添加至列表 lst 尾部
lst.extend(L)	将列表 L 中所有元素添加至列表 lst 尾部
lst.insert(index, x)	在列表 lst 指定位置 index 处添加元素 x，该位置后面的所有元素都依序后移一个位置
lst.remove(x)	在列表 lst 中删除首次出现的指定元素，该元素之后的所有元素都依序前移一个位置
lst.pop(index)	删除并返回列表 lst 中索引为 index（默认为-1）的元素
lst.clear()	删除列表 lst 中所有元素，但保留列表对象
lst.index(x)	返回列表 lst 中第一个值为 x 的元素的下标，若不存在值为 x 的元素则抛出异常
lst.count(x)	返回指定元素 x 在列表 lst 中的出现次数
lst.reverse()	对列表 lst 中的所有元素都进行逆序排序
lst.sort(key=None,reverse=False)	对列表 lst 中的元素进行排序，key 用来指定排序依据，reverse 决定是升序（False）还是降序（True）
lst.copy()	返回列表 lst 的浅复制

4.2.1　列表的创建与删除

列表可以由零个或多个元素组成，元素之间用逗号隔开，整个列表被方括号括起来。

```
>>> empty_list = []
>>> weekdays = ['Monday', 'Tuesday', 'Wednesday', 'Thursday', 'Friday']
>>> weekdays
['Monday', 'Tuesday', 'Wednesday', 'Thursday', 'Friday']
>>> numbers = [1,2,3,4,5]
>>> numbers
[1, 2, 3, 4, 5]
>>>
```

也可以使用 list() 来创建一个空列表。

```
>>> another_empty_list = list()
>>> another_empty_list
[]
```

list( )函数不仅可以创建空列表，还可以把元组、range 对象、字符串、字典、集合或其他类型的可迭代对象类型的数据转换为列表。以下是一个字符串对象通过 list( )函数转换为列表的例子：

```
>>> new_str = 'python3'
>>> new_list = list(new_str)
>>> new_list
['p', 'y', 't', 'h', 'o', 'n', '3']
>>>
```

习惯把 list( )、tuple( )、set( )、dict( )这样的函数称为工厂函数，因为通过这些函数可以生成新的数据类型。上述除了 list( )以外的函数都会在后面的章节讲解。

当一个列表不再使用时，可以使用 del 命令将其删除，这一点适用于所有类型的 Python 对象。另外，也可以使用 del 命令删除一个列表、字典等可变序列中的部分元素，但不能删除元组、字符串等不可变序列中的部分元素。

```
>>> del new_list
>>> new_list
Traceback (most recent call last):
  File "<stdin>", line 1, in <module>
NameError: name 'new_list' is not defined
>>>
```

当用 del 语句删除了一个列表之后，再访问时就会返回异常。

与其他形式不同，del 是 Python 语句而不是列表方法，所以使用的方式也不同。del 就像是赋值语句（=）的逆过程：它将与一个对象与它的名字分离，如果这个对象没有其他名称引用，那么它所占用的空间也会被删除。

Python 有垃圾回收机制，一般使用 del 删除对象之后，Python 会在恰当的时间调用垃圾回收机制来释放内存。如果有需要，也可以手动导入 Python 标准库 gc 后调用 gc.collect( )函数立刻启动垃圾回收机制以释放内存。

列表有如下特点：

（1）列表是元素的有序集合。
（2）列表可当作以 0 为基点的数组使用。
（3）采用正向索引时，长度为 n 的列表起始元素索引为 0，最后一个元素索引为 n–1。
（4）采用负向索引时，长度为 n 的列表起始元素索引为–n，最后一个元素索引为–1。

4.2.2　列表元素的访问与计数

与 C 语言中的数组相似，在 Python 中可以通过整数下标（序号或者索引）来访问列表中的元素：

```
>>> one_to_five = ['one', 'two', 'three', 'four', 'five']
>>> one_to_five[0]
'one'
>>> one_to_five[1]
'two'
>>> one_to_five[2]
'three'
```

也可以使用负整数，代表从尾部开始计数：

```
>>> one_to_five[-1]
'five'
>>> one_to_five[-2]
'four'
```

指定的序号必须是合法的，例如 one_to_five 中一共有 5 个元素，所以偏移量应当是 0～4（负偏移量则为-5～-1），否则越界将会抛出异常：

```
>>> one_to_five[5]
Traceback (most recent call last):
  File "<stdin>", line 1, in <module>
IndexError: list index out of range
```

如果要求某一个值的元素具体在列表中的序号，可以使用列表对象的 index( )方法：

```
>>> some_numbers = [10, 12, 6, 9.9, -5, 15]
>>> some_numbers.index(9.9)
3
```

不过如果列表中没有该值的元素，就会抛出异常：

```
>>> some_numbers = [10, 12, 6, 9.9, -5, 15]
>>> some_numbers.index(99)
Traceback (most recent call last):
  File "<stdin>", line 1, in <module>
ValueError: 99 is not in list
```

使用 index( )函数之前先进行成员资格判断(in 和 not in)可以有效地避免这种情况。

如果需要知道指定元素在列表中出现的次数，可以使用列表对象的 count( )方法进行统计：

```
>>> some_numbers = [10, 12, 6, 9.9, -5, 15, 12, 12, 12]
>>> some_numbers.count(12)
4
```

与 index( )函数不同，如果列表中没有该元素，则调用 count( )方法只会返回 0 而不会产生异常：

```
>>> some_numbers = [10, 12, 6, 9.9, -5, 15, 12, 12, 12]
>>> some_numbers.count(11)
0
```

count()方法与 index()方法使用总结如下：

（1）count()方法返回列表中某个特定值出现的次数。

（2）求某个值是否出现在列表中时，in 运算符将会比使用 count()方法略快一些。in 运算符返回 True 或 False。

（3）index()方法将查找某值在列表中第一次出现的位置索引值，如果在列表中没有找到该值，则会抛出异常。

4.2.3 列表元素的增加与删除

使用 append( )添加元素至列表尾部：

```
>>> classmates = ['Michael', 'Bob', 'Emma', 'Bob']
>>> classmates
['Michael', 'Bob', 'Emma', 'Bob']
>>> classmates.append('Steven')
>>> classmates
['Michael', 'Bob', 'Emma', 'Bob', 'Steven']
```

可以使用 insert()在任意指定位置插入一个元素：

```
>>> classmates = ['Michael', 'Bob', 'Emma', 'Bob']
>>> classmates
['Michael', 'Bob', 'Emma', 'Bob']
>>> classmates.insert(2, 'Mary')
>>> classmates
['Michael', 'Bob', 'Mary', 'Emma', 'Bob']
```

append()只能将元素插到列表尾部；而 insert()则可以将元素插入列表中的任意位置，第一个参数代表索引，第二个参数代表待插入的元素。值得注意的是，在使用 insert()时，索引超过尾部不会产生异常，它将自动将元素插到列表最后。

可以使用 extend()合并列表：

```
>>> classmates1 = ['Michael', 'Bob', 'Emma', 'Bob']
>>> classmates2 = ['Aiden', 'Jack', 'James']
>>> classmates1.extend(classmates2)
>>> classmates1
['Michael', 'Bob', 'Emma', 'Bob', 'Aiden', 'Jack', 'James']
```

上述例子中的 extend()可以用+=代替：

```
>>> classmates1 = ['Michael', 'Bob', 'Emma', 'Bob']
>>> classmates2 = ['Aiden', 'Jack', 'James']
>>> classmates1 += classmates2
>>> classmates1
['Michael', 'Bob', 'Emma', 'Bob', 'Aiden', 'Jack', 'James']
```

extend()与+运算符的区别是，前者返回的是原来的列表对象，而后者返回一个新的列表对象。

在合并两个列表时不能使用 append()方法，否则第二个列表将会被当成元素加入第一个列表：

```
>>> classmates1 = ['Michael', 'Bob', 'Emma', 'Bob']
>>> classmates2 = ['Aiden', 'Jack', 'James']
>>> classmates1.extend(classmates2)
>>> classmates1
['Michael', 'Bob', 'Emma', 'Bob', ['Aiden', 'Jack', 'James']]
```

不过该示例也表明列表可以包含不同数据类型的元素的特性。使用 remove( )函数可以删除具有指定值的元素：

```
>>> classmates = ['Michael', 'Bob', 'Emma', 'Bob']
>>> classmates
['Michael', 'Bob', 'Emma', 'Bob']
>>> classmates.remove('Bob')
>>> classmates
```

```
['Michael', 'Emma', 'Bob']
```

可以使用 pop( )函数删除并返回指定位置的元素，如果不指定则默认返回最后一个元素：

```
>>> classmates = ['Michael', 'Bob', 'Emma', 'Bob']
>>> classmates.pop(3)
'Bob'
>>> classmates.pop()
'Emma'
>>>
```

使用 clear( )删除函数所有元素，相当于清空列表：

```
>>> classmates = ['Michael', 'Bob', 'Emma', 'Bob']
>>> classmates.clear()
>>> classmates
[]
>>>
```

当然，正如前面所提到的，可以使用 del 命令删除列表中指定位置的元素：

```
>>> classmates = ['Michael', 'Bob', 'Emma', 'Bob']
>>> del classmates[2]
>>> classmates
['Michael', 'Bob', 'Bob']
>>>
```

如果不关心元素在列表中的位置，可以使用 remove( )根据元素的值来删除元素。当列表中的一个元素被删除后，位于其后的元素自动前移补足空出的位置，并且列表长度减一。不过当列表有重复的元素时则会按顺序删除第一个。

```
>>> classmates = ['Michael', 'Bob', 'Emma', 'Bob']
>>> classmates.remove('Bob')
>>> classmates
['Michael', 'Emma', 'Bob']
>>>
```

当列表增加或删除元素时，列表对象自动进行内存的扩展或收缩，从而保证元素之间没有缝隙。虽然这个特性可以大大减少开发者的负担，但是插入和删除非尾部元素会涉及列表中大量元素的移动，效率较低，所以除非很有必要，应当尽量从列表的尾部进行元素的增加或删除操作。

4.2.4 用列表作为栈

列表方法使得将列表当作栈非常容易，最先进入的元素最后一个取出（后进先出）。使用 append( )将元素添加到栈顶，使用不带索引的 pop( )从栈顶取出元素。例如：

```
>>> stack = [3, 4, 5]
>>> stack.append(6)
>>> stack.append(7)
>>> stack
[3, 4, 5, 6, 7]
>>> stack.pop()
7
>>> stack
```

```
[3, 4, 5, 6]
>>> stack.pop()
6
>>> stack.pop()
5
>>> stack
[3, 4]
```

同样地，也可以将列表当作队列使用，此时最先进入的元素第一个取出（先进先出）。但是列表用作此目的效率不高。在列表的末尾添加和取出元素非常快，但是在列表的开头插入或取出元素却很慢（因为所有的其他元素必须移动一位）。

如果要实现一个队列，可以使用 collections.deque，它设计的目的就是在两端都能够快速添加和取出元素。

4.2.5 常用列表内置函数

除了列表对象自身方法之外，很多 Python 内置函数也可以对列表进行操作。例如，max( )、min( )函数可以返回列表中所有元素的最大值和最小值。

```
>>> new_list = [1,5,10,15,25]
>>> max(new_list)
25
>>> min(new_list)
1
>>>
```

sum( )函数可以返回数值型列表中所有元素的和。

```
>>> new_list = [1,5,10,15,25]
>>> sum(new_list)
56
>>>
```

len( )函数可以返回列表中元素的个数。

```
>>> new_list = [1,5,10,15,25]
>>> len(new_list)
5
>>>
```

zip( )函数可以将多个列表中的元素拆分并组合成为元组，并返回包含这些元组的 zip 对象。

```
>>> list_a = [7, 17, 27]
>>> list_b = [8, 18, 28]
>>> list_c = zip(list_a, list_b)
>>> list_c
<zip object at 0x0000019AC3E47F88>
>>> list(list_c)
[(7, 8), (17, 18), (27, 28)]
>>>
```

enumerate( )函数可以将一个可遍历的数据对象（如列表、元组或字符串）组合为一个索引序列，同时列出数据和索引：

```
>>> seasons = ['Spring', 'Summer', 'Fall', 'Winter']
>>> list(enumerate(seasons))
[(0, 'Spring'), (1, 'Summer'), (2, 'Fall'), (3, 'Winter')]
```

还可以设置 start 参数改变起始索引:

```
>>> list(enumerate(seasons, start=1))
[(1, 'Spring'), (2, 'Summer'), (3, 'Fall'), (4, 'Winter')]
```

与 C 语言等不同,Python 的 for 循环只负责迭代,而不负责计数,所以 enumerate( )函数经常和 for 循环搭配使用,实现迭代同时计数的效果:

```
>>> seq = ['one', 'two', 'three']
>>> for i, element in enumerate(seq):
...     print (i, seq[i])
...
0 one
1 two
2 three
>>>
```

从以上代码可以发现,这些内置函数不仅可以实现对列表的操作,对其他的序列对象也都是有效的,熟练使用它们可以让代码更简洁、更高效。

4.2.6 成员资格判断

运算符 in 和 not in 判断某个元素是否属于某个列表:

```
>>> classmates1 = ['Michael', 'Bob', 'Emma', 'Bob']
>>> classmates2 = ['Aiden', 'Jack', 'James']
>>> 'Bob' in classmates1, 'Bob' in classmates2
(True, False)
>>> 'Michael' not in classmates1, 'Michael' not in classmates2
(False, True)
```

同时,关键字 in 和 not in 不仅可以用于列表,也可以用于元组、字典、集合、字符串、range 对象等其他可迭代对象。这种方法经常用于遍历序列或迭代对象,可以减少代码的输入量,简化工作。

4.2.7 切片操作

在 Python 中可以使用切片(Slice)操作方便且快速地提取一个列表的子序列,示例如下:

```
>>> many_classmates = ['Michael', 'Bob', 'Emma', 'Bob', 'Aiden', 'Jack', 'James']
>>> many_classmates[0:4]
['Michael', 'Bob', 'Emma', 'Bob']
```

many_classmates [0:4]代表索引从 0 到 3 为止,不包含 4。即索引为 0、1、2、3,一共 4 个元素。

当从列表的开头开始取时可以这样写:

```
>>> many_classmates[:4]
```

切片操作可以设定步长,如下示例实现从索引 1 开始隔一个取一个元素:

```
>>> many_classmates = ['Michael', 'Bob', 'Emma', 'Bob', 'Aiden', 'Jack',
'James']
>>> many_classmates[1::2]
['Bob', 'Bob', 'Jack']
```

前面提到的负数索引也同样适用,例如默认 1 的步长就相当于每次向后一个元素,而–1则变成每次向前一个元素,利用这一点可以很方便地实现列表逆序:

```
>>> many_classmates = ['Michael', 'Bob', 'Emma', 'Bob', 'Aiden', 'Jack',
'James']
>>> many_classmates[::-1]
['James', 'Jack', 'Aiden', 'Bob', 'Emma', 'Bob', 'Michael']
```

与使用索引访问列表元素的方法不同,切片操作不会因为下标越界而抛出异常,而是简单地在列表尾部截断或者返回一个空列表,这种特性使得代码具有更强的健壮性:

```
>>> many_classmates = ['Michael', 'Bob', 'Emma', 'Bob', 'Aiden', 'Jack',
'James']
>>> many_classmates[5:19]
['Jack', 'James']
>>>
```

4.2.8 列表排序

在实际应用中,经常需要将列表中的元素按值排序,这也是很多算法实现的基础。Python 提供了两个常用的排序函数以及两个常用的逆序函数,如表 4.3 所示。

表 4.3 常用列表排序和逆序函数

名 称	效 果
列表排序函数 sort( )	对原列表进行排序,它会改变原来列表的内容
内置排序函数 sorted( )	返回一个经过排序的原列表的副本,不改变原列表内容
列表逆序函数 reverse( )	对元列表进行逆序,它会改变原来列表的内容
内置逆序函数 reversed( )	返回一个经过逆序的原列表的副本,不改变原列表内容

由于列表中的元素可以是不同的类型,所以默认排序的标准也不同。对于数字来说,默认情况下会按照从小到大的顺序排序。值得注意的是,对于数字中的整型和浮点型,因为它们可以互相转换,所以 Python 也可以正确地处理:

```
>>> some_numbers = [10, 12, 6, 9.9, -5, 15]
>>> some_numbers.sort()
>>> some_numbers
[-5, 6, 9.9, 10, 12, 15]
```

从这个例子中可以看出,原来的 some_numbers 中的元素排序已经被改变了。如果想要保持原来的列表,可以使用 sorted( )函数,然后新建一个列表 sorted_some_numbers 来接收它返回的经过排序的列表:

```
>>> some_numbers = [10, 12, 6, 9.9, -5, 15]
>>> sorted_some_numbers = sorted(some_numbers)
>>> some_numbers, sorted_some_numbers
([10, 12, 6, 9.9, -5, 15], [-5, 6, 9.9, 10, 12, 15])
```

元组中的第一个元素是原列表，第二个元素是经过排序后的列表，元组的用法将在接下来的章节中介绍。可见使用 sorted( )排序不会改变原列表中的元素。

如果列表中的元素是字符或者字符串，那么默认排序的标准就是字母表（Unicode 编码）的顺序：

```
>>> some_countries = ['China', 'Japan', 'America', 'Germany']
>>> some_countries.sort()
>>> some_countries
['America', 'China', 'Germany', 'Japan']
```

可以在排序函数中添加 reverse=True 参数来实现降序排列：

```
>>> some_numbers = [10, 12, 6, 9.9, -5, 15]
>>> some_numbers.sort(reverse=True)
>>> some_numbers
[15, 12, 10, 9.9, 6, -5]
```

不借助 sort( )，Python 提供了两种使元素逆序的方法，分别是列表对象的 reverse( )函数和内置函数 reversed( )：

```
>>> some_numbers = [10, 12, 6, 9.9, -5, 15]
>>> some_numbers.reverse()
>>> some_numbers
[15, -5, 9.9, 6, 12, 10]
>>>
>>> some_numbers = [10, 12, 6, 9.9, -5, 15]
>>> list(reversed(some_numbers))
[15, -5, 9.9, 6, 12, 10]
>>>
```

前者对列表本身进行修改，后者则不对原列表进行任何修改，而是返回一个逆序排列后的迭代对象。

4.2.9 列表复制

使用赋值符号"="复制列表的方法称为"浅复制"，本质上是两个列表共享相同的存储空间。改变其中一个列表的元素值，会对另一列表造成同步改变。如下例所示：

```
>>> st_list = [3, 5, 7]
>>> st_list
[3, 5, 7]
>>> st_list_b = st_list
>>> st_list_b
[3, 5, 7]
>>> st_list_b[0] = 'change'
>>> st_list_b
['change', 5, 7]
>>> st_list
['change', 5, 7]
```

在上面这个例子中，先创建了一个列表 st_list，然后把 st_list 赋值给了 st_list_b，在修改了 st_list_b 中的元素之后，不仅 st_list_b 的元素值发生了改变，st_list 中的值也同样发生了改变。这是因为 st_list 和 st_list_b 实际上指向的是同一个对象，无论修改哪一个，结果都会同时作用于双方。

使用列表的 copy( ) 方法复制列表称为 "深复制"，此方法使得本质上两个列表具有独立的存储空间。改变其中一个列表的元素值，不会对另一列表造成任何影响。如下例所示：

```
>>> st_list = [3, 5, 7]
>>> st_list_b = st_list.copy()
>>> st_list_b[0] = 'change'
>>> st_list, st_list_b
([3, 5, 7], ['change', 5, 7])
```

在这个例子中，st_list_b 虽然内容与 st_list 相同，但是它们指向的不是同一个对象，所以改变 st_list_b 的内容并不会影响 st_list。

4.2.10 列表推导式

推导式是 Python 内置的一种简洁、快速而又强大的创建数据结构的方法。使用列表推导式相比使用循环调用列表的 append() 方法创建一个列表在结果上相同，但代码更简洁、更具有 Python 风格。

例如，创建一个 1~5 递增的整数列表，可使用 for 循环结合 append() 方法：

```
>>> num_list = []
>>> for num in range(1, 6):
...     num_list.append(num)
>>> num_list
[1, 2, 3, 4, 5]
```

对应采用列表推导式的方法是：

```
>>> num_list = [num for num in range(1, 6)]
>>> num_list
[1, 2, 3, 4, 5]
```

列表推导式格式如下所示：

```
[expression for item in iterable]
```

其中，expression 是一个表达式，它的结果作为列表元素添加到列表中，item 是 iterable 每次迭代出来的元素。

又如，创建一个 1~5 的平方的列表：

```
>>> num_list = [num * num for num in range(1, 6)]
>>> num_list
[1, 4, 9, 16, 25]
```

列表推导式还可以加上 if 判断语句实现更复杂的推导结果：

```
[expression for item in iterable if condition]
```

只有当 if 后面的条件为真时，表达式的结果才会加入列表。例如创建一个包含 1~5 中所有偶数的平方的列表如下所示：

```
>>> num_list = [num * num for num in range(1, 6) if num % 2 == 0]
>>> num_list
[4, 16]
```

在这个例子中 num 为 1~6 进行迭代，每次都判断 num 是否是偶数，当 num 是偶数时计算 num 的平方然后加入列表。

4.3 元　　组

与列表类似，元组也是 Python 中十分常用的一种序列结构，但是，元组与列表最大的区别就是元组是不可变的，无法进行增加、修改、删除元素的操作。

4.3.1 创建元组

创建一个空元组有两种方法，如下所示：

```
>>> one_tuple = ()
>>> two_tuple = tuple()
```

当创建一个非空的元组时，需要考虑两种情况：

（1）当元组只包含一个元素时，需要在这个元素后面加上一个逗号：

```
>>> name_tuple = ('Jack',)
>>> name_tuple
('Jack',)
```

如果不加逗号，Python 会认为把一个字符串赋值给 name_tuple，会出现如下情况：

```
>>> name_tuple = ('Jack')
>>> name_tuple
'Jack'
```

（2）当创建一个包含多个元素的元组时，依然是在每个元素后面都加上逗号，但是最后的逗号可以省略：

```
>>> name_tuple = ('Jack', 'Bob', 'Riley', 'Sarah')
>>> name_tuple
('Jack', 'Bob', 'Riley', 'Sarah')
```

不过，Python 实际上是根据逗号而不是括号来判断是否是元组的，如果把上面的例子中的括号去掉，保留逗号，结果也不会发生改变：

```
>>> name_tuple = 'Jack', 'Bob', 'Riley', 'Sarah'
>>> name_tuple
('Jack', 'Bob', 'Riley', 'Sarah')
```

此外，也可以使用 tuple( )方法将列表等对象转换为一个元组，如下所示：

```
>>> name_list = ['Jack', 'Bob', 'Riley', 'Sarah']
>>> name_tuple = tuple(name_list)
>>> name_tuple
('Jack', 'Bob', 'Riley', 'Sarah')
```

4.3.2 访问元组

对元组元素的访问和列表基本相同，可以使用索引和切片，如下所示：

```
>>> name_tuple = ('Jack', 'Bob', 'Riley', 'Sarah')
>>> name_tuple[0]
'Jack'
>>> name_tuple[-1]
'Sarah'
```

与列表所不同的是，元组的元素不能添加、删除和修改，例如不能通过 name_tuple[-1] = 'Sarah' 的方式来对元素进行重新赋值。

4.3.3　元组与列表的区别

元组和列表都是有序序列，都可以用使用索引和切片访问元素，使用正、负两种索引号。列表相比元组功能更为强大，元组可看成是轻量级的列表。元组和列表除了在形式上是圆括号和方括号的区别之外，它们的区别主要有：

（1）元组不能修改、添加元素。列表有 append()、extend()、insert()、remove()和 pop()等方法；而以上方法，元组都没有。

（2）元组占用的空间更少，访问和处理速度比列表快得多。

（3）元组的元素像常量一样不会被修改，这有利于代码安全性的提高。如果只是对元素进行遍历而不修改，那么非常适合用元组。

（4）元组可用作字典键，**也可以作为集合的元素**（特别是包含字符串、数值和其他元组这样的不可变数据的元组）。列表元素不能当作字典键使用，**也不能作为集合中的元素**。

（5）元组可转换为列表，反之亦然。内建的 tuple() 函数接收一个列表参数，并返回一个包含同样元素的元组，而 list() 函数接收一个元组参数并返回一个列表。

4.3.4　序列解包

序列解包（Sequence Unpacking）是 Python 中非常重要和常用的一个功能，例如可以使用序列解包功能对多个变量同时进行赋值。序列解包也可以用于列表、字典、enumerate 对象、filter 对象等。但是对字典使用时，默认是对字典"键"进行操作，如果需要对"键：值"对进行操作，需要使用字典的 items()方法说明，如果需要对字典"值"进行操作，则需要使用字典的 values()方法明确指定。序列解包的本质就是把一个序列或可迭代对象中的元素同时赋值给多个变量，如果等号右侧含有表达式，会把所有表达式的值先计算出来，然后再进行赋值。序列的相关操作如下：

（1）将列表或可迭代对象中每个元素赋值给一个变量。

```
>>> a,b,c = ['a', 'b', 'c']          #列表
>>> a
'a'
>>> a,b,c = enumerate(['a', 'b', 'c'])
>>> a
(0, 'a')
>>> a,b,c = ('a', 'b', 'c')          #元组
>>> a
'a'
```

```
>>> a,b,c = {'a':1, 'b':2, 'c':3}          #字典
>>> a
'a'
>>> a,b,c = {'a':1, 'b':2, 'c':3}.items()
>>> a
('a', 1)
>>> a,b,c = 'abc'                          #字符串
>>> a
'a'
>>> a,b,c = [x + 1 for x in range(3)]      #生成器
>>> a
1
>>> x, y, z = 1, 2, 3                      #多个变量同时赋值
>>> x, y, z = iter([1, 2, 3])              #使用迭代器对象进行序列解包
>>> x, y, z = map(str, range(3))           #使用可迭代的 map 对象进行序列解包
>>> a, b = b, a                            #交换两个变量的值
>>> x, y, z = sorted([1, 3, 2])            #sorted()函数返回排序后的列表
>>> a, b, c = 'ABC'                        #字符串也支持序列解包
>>> x = [1, 2, 3, 4, 5, 6]
>>> x[:3] = map(str, range(5))             #切片也支持序列解包
>>> x
['0', '1', '2', '3', '4', 4, 5, 6]
```

在上面的例子中，a, b = b, a 语句实现过程是先把变量 a 和 b 原来的值取出来组成一个元组，然后再把这个元组序列解包赋值给变量 a 和 b。

（2）压包 zip()函数。

压包是解包的逆过程，用内置函数 zip()实现。zip()将一个或多个可迭代对象的对应索引的元素打包成一系列元组，再返回由这些元组组成的对象。使用序列解包可以很方便地同时遍历多个序列。如下所示：

```
>>> a = ['a', 'b', 'c']
>>> b = [1, 2, 3]
>>> for i in zip(a, b):
...     print(i)
('a', 1)
('b', 2)
('c', 3)
```

下面例子实现两个列表对应数值相加：

```
>>> a = [0, 1, 2]
>>> b = [1, 2, 3]
>>> for i, j in zip(a, b):
...     print(i+j)
1
3
5
```

（3）星号（*）参数。

在调用函数时，在实参前面加上一个星号（*）也可以进行序列解包，从而实现将序列中的元素值依次传递给相同数量的形参，如下所示：

```
>>> ls = [('Bob', '1990-1-1', 60),('Mary', '1996-1-4', 50),('Nancy',
'1993- 3-1', 55),]
>>> for name, *args in ls:
        print(name, args)
Bob ['1990-1-1', 60]
Mary ['1996-1-4', 50]
Nancy ['1993-3-1', 55]
```

如果将语句"for name, *args in ls"改为"for name, args in ls",则会抛出异常,提示解包参数错误。原因是需要解包的参数共 3 个,而实际给出参数只有 name 和 args 两个。

(4)_和*_的用法。

当单个元素不用时,可以用_占位表示。当多个元素不用时,可以用*_占位表示,如下所示:

```
>>> person = ('Bob', 20, 50, (11, 20, 2000))
>>> name, _,_, (*_, year) = person
>>> name
'Bob'
>>> year
2000
```

4.3.5 生成器推导式

Python 支持一种与列表推导式类似的结构,叫作生成器推导式(Generator Expression)。生成器推导式具有"惰性计算"的特点,其用法和列表推导式基本一致。它的工作方式是每次处理一个对象,而不是一次处理和构造整个数据结构,其优点是可以节省大量内存,并且可以非连续地访问生成器中的元素。

如下所示创建一个生成器推导式的示例:

```
>>> g = (10 - abs(i) for i in range(-5,6))
>>> g
<generator object <genexpr> at 0x0000024019C7C258>
```

与列表推导式不同的是,生成器推导式在创建时使用圆括号而不是方括号,并且创建出来的是一个生成器对象,不能直接访问其中的元素,需要使用 list( )函数或者 tuple( )函数转换为对应的列表或者元组:

```
>>> g = (10 - abs(i) for i in range(-5,6))
>>> list(g)
[5, 6, 7, 8, 9, 10, 9, 8, 7, 6, 5]
```

此外,可以使用生成器对象的__next( )__方法或者内置函数 next( )进行遍历:

```
>>> g = (10 - abs(i) for i in range(-5,6))
>>> g.__next__()
5
>>> g.__next__()
6
>>> g.__next__()
7
>>> g = (10 - abs(i) for i in range(-5,6))
```

```
>>> next(g)
5
>>> next(g)
6
>>> next(g)
7
```

或者直接使用 for 循环进行迭代：

```
>>> g = (5 - abs(i) for i in range(-2,3))
>>> for i in g:
...     print(i)...
3
4
5
4
3
```

生成器对象不能重复迭代，即生成器对象是一次性的，当所有元素都访问完之后，如果再次访问其中的元素，需要重新创建这个生成器对象。例如：

```
>>> g = (10 - abs(i) for i in range(-5,6))
>>> list(g)
[5, 6, 7, 8, 9, 10, 9, 8, 7, 6, 5]
>>> list(g)
[]
```

以上代码在第二次执行 list( )函数时返回的结果是空列表，因为生成器 g 已经在第一次 list( )中迭代完了，所以除非重新创建一遍 g，否则以后所有对 g 的迭代都是同样的结果。

4.4 字 典

Python 中另一种基本的数据结构是映射，即字典。列表和元组只是一类元数据的集合体，还不能满足通过名称访问值的数据，故字典就充当了这个功能角色。字典的每个元素都是一个键值对（key-value），又称为条目。字典中每个键都具有唯一性，但值可以重复。字典可以修改，可以方便地增加、修改和删除其中的键值对，同时字典的查找速度非常快，因此字典在实际编程中十分常用。

4.4.1 创建字典

创建一个空字典有两种方法，如下所示：

```
>>> one_dict = {}
>>> two_dict = dict()
```

创建一个非空字典可以用初始化字典元素的方法，如下所示：

```
>>> some_apples = {
... 'apple1': 'this apple looks good',
... 'apple2': 'this apple is small',
... 'apple3': 'this is not an apple'}
```

字典的每个键值对之间都需要用逗号隔开，最后一个键值对之后的逗号可以省略。

对已创建的字典，增加键值对的方式是赋值语句：字典名[键名]=值。例如：

```
>>> one_dict['sport1']= 'football'
>>> one_dict
{'sport1': 'football'}
```

也可以使用 dict( )函数把包含双元素序列的序列转换成字典。双元素序列可以是元组、列表甚至字符串。例如：

```
[('Ethan', 90), ('Matthew', 88), ('Michael', 91), ('Kaya', 100)]
```

以上是嵌套元组的列表，该列表的每个元素都是元组，而每个元组都由两个元素构成，通过 dict( )函数转换之后，就生成字典，将原列表中每个元组的第一个元素作为键，第二个元素作为值：

```
>>> some_grades = [('Ethan',90), ('Matthew',88), ('Michael',91), ('Kaya',100)]
>>> dict(some_grades)
{'Ethan': 90, 'Matthew': 88, 'Michael': 91, 'Kaya': 100}
```

对于嵌套列表的列表，也可以转换为字典，如下所示：

```
>>> some_grades = [['Ethan',90], ['Matthew',88], ['Michael',91], ['Kaya',100]]
>>> dict(some_grades)
{'Ethan': 90, 'Matthew': 88, 'Michael': 91, 'Kaya': 100}
```

对于嵌套列表的元组，也可以转换为字典，如下所示：

```
>>> some_grades = (['Ethan',90], ['Matthew',88], ['Michael',91], ['Kaya',100])
>>> dict(some_grades)
{'Ethan': 90, 'Matthew': 88, 'Michael': 91, 'Kaya': 100}
```

甚至嵌套双字符的元组/列表，也可以转换为字典，如下所示：

```
>>> some_letters = ('ab', 'cd', 'ef')
>>> dict(some_letters)
{'a': 'b', 'c': 'd', 'e': 'f'}
>>> some_letters = ['ab', 'cd', 'ef']
>>> dict(some_letters)
{'a': 'b', 'c': 'd', 'e': 'f'}
```

字典根据键来计算值的存储位置，采用了哈希（Hash）算法。要保证哈希算法的正确性，字典有以下几个特性：

（1）键不能变，键可以是不可变数据，如整数、实数、字符串、元组等，但是不能使用列表、集合、字典或其他可变类型作为键。

（2）键不允许重复，而值是可以重复的。

（3）可以通过键获取值，但不能通过值获取键。

4.4.2 访问字典

字典中要访问某个键对应的值，采用方式是：字典名[键名]。例如：

```
>>> some_apples = {
... 'apple1': 'this apple looks good',
... 'apple2': 'this apple is small',
... 'apple3': 'this is not an apple'
... }
>>> some_apples['apple1']
'this apple looks good'
```

不过如果字典中不包含指定的键，则会产生一个异常：

```
>>> some_apples['apple5']
Traceback (most recent call last):
  File "<stdin>", line 1, in <module>
KeyError: 'apple5'
```

有两种方法可以避免以上情况的发生。第一种是在访问前通过 in 运算符测试键是否存在，如下所示：

```
>>> 'apple5' in some_apples
False
```

另一种方法是使用字典对象的一个重要方法 get( )，如果键存在，则会得到对应的值：

```
>>> some_apples.get('apple1')
'this apple looks good'
```

如果键不存在，则会返回 None，如果在交互式解释器中则不会显示：

```
>>> some_apples.get('apple5')
>>>
```

get( )方法有可选参数用来指定返回值，用于取代默认的 None：

```
>>> some_apples.get('apple5', 'nothing')
'nothing'
```

get( )方法的典型应用是统计词频。例如，要统计一段字符串中各个字符（含空格、标点等特殊字符）出现的次数，如下所示：

```
>>> sentence="Life is short,we need Python."
>>> counts={}
>>> for c in sentence:
        counts[c] = counts.get(c, 0) + 1
>>> counts
{'L': 1, 'i': 2, 'f': 1, 'e': 4, ' ': 4, 's': 2, 'h': 2, 'o': 2, 'r': 1, 't': 2, ',': 1, 'w': 1, 'n': 2, 'd': 1, 'P': 1, 'y': 1, '.': 1}
```

以上示例中循环执行 counts[c] = counts.get(c, 0) + 1 语句时，如果当前字符 c 作为键存在于字典 counts 中，则对应值在原值基础上加 1；如果当前字符 c 不存在于字典 counts 中，则对应值就取默认值 0，再加 1，即实现了新字符的值初始化为 1。

可以分别使用 keys( )、values( )和 items( )快速获得所有键、值和键值对：

```
>>> some_apples.keys()
dict_keys(['apple1', 'apple2', 'apple3'])
>>> some_apples.values()
dict_values(['this apple looks good', 'this apple is small', 'this is not an apple'])
>>> some_apples.items()
```

```
dict_items([('apple1', 'this apple looks good'), ('apple2', 'this apple is
small'), ('apple3', 'this is not an apple')])
```

4.4.3 字典元素的修改与删除

向字典中添加/修改元素通过访问某个键然后直接赋值即可，如果该键已经存在于字典中，新的值就会覆盖旧的值。如果该键不存在于字典中，那么这个键值对就会被添加到字典。

例如前述字典 some_apples 中键 apple1 的值需要修改：

```
>>> some_apples['apple1'] = 'this apple has been changed'
>>> some_apples
{'apple1': 'this apple has been changed', 'apple2': 'this apple is small',
'apple3': 'this is not an apple'}
```

可以使用字典的 update( ) 方法合并两个字典，例如在之前的 some_apples 字典的基础上再合并 other_apples 字典：

```
>>> other_apples = {
... 'apple5': 'this is a long life apple',
... 'apple6': 'this is a bad apple' }
>>> some_apples.update(other_apples)
>>> some_apples
{'apple1': 'this apple has been changed', 'apple2': 'this apple is small',
'apple3': 'this is not an apple', 'apple4': 'this apple is a new apple', 'apple5':
'this is a long life apple', 'apple6': 'this is a bad apple'}
>>>
```

在使用字典的 update( ) 方法时，如果两个字典中有键重复，那么后面添加的值会取代原先的值。

要删除指定键的键值对，可以使用 del 语句：

```
>>> del some_apples['apple6']
>>> some_apples
{'apple1': 'this apple has been changed', 'apple2': 'this apple is small',
'apple3': 'this is not an apple', 'apple4': 'this apple is a new apple', 'apple5':
'this is a long life apple'}
>>>
```

删除一个键值对也可以使用字典的 pop( ) 方法：

```
>>> some_apples.pop('apple2')
'this apple is small'
>>> some_apples
{'apple1': 'this apple has been changed', 'apple3': 'this is not an apple',
'apple4': 'this apple is a new apple', 'apple5': 'this is a long life apple'}
```

如果想要删除一个字典中的所有元素，可以使用字典的 clear( ) 方法：

```
>>> some_apples_copy.clear()
>>> some_apples_copy
{}
```

4.4.4 有序字典

如果想创建一个字典，并且在迭代或序列化这个字典时能够控制元素的顺序，可以使用

collections 模块中的 OrderedDict 类（关于模块的内容将在后面的章节中正式讲解）。在迭代操作时它会保持元素被插入时的顺序，示例如下：

```
>>> from collections import OrderedDict
>>>
>>> d = OrderedDict()
>>> d['foo'] = 1
>>> d['bar'] = 2
>>> d['spam'] = 3
>>> d['grok'] = 4
>>> for key in d:
...     print(key, d[key])
...
foo 1
bar 2
spam 3
grok 4
```

有序字典内部维护着一个根据键插入顺序排序的双向链表。每次当一个新的元素插入进来时，它都会被放到链表的尾部。对于一个已经存在的键的重复赋值不会改变键的顺序。当想要构建一个将来需要序列化或编码成其他格式的映射时，有序字典是非常有用的。不过需要注意的是，一个有序字典的大小是一个普通字典的 2 倍，因为它内部维护着另外一个链表，所以操作有序字典比普通字典需要消耗更多的内存。

4.4.5 字典推导式

字典推导式的使用方法与列表推导式相似。基本格式为：字典={键：值 迭代语句}。如 4.4.2 节中统计词频的示例，需要生成词频的字典，采用字典推导式一行语句就可以实现循环向字典添加键值对的功能，如下所示：

```
>>> sentence="Life is short,we need Python."
>>> counts={i:sentence.count(i) for c in sentence}
>>> counts
{'L': 1, 'i': 2, 'f': 1, 'e': 4, ' ': 4, 's': 2, 'h': 2, 'o': 2, 'r': 1,
't': 2, ',': 1, 'w': 1, 'n': 2, 'd': 1, 'P': 1, 'y': 1, '.': 1}
```

语句 counts={c:sentence.count(c) for c in sentence}执行时，遍历字符串 sentence 中的字符 c，用 sentence.count(c)方法返回 c 在 sentence 中出现的次数，再以 c 作为键、次数作为值向字典添加键值对。

4.4.6 字典的运算

字典中可以执行一些计算操作（例如求最小值、最大值、排序等）。例如下面的股票名和价格映射字典：

```
>>> prices = { 'ACME': 45.23, 'AAPL': 612.78, 'IBM': 205.55, 'HPQ': 37.20,
'FB': 10.75}
```

为了对字典值执行计算操作，通常需要使用 zip( )函数先将键和值反转过来。例如，下面是查找最小和最大股票价格与股票名的代码：

```
>>> min_price = min(zip(prices.values(), prices.keys()))
>>> min_price
```

```
(10.75, 'FB')
>>> max_price = max(zip(prices.values(), prices.keys()))
>>> max_price
(612.78, 'AAPL')
```

类似地，可以使用zip( )和sorted( )函数来排列字典数据：

```
>>> prices_sorted = sorted(zip(prices.values(), prices.keys()))
>>> prices_sorted
[(10.75, 'FB'), (37.2, 'HPQ'), (45.23, 'ACME'), (205.55, 'IBM'), (612.78, 'AAPL')]
>>>
```

需要注意的是，执行这些计算的时候，zip( )函数创建的是一个只能访问一次的迭代器。例如，下面的代码就会产生错误：

```
>>> prices_and_names = zip(prices.values(), prices.keys())
>>> print(min(prices_and_names))
(10.75, 'FB')
>>> print(max(prices_and_names))
Traceback (most recent call last):
  File "<stdin>", line 1, in <module>
ValueError: max() arg is an empty sequence
```

可以在min( )和max( )函数中提供key参数来获取最小值或最大值对应的键的信息。例如：

```
>>> min(prices, key=lambda k: prices[k])
'FB'
>>> max(prices, key=lambda k: prices[k])
'AAPL'
```

但是如果还想要得到最小值，还需执行一次查找操作。例如：

```
>>> min_value = prices[min(prices, key=lambda k: prices[k])]
>>> min_value
10.75
```

前面的zip( )函数通过将字典"反转"为(值，键)的元组序列来解决上述问题。当比较两个元组时，值会先进行比较，然后才是键。这样只要通过一条简单的语句就能很轻松地实现在字典上的求最值和排序操作。

当多个键拥有相同的值时，键会决定返回结果。例如，在执行min( )和max( )操作时，如果恰巧最小或最大值有重复，那么拥有最小或最大键的键值对会被返回。

```
>>> prices = { 'AAA' : 45.23, 'ZZZ': 45.23 }
>>> min(zip(prices.values(), prices.keys()))
(45.23, 'AAA')
>>> max(zip(prices.values(), prices.keys()))
(45.23, 'ZZZ')
```

4.4.7 查找两字典的相同点

如果想在两个字典中寻找相同的键、相同的值，可以使用集合。例如下面两个字典：

```
>>> a = { 'x' : 1, 'y' : 2, 'z' : 3 }
>>> b = { 'w' : 10, 'x' : 11, 'y' : 2 }
```

为了寻找两个字典的相同点，可以简单地在两字典的 keys( )或者 items( )方法返回结果上执行集合操作。例如：

```
>>> a.keys() & b.keys()
{'y', 'x'}
>>> a.keys() - b.keys()
{'z'}
>>> a.items() & b.items()
{('y', 2)}
```

这些操作也可以用于修改或者过滤字典元素。例如想以现有字典构造一个排除几个指定键的新字典，可以利用字典推导来实现这样的功能：

```
>>> c = {key:a[key] for key in a.keys() - {'z', 'w'}}
>>> c
{'y': 2, 'x': 1}
>>>
```

一个字典就是一个键集合与值集合的映射关系。字典的 keys( )方法返回一个展现键集合的键视图对象。键视图一个很少被了解的特性就是它们也支持集合操作，例如集合的并、交、差运算。所以，如果想对集合的键执行一些普通的集合操作，可以直接使用键视图对象而不用先将它们转换为一个集合。

字典的 items( )方法返回一个包含键值对的元素视图对象。这个对象同样也支持集合操作，并且可以被用来查找两个字典有哪些相同的键值对。

尽管字典的 values( )方法也是类似，但是它并不支持这里介绍的集合操作。某种程度上是因为值视图不能保证所有的值互不相同，这样会导致某些集合操作出现问题。不过，如果非要在值上面执行这些集合操作，则可以先将值转换为集合，然后再执行集合运算。

4.4.8 字典中的键映射多个值

一个字典就是一个键对应一个单值的映射。如果想要一个键映射多个值，那么就需要将多个值放到另外的序列中。例如：

```
>>> d = { 'a' : [1, 2, 3], 'b' : [4, 5] }
>>> e = { 'a' : {1, 2, 3}, 'b' : {4, 5} }
```

对于多个值选择使用列表还是集合取决于实际需求。如果想保持元素的插入顺序就应该使用列表，如果想去掉重复元素就使用集合。

可以很方便地使用 collections 模块中的 defaultdict()方法来构造这样的字典。defaultdict()的一个特征是它会自动初始化每个键刚开始对应的值，所以只需要关注添加元素操作。例如：

```
>>> from collections import defaultdict
>>>
>>> d = defaultdict(list)
>>> d['a'].append(1)
>>> d['a'].append(2)
>>> d['b'].append(4)
>>>
>>> d = defaultdict(set)
>>> d['a'].add(1)
>>> d['a'].add(2)
>>> d['b'].add(4)
```

需要注意的是，defaultdict()会自动为将要访问的键（就算目前字典中并不存在这样的键）创建映射。如果不需要这样的特性，可以在一个普通的字典上使用setdefault()方法来代替。例如：

```
>>> d = {}
>>> d.setdefault('a', []).append(1)
>>> d.setdefault('a', []).append(2)
>>> d.setdefault('b', []).append(4)
```

一般来讲，创建一个多值映射字典是很简单的。但是，如果选择自己实现的话，对于值的初始化可能会有点麻烦，可以像下面这样来实现：

```
>>> for key, value in pairs:
...     if key not in d:
...         d[key] = []
...     d[key].append(value)
```

使用defaultdict()可以使代码更加简洁。例如：

```
>>> for key, value in pairs:
...     d[key].append(value)
```

4.5 集　　合

集合在形式上像是只有键的字典。集合中的元素也不允许重复，因此集合最常见的用途是去除序列中的重复元素。和数学中的集合概念一样，Python中的集合也有交、并、差的运算，与元组不同，集合可以进行修改、添加和删除，是可变的。

集合提供了如表4.4所示的一些方法，其中S和S1表示任何集合对象，x表示任何可哈希的对象。

表4.4　集合常用方法

方　　法	说　　明
S.copy()	返回集合的一个简化副本（该副本中的项目是集合S中的相同对象，但不是完全的副本）
S.difference(S1)	返回在集合S中，但是不在集合S1中的所有项目组成的集合
S.intersection(S1)	返回在集合S中，同时也在集合S1中的所有项目组成的集合
S.issubset(S1)	如果集合S中的所有项目也都在集合S1中，则返回True，否则返回False
S.issuperset(S1)	如果集合S1中的所有项目也都在集合S中，则返回True，否则返回False（S1.issubset(S)类似）
S.symmetric_difference(S1)	返回在集合S或S1中，但是不同时在两个集合中的所有项目组成的集合
S.union(S1)	返回在集合S、S1或同时在这两个集合中的所有项目组成的集合
S.add(x)	将x添加为集合S中的一个项目；如果x已经是集合S中的一个项目，则不对集合进行任何操作

续表

方法	说明
S.clear( )	从集合 S 中删除所有项目，使得 S 为空集合
S.discard(x)	删除集合 S 中的项目 x；如果 x 并不是集合 S 中的一个项目，则不对集合进行任何操作
S.pop( )	删除并返回集合 S 中的任意一个项目
S.remove(x)	删除集合 S 中的项目 x；如果 x 不是集合 S 中的项目，则引发一个 KeyError 异常

4.5.1 创建与删除集合

创建集合最简单的方法是使用花括号把一些用逗号隔开的元素包含起来。例如：

```
>>> numbers_set = {1, 2, 5, 7, 22, 27}
>>> numbers_set
{1, 2, 5, 7, 22, 27}
```

因为字典是用花括号包裹元素，因此创建一个空集合不能使用{}，而是需要使用 set( )函数。例如：

```
>>> empty_set = set()
>>> empty_set
set()
```

set( )函数不仅可以用来创建空集，还可以把其他类型的数据转换为集合，当然，因为集合的特性，其中在转换过程中会丢弃重复的值。尝试转换一个同时含有字母和数字的字符串。例如：

```
>>> set('lza1111')
{'1', 'a', 'l', 'z'}
```

结果中仅含有一个'1'，尽管字符串'lza1111'中有 4 个。

列表可以转换为集合。例如：

```
>>> set(['lza1111', 'lza1111', 'lza2222'])
{'lza1111', 'lza2222'}
```

以上示例继续验证了集合元素不可重复的特性。

元组也可以转换为集合。例如：

```
>>> set(('lza1111', 'lza1111', 'lza2222'))
{'lza1111', 'lza2222'}
```

字典也可以转换为集合，但是只有键会被保留：

```
>>> set({'alz': '1111', 'laz': '2222', 'zla': '3333'})
{'alz', 'laz', 'zla'}
```

4.5.2 更新集合

使用 add( )可以添加元素到集合中，如下所示：

```
>>> numbers_set = {1, 2, 5, 7, 22, 27}
>>> numbers_set.add(3)
>>> numbers_set
{1, 2, 3, 5, 7, 22, 27}
```

使用 remove( )可以删除集合中的元素:

```
>>> numbers_set.remove(2)
>>> numbers_set
{1, 3, 5, 7, 22, 27}
```

如果想要删除的元素不存在于集合中,则会产生异常:

```
>>> numbers_set.remove(222)
Traceback (most recent call last):
  File "<stdin>", line 1, in <module>
KeyError: 222
```

为了避免出现这种情况,同样可以先使用 in 来判断集合中是否存在某个元素。以下是集合的创建和更新操作中需要注意的一些要点:

(1) 要创建只包含一个值的集合,仅需将该值放置于花括号之间。
(2) 要创建多值集合,将值用逗号分开,并用花括号将所有值包裹起来。
(3) 要从列表创建集合,可使用 set() 函数。它实际上并不是调用某个函数,而是对某个类进行实例化。
(4) 简单的集合可以包括任何数据类型的值。集合是无序的。
(5) add()方法接收单个可以是任何数据类型的参数,并将该值添加到集合中。
(6) 试图添加一个集合中已有的值,不会引发一个错误,而只是一条空操作。
(7) update()方法仅接收一个集合作为参数,并将其所有成员添加到初始列表中。其行为方式就像是对参数集合中的每个成员调用 add()方法。
(8) 由于集合不能包含重复的值,因此重复的值将会被忽略。
(9) 实际上,可以带任何数量的参数调用 update()方法。如果调用时传递了两个集合,update() 将会被每个集合中的每个成员都添加到初始的集合当中并丢弃重复值。
(10) update()方法还可接收一些其他数据类型的对象作为参数,包括列表。如果调用时传入列表,update()将会把列表中所有的元素添加到初始集合中。
(11) discard()接收一个单值作为参数,并从集合中删除该值。
(12) 如果针对一个集合中不存在的值调用 discard()方法,它不进行任何操作。
(13) remove()方法也接收一个单值作为参数,也从集合中将其删除。
(14) 如果该值不在集合中,则 remove()方法引发一个 KeyError 异常。
(15) 就像列表,集合也有一个 pop()方法。
(16) pop()方法从集合中随机删除某个值,并返回该值,试图从空集合中取出某值将会引发 KeyError 异常。
(17) clear()方法删除集合中所有的值,留下一个空集合。

4.5.3 集合的数学运算

为了更好地说明集合的数学运算,创建如下 4 个含整型数的集合:

```
numbers_set_1 = {1, 3, 5, 7, 9, 11, 13, 15}
numbers_set_2 = {2, 4, 6, 8, 10, 12, 14, 16}
```

```
numbers_set_3 = {3, 6, 9, 12, 15}
numbers_set_4 = {1, 4, 9, 25, 36}
```

numbers_set_1 是一些奇数，numbers_set_2 是一些偶数，numbers_set_3 是一些 3 的倍数，numbers_set_4 是一些平方数。

可以通过运算符&或者 intersection( )方法获取集合的交集：

```
>>> numbers_set_1 & numbers_set_3
{3, 9, 15}
>>> numbers_set_1.intersection(numbers_set_3)
{3, 9, 15}
```

可以通过运算符|或者 union( )方法获取集合的并集：

```
>>> numbers_set_1 | numbers_set_2
{1, 2, 3, 4, 5, 6, 7, 8, 9, 10, 11, 12, 13, 14, 15, 16}
>>> numbers_set_1.union(numbers_set_2)
{1, 2, 3, 4, 5, 6, 7, 8, 9, 10, 11, 12, 13, 14, 15, 16}
```

可以通过运算符-或者 difference( )方法获得两个集合的差集：

```
>>> numbers_set_1 - numbers_set_4
{3, 5, 7, 11, 13, 15}
>>> numbers_set_1.difference(numbers_set_4)
{3, 5, 7, 11, 13, 15}
```

可以通过运算符^或者 symmetric_difference( )方法获得两个集合的异或集（仅在两个集合中出现一次）：

```
>>> numbers_set_4 ^ numbers_set_3
{1, 3, 4, 6, 12, 15, 25, 36}
>>> numbers_set_4.symmetric_difference(numbers_set_3)
{1, 3, 4, 6, 12, 15, 25, 36}
```

可以通过运算符<=或者 issubset( )方法判断一个集合是否是另一个集合的子集（第一个集合的所有元素都出现在第二个集合中），返回值为布尔值：

```
>>> numbers_set_1 <= numbers_set_2
False
>>> numbers_set_1.issubset(numbers_set_2)
False
```

与子集相反，可以使用运算符>=或者 issuperset( )方法判断一个集合是否是另一个集合的超集（第二个集合的所有元素都出现在第一个集合中），返回值为布尔值：

```
>>> numbers_set_2 >= numbers_set_2
True
>>> numbers_set_2.issuperset(numbers_set_2)
True
```

两个集合的 Union（并集）操作、Intersection［交集］操作、symmetric_difference（对称差集）是对称的，对应数学中集合的以上 3 种操作满足交换律。两个集合的 Difference（求差）操作不是对称的，对应数学中集合的以上操作不满足交换律。

此外，空集合的布尔值为 False，任何至少包含一个以上元素的集合的布尔值为 True。

4.6 排序算法

Python 语言本身提供了排序算法,即序列的 sort()方法或内置函数 sort()。本小节介绍通用的 3 种典型排序算法:冒泡排序、选择排序和插入排序。以下示例中均采用升序排序。

1. 冒泡排序

冒泡排序的基本思想:重复遍历要排序的数列,每次比较相邻的两个元素,如果非升序排序则交换位置。对于数列 1、4、5、98、6、45、65、32、77、3,冒泡排序过程如图 4.1 所示。

1	4	5	98	6	45	65	32	77	3
1	4	5	*6*	*98*	45	65	32	77	3
1	4	5	6	*45*	*98*	65	32	77	3
1	4	5	6	45	*65*	*98*	32	77	3
1	4	5	6	45	65	*32*	*98*	77	3
1	4	5	6	45	65	32	*77*	*98*	3
1	4	5	6	45	65	32	77	*3*	*98*
1	4	5	6	45	*32*	*65*	77	3	98
1	4	5	6	45	32	65	*3*	*77*	98
1	4	5	6	*32*	*45*	65	3	77	98
1	4	5	6	32	45	*3*	*65*	77	98
1	4	5	6	32	*3*	*45*	65	77	98
1	4	5	6	*3*	*32*	45	65	77	98
1	4	5	*3*	*6*	32	45	65	77	98
1	4	*3*	*5*	6	32	45	65	77	98
1	*3*	*4*	5	6	32	45	65	77	98

图 4.1 冒泡排序过程

```
>>> a_list=[1,4,5,98,6,45,65,32,77,3]#将该列表升序排列
>>> count = len(a_list)
>>> for i in range(0, count):
...     for j in range(0 , count-i-1):#最先排好序的放到了末尾。所以末尾无须
                                       #再次比较
...         if a_list[j] > a_list[j+1]:
...             #如果相邻两个数中,后一位数比前一位数大
...             a_list[j+1], a_list[j] = a_list[j], a_list[j+1]
...             #交换这两个数
>>> print(a_list)
[1, 3, 4, 5, 6, 32, 45, 65, 77, 98]
```

2. 选择排序

选择排序的基本思想:第 1 趟,在待排序记录 r[0] ~ r[n]中选出最小的记录,将它与 r[0] 交换;第 2 趟,在待排序记录 r[1] ~ r[n]中选出最小的记录,将它与 r[1] 交换;以此类

推，第 i 趟在待排序记录 r[i-1] ~ r[n]中选出最小的记录，将它与 r[i-1]交换，直到全部排序完毕。对于数列 1、4、5、98、6、45、65、32、77、3，选择排序过程如图 4.2 所示。

1	4	5	98	6	45	65	32	77	3
1	4	5	98	6	45	65	32	77	3
1	*3*	5	98	6	45	65	32	77	*4*
1	3	*4*	98	6	45	65	32	77	*5*
1	3	4	*5*	6	45	65	32	77	*98*
1	3	4	5	*6*	45	65	32	77	98
1	3	4	5	6	*32*	65	*45*	77	98
1	3	4	5	6	32	*45*	*65*	77	98
1	3	4	5	6	32	45	*65*	77	98
1	3	4	5	6	32	45	65	*77*	98
1	3	4	5	6	32	45	65	77	*98*

图 4.2 选择排序过程

```
>>> a_list=[1,4,5,98,6,45,65,32,77,3] #将该列表升序排列
>>> count = len(a_list)
>>> for i in range(0, count):
...     min = i    #假设最小元素下标为 i
...     for j in range(i + 1, count):
...         if a_list[min] > a_list[j]:
...             min = j    #将最小元素下标更换为 j
...     a_list[min], a_list[i] = a_list[i], a_list[min]
...
>>> print(a_list)
[1, 3, 4, 5, 6, 32, 45, 65, 77, 98]
>>>
```

3. 插入排序

插入排序的基本思想：每次将一个待排序的记录，按其关键字大小插入前面已经排好序的子序列中的适当位置，从而得到一个新的、个数加 1 的有序数据，直到全部记录插入完成为止。值得注意的是，插入排序只适合于少量数据的排序。对于数列 1、4、5、98、6、45、65、32、77、3，插入排序过程如图 4.3 所示。

1	4	5	98	6	45	65	32	77	3
1	*4*	5	98	6	45	65	32	77	3
1	*4*	*5*	98	6	45	65	32	77	3
1	*4*	*5*	*98*	6	45	65	32	77	3
1	*4*	*5*	*6*	*98*	45	65	32	77	3
1	*4*	*5*	*45*	*98*	65	32	77	3	

```
>>> for i in range(1, count):      #i用来选择待排序的值
...     key = a_list[i]            #记录下该值
...     j = i - 1                  #下标j之前都是已排好序的
...     while j >= 0:              #插入排好的数据中
...         if a_list[j] < key:    #待排序的值已找到正确位置
...             break              #跳出while循环
...         if a_list[j] > key:
...             a_list[j + 1] = a_list[j]
...             a_list[j] = key
...         j -= 1
...
>>> print(a_list)
[1, 3, 4, 5, 6, 32, 45, 65, 77, 98]
```

4.7 实例精选

【例 4.1】 某个公司采用公用电话传递数据，数据是 4 位的整数，在传递过程中数据是加密的，加密规则如下：每位数字都加上 5，然后用和除以 10 的余数代替该数字，再将第 1 位和第 4 位交换，第 2 位和第 3 位交换。

```
a = int(input('输入4个数字:\n'))
aa = []
aa.append(a % 10)
aa.append(a % 100 // 10)
aa.append(a % 1000 // 100)
aa.append(a // 1000)
for i in range(4):
    aa[i] += 5
    aa[i] %= 10
for i in range(2):
    aa[i],aa[3 - i] = aa[3 - i],aa[i]
for i in range(3,-1,-1):
    stdout.write(str(aa[i]))
```

【例 4.2】 列表使用实例。

```
testList=[10086,'中国移动',[1,2,4,5]]    #新建列表
print(len(testList))                      #访问列表长度
print(testList[1:])                       #到列表结尾
testList.append('i\'m new here!')         #向列表添加元素
print(len(testList)   )
print(testList[-1])
print(testList.pop(1))                    #取出列表的最后一个元素
print(len(testList))
print(testList)
#list comprehension
matrix = [[1, 2, 3],
[4, 5, 6],
[7, 8, 9]]
print(matrix)
print(matrix[1])
```

```
col2 = [row[1] for row in matrix]
print(col2  )
col2even = [row[1] for row in matrix if  row[1] % 2 == 0]
print(col2even)
```

【例 4.3】 将一个列表的数据复制到另一个列表中。

```
a = [1, 2, 3]
b = a[:]
print(b)
```

【例 4.4】 一个 5 位数,判断它是否是回文数。即 12321 是回文数,个位与万位相同,十位与千位相同。

```
ans=['Yes','No']
i = int(input('Input a number(10000~99999):'))
if i<10000 or i>99999:
    print('Input Error!')
else:
    i = str(i)
    flag = 0
    for j in range(0,2):
        if i[j]!=i[4-j]:
            flag = 1
            break
print(ans[flag])
```

【例 4.5】 按相反的顺序输出列表的值。

```
a = ['one', 'two', 'three']
for i in a[::-1]:
    print(i)
```

【例 4.6】 按逗号分隔列表。

```
L = [1,2,3,4,5]
s1 = ','.join(str(n) for n in L)
print(s1)
```

【例 4.7】 用筛选法求 100 之内的素数。

```
a = [0]*101
for i in range(2,11):
    for j in range(i+i,101,i):
        a[j]=-1;
for i in range(2,101):
    if a[i]!=-1:
        print(' ',i)
```

【例 4.8】 求一个 3×3 矩阵对角线元素之和。

```
l = []
for i in range(3):
    for j in range(3):
        l.append(int(input('Input a number:')))
s = 0
for i in range(3):
```

```
        s += l[3*i+i]
print(s)
```

【例 4.9】 在已排序的列表中插入一个数，要求按原来的规律将它插入列表中。

```
l = [0,10,20,30,40,50]
print('The sorted list is:',l)
cnt = len(l)
n = int(input('Input a number:'))
l.append(n)
for i in range(cnt):
    if n<l[i]:
        for j in range(cnt,i,-1):
            l[j] = l[j-1]
        l[i] = n
        break
print('The new sorted list is:',l)
```

【例 4.10】 将一个数组逆序输出。

```
a = [1,2,3,4,5,6,7,8,9]
l = len(a)
print(a)
for i in range(l/2):
    a[i],a[l-i-1] = a[l-i-1],a[i]
print(a)
```

【例 4.11】 实现两个 3 行 3 列的矩阵对应位置的数据相加，并返回一个新矩阵。

```
X = [[12,7,3],
    [4 ,5,6],
    [7 ,8,9]]
Y = [[5,8,1],
    [6,7,3],
    [4,5,9]]
```

程序分析：创建一个新的 3 行 3 列的矩阵，使用 for 迭代并取出 X 和 Y 矩阵中对应位置的值，相加后放到新矩阵的对应位置中。

```
X = [[12,7,3],
    [4 ,5,6],
    [7 ,8,9]]
Y = [[5,8,1],
    [6,7,3],
    [4,5,9]]
result = [[0,0,0],
        [0,0,0],
        [0,0,0]]
#迭代输出行
for i in range(len(X)):
    #迭代输出列
    for j in range(len(X[0])):
        result[i][j] = X[i][j] + Y[i][j]
for r in result:
    print(r)
```

【例 4.12】 创建一个链表。

```python
if __name__ == '__main__':
    ptr = []
    for i in range(5):
        num = int(input('please input a number:\n'))
        ptr.append(num)
    print(ptr)
```

【例 4.13】 反向输出一个链表。

```python
if __name__ == '__main__':
    ptr = []
    for i in range(5):
        num = int(input('please input a number:\n'))
        ptr.append(num)
    print(ptr)
    ptr.reverse()
    print(ptr)
```

【例 4.14】 列表排序及连接。

程序分析：排序可使用 sort()方法，连接可以使用+号或 extend()方法。

```python
if __name__ == '__main__':
    a = [1,3,2]
    b = [3,4,5]
    a.sort()          #对列表 a 进行排序
    print(a)
    print(a+b)        #连接列表 a 与 b
    a.extend(b)       #连接列表 a 与 b
    print(a)
```

【例 4.15】 找到年龄最大的人并输出。

```python
if __name__ == '__main__':
    person = {"li":18,"wang":50,"zhang":20,"sun":22}
    m = 'li'
    for key in person.keys():
        if person[m] < person[key]:
            m = key
    print('%s,%d' % (m,person[m]))
```

【例 4.16】 打印杨辉三角形。

```python
if __name__ == '__main__':
    a = []
    for i in range(10):
        a.append([])
        for j in range(10):
            a[i].append(0)
    for i in range(10):
        a[i][0] = 1
        a[i][i] = 1
    for i in range(2,10):
        for j in range(1,i):
            a[i][j] = a[i - 1][j-1] + a[i - 1][j]
```

```
from sys import stdout
for i in range(10):
    for j in range(i + 1):
        stdout.write(str(a[i][j]))
        stdout.write(' ')
    print()
```

运行结果如下：

```
1
1 1
1 2 1
1 3 3 1
1 4 6 4 1
1 5 10 10 5 1
1 6 15 20 15 6 1
1 7 21 35 35 21 7 1
1 8 28 56 70 56 28 8 1
1 9 36 84 126 126 84 36 9 1
```

【★例4.17】 确认元组是否可变。

```
>>> x = (1, 2, 3)
#元组中的元素不可修改
>>> x[0] = 4
Traceback (most recent call last):
  File "<pyshell#161>", line 1, in <module>
    x[0] = 4
TypeError: 'tuple' object does not support item assignment
>>> x = ([1, 2], 3)
#不能修改元组中的元素值
>>> x[0] = [3]
Traceback (most recent call last):
  File "<pyshell#163>", line 1, in <module>
    x[0] = [3]
TypeError: 'tuple' object does not support item assignment
>>> x
([1, 2], 3)
>>> x[0] = x[0] + [3]
Traceback (most recent call last):
  File "<pyshell#165>", line 1, in <module>
    x[0] = x[0] + [3]
TypeError: 'tuple' object does not support item assignment
>>> x
([1, 2], 3)
#这里需要注意，虽然显示操作失败了，但实际上成功了
>>> x[0] += [3]
Traceback (most recent call last):
  File "<pyshell#167>", line 1, in <module>
    x[0] += [3]
TypeError: 'tuple' object does not support item assignment
>>> x
([1, 2, 3], 3)
>>> x[0].append(4)
>>> x
```

```
([1, 2, 3, 4], 3)
#y和x[0]指向同一个列表，通过其中一个可以影响另一个
>>> y = x[0]
>>> y += [5]
>>> x
([1, 2, 3, 4, 5], 3)
#执行完下面的语句，y和x[0]不再是同一个对象
>>> y = y + [6]
>>> x
([1, 2, 3, 4, 5], 3)
>>> y
[1, 2, 3, 4, 5, 6]
```

【★例 4.18】 列表的内存自动伸缩带来的问题。

假设有一个列表如下，现在删除其中的所有 1，于是编写如下代码：

```
>>> x = [1, 2, 1, 2, 1, 2, 1, 2]
>>> for item in x:
        if item == 1:
            x.remove(item)
>>> x
[2, 2, 2, 2]
```

这段代码看上去完全正确，但实际上这段代码是有问题的，继续往下看：

```
>>> x = [1, 2, 1, 2, 1, 1, 1, 1]
>>> for item in x:
        if item == 1:
            x.remove(item)
>>> x
[2, 2, 1, 1]
```

同样的代码，仅仅是要处理的列表发生了一点点变化，结果并没有删除所有的 1，因为列表的 remove()方法是删除参数的第一次出现，无法指定下标位置。

```
>>> x = [1, 2, 1, 2, 1, 1, 1, 1]
>>> for i in range(len(x)):
        if x[i] == 1:
            del x[i]
Traceback (most recent call last):
File "<pyshell#170>", line 2, in <module>
if x[i] == 1:
IndexError: list index out of range
>>> x
[2, 2, 1, 1]
```

上述代码不但没有解决问题，反而引发了一个异常。但这个异常揭示了问题所在：下标越界。

```
>>> x = [1, 2, 1, 2, 1, 1, 1, 1]
>>> for i in range(len(x)):
        print(i, x)
        if x[i] == 1:
            del x[i]
```

```
0 [1, 2, 1, 2, 1, 1, 1, 1]
1 [2, 1, 2, 1, 1, 1, 1]
2 [2, 2, 1, 1, 1, 1]
3 [2, 2, 1, 1, 1]
4 [2, 2, 1, 1]
Traceback (most recent call last):
  File "<pyshell#177>", line 3, in <module>
    if x[i] == 1:
IndexError: list index out of range
```

为了更好地理解这个问题，看下面的代码：

```
>>> x = [(0,1),(1,1),(2,1),(3,1),(4,1),(5,1)]
>>> for i in range(len(x)):
        print(i, x)
        if x[i][1] == 1:
            del x[i]
0 [(0, 1), (1, 1), (2, 1), (3, 1), (4, 1), (5, 1)]
1 [(1, 1), (2, 1), (3, 1), (4, 1), (5, 1)]
2 [(1, 1), (3, 1), (4, 1), (5, 1)]
3 [(1, 1), (3, 1), (5, 1)]
Traceback (most recent call last):
  File "<pyshell#183>", line 3, in <module>
    if x[i][1] == 1:
IndexError: list index out of range
>>> x
[(1, 1), (3, 1), (5, 1)]
```

既然从列表中间位置删除元素会导致后面的元素索引发生改变，那么就从后往前删除。

```
>>> x = [1, 2, 1, 2, 1, 1, 1, 1]
>>> for i in range(len(x)-1, -1, -1):
        print(i, x)
        if x[i] == 1:
            del x[i]
7 [1, 2, 1, 2, 1, 1, 1, 1]
6 [1, 2, 1, 2, 1, 1, 1]
5 [1, 2, 1, 2, 1, 1]
4 [1, 2, 1, 2, 1]
3 [1, 2, 1, 2]
2 [1, 2, 1, 2]
1 [1, 2, 2]
0 [1, 2, 2]
>>> x
[2, 2]
```

【★例4.19】复制可变对象实例。

```
my_list = [[1,2,3]] * 2
#结果如下
my_list = [[1,2,3], [1,2,3]]
my_list[0][0] = 'a'          #想只修改子列表中的一项
#结果却成了
my_list = [['a',2,3], ['a',2,3]]
```

通过输出的结果可以看出，本来想只修改子列表中的一项，结果两项元素都修改了，这是因为[[]]*2并不是创建了两个不同的my_list，而是创建了两个指向同一个my_list的对象，所以，当操作第一个元素时，其他对应的元素的内容也会发生变化。

```
#正确的方式是用循环生成不同对象
my_list = [ [1,2,3] for i in range(2)]
my_list[0][0] = 'a'
#结果如下
my_list = [['a',2,3], [1,2,3]]
```

【★例4.20】 列表的+和+=，append()和extend()操作实例。

列表的 id()函数可以获得对象的内存地址，如果两个对象的内存地址是一样的，那么这两个对象肯定是一个对象。

```
list = []
print ('ID: ', id(list))
#结果如下
ID: 1234567890
list += [1]
print ('ID: ', id(list))
ID: 1234567890#表明使用+=还是在原来的列表上操作
list = list + [2]
print ('ID: ', id(list))
ID: 9876543210#表明使用+已经改变了原有列表
list = []
print ('ID: ', id(list))
#结果如下
#'ID'1212121212
list.append(1)
print ('ID: ', id(list))
#结果如下
ID: 1212121212#表明append()是在原来列表上面添加
list.extend([2])
print ('ID: ', id(list))
#结果如下
ID: 1212121212#表明extend()也是在原来列表上面添加
```

【★例4.21】 列表元素的引用实例。

不要使用索引方法遍历list，例如：

```
for i in range(len(tab)):
    print(tab[i])
```

比较好的方法是：

```
for elem in tab:
    print(elem)
```

for语句会自动生成一个迭代器，当需要索引位置和元素时，用enumerate()函数：

```
for i, elem in enumerate(tab):
    print((i, elem))
```

【★例4.22】 列表推导和循环中的变量泄漏实例。

```
i = 0
a = [i for i in range(3)]
print(i) #结果是 2
```

Python 2 中列表推导改变了 i 变量的值,而 Python 3 修复了这个问题:

```
i = 0
a = [i for i in range(3)]
print(i) #结果是 0
```

类似地,for 循环对于它们的迭代变量没有私有的作用域:

```
i = 0
for i in range(3):
    i
print(i) #结果是 2
```

这种行为发生在 Python 2 和 Python 3 中,为了避免出现泄漏变量的问题,可在列表推导和 for 循环中使用新的变量。

【★例 4.23】 remove()是删除首个符合条件的元素,而不是根据特定索引实例。

```
>>> a=[1,2,3,1]
>>> a.remove(a[-1])
>>> a
[2, 3, 1]
```

如上代码本来是想删除最后一个元素,结果误删了第一个元素。

而对于 del 来说,它是根据索引(元素所在位置)来删除的,例如:

```
>>> a=[1,2,3,1]
>>> del a[0]
>>> a
[2, 3, 1]
```

pop()是根据索引,返回索引指向的那个数值。

```
>>> a=[1,2,3,1]
>>> a.pop(2)
3
```

【★例 4.24】 Python 中,字典的 items()函数返回类型为 list 实例。

两个列表可直接相加,两个字典直接相加会报错。于是想到一种相加方式:a.items()+b.items(),但是错误地得到了一个列表。

```
>>> a={1:2}
>>> b={3:4}
>>> a+b
Traceback (most recent call last):
File "<pyshell#123>", line 1, in <module>
    a+b
TypeError: unsupported operand type(s) for +: 'dict' and 'dict'
>>> c=a.items()+b.items()
>>> c
[(1, 2), (3, 4)]
```

```
>>> type(c)
<type 'list'>
```

正确使用方式：update()。

```
>>> a
{1: 2}
>>> b
{3: 4}
>>> a.update(b)
>>> a
{1: 2, 3: 4}
```

【★例 4.25】 元组或者列表加括号等于自身实例。

```
>>> a=(1,2)
>>> (a)
(1, 2)
>>> b=[1,2]
>>> (b)
[1, 2]
>>> tuple(a)
(1, 2)
>>> tuple(b)
(1, 2)
>>> tuple([a])
((1, 2),)
```

因此如果需要使用元组，最好用 tuple()函数转换，而不是加括号强制转换。

【★例 4.26】 迭代器无法改变列表内容实例。

```
>>> a=["1\t4","a\tb"]
>>> for item in a:
        item = item.split("\t")

>>> a
['1\t4', 'a\tb']
>>> for i in range(len(a)):
        a[i]=a[i].split("\t")
>>> a
[['1', '4'], ['a', 'b']]
```

【★例 4.27】 列表解析实例。

列表解析共有两种形式，很容易把二者混淆：

（1）[i for i in range(k) if condition]：此时 if 起条件判断作用，满足条件的元素将被返回成为最终生成的列表的一员。

（2）[i if condition else exp for exp]：此时 if…else 被用来赋值，满足条件的 i 以及 else 被用来生成最终的列表。

以上情况对多个 for 仍然成立。

```
print([i for i in range(10) if i%2 == 0])
print([i if i == 0 else 100 for i in range(10)])
```

```
[0, 2, 4, 6, 8]
[0, 100, 100, 100, 100, 100, 100, 100, 100, 100]
```

【★例 4.28】 矩阵转换为数组,再求和实例。

```
>>> a=np.mat([[1,2,3],[4,5,6]])
>>> a
matrix([[1, 2, 3],
        [4, 5, 6]])
>>> sum(a)
matrix([[5, 7, 9]])
>>> b=[[1,2,3],[4,5,6]]
>>> sum(b)
Traceback (most recent call last):
File "<stdin>", line 1, in <module>
TypeError: unsupported operand type(s) for +: 'int' and 'list'
>>> np.array(a)
array([[1, 2, 3],
       [4, 5, 6]])
>>> np.array(sum(a))
array([[5, 7, 9]])
>>> np.array(sum(a))[0]
array([5, 7, 9])
>>> np.array(sum(a)[0])
array([[5, 7, 9]])
```

【★例 4.29】 列表相加与 numpy 数组相加实例。

```
a=[1,2,3]
b=[4,5,6]
a+b
```

输出结果是:

```
[1,2,3,4,5,6]
a=np.array(a)
b=np.array(b)
a,b
```

输出结果是:

```
(array([1,2,3]), array([4,5,6]))
a+b
```

输出结果是:

```
array([5,7,9])
```

解决方案:用 numpy.concatenate 拼接多个数组。

【★例 4.30】 矩阵相乘与数组相乘实例。

```
a=[[0,1],[2,3]]
c1=np.array(a)
c2=np.array([1,2])
c2*c1
```

输出结果是:

```
array([[0, 2],
       [2, 6]])
```

```
np.mat(c2)*np.mat(c1)
```

输出结果是：

```
matrix([[4, 7]])
```

【★例 4.31】 格式化打印矩阵与打印数组实例。

打印矩阵（失败）：

```
def print_matrix(M):
    for I in range(len(M)):
        print(",".join([str(it) for it in M[i]]))
a = np.mat([[1,2],[3,4]])
print_matrix(a)
[[1 2]]
[[3 4]]
```

打印数组（成功）：

```
def print_matrix(M):
    for i in range(len(M)):
        print(",".join([str(it) for it in M[i]]))
a = np.array([[1,2],[3,4]])
print_matrix(a)
1,2
3,4
```

打印矩阵最终的解决方案（成功）：

```
def print_matrix(M):
    M = np.array(M)
    for i in range(len(M)):
        print(",".join([str(it) for it in M[i]]))
a = np.mat([[1,2],[3,4]])
print_matrix(a)
1,2
3,4
```

【★例 4.32】 numpy 数组减去常数实例。

```
>>> a=np.ones(10)
>>> a
array([1.,1.,1.,1.,1.,1.,1.,1.,1.,1.])
>>> a-10
array([-9.,-9.,-9.,-9.,-9.,-9.,-9.,-9.,-9.,-9.])
```

以上案例原本是 numpy 的简化操作，但是实际使用中，误引入一个缺陷，原本想用 np.array(a)-np.array(b)，结果 b 的计算过程出错，得到一个常数，正常应该报错，但是 numpy 顺利进行了减法操作，导致这个缺陷被忽略。

【★例 4.33】 numpy 数组的子数组实例。

numpy 定义的数组，如果元素还是数组，会出现两种情况：① 子数组长度一样，为

numpy.array 类别；② 子数组长度不一样，为 list 类别。

```
a=np.array([[1,2],[3,4]])
type(a)
```

输出结果是：

```
numpy.ndarray
type(a[0])
```

输出结果是：

```
numpy.ndarray
b=np.array([[0,1,2,3,7,13],[32,33,8,30],[32,33,29,23]])
type(b)
```

输出结果是：

```
numpy.ndarray
type(b[0])
```

输出结果是：

```
list
```

这会造成很多 numpy 特有函数失效，如 flatten()：

```
a.flatten()
```

输出结果是：

```
array([1,2,3,4])
```

```
b.flatten()
```

输出结果是：

```
array([[0,1,2,3,7,13],[32,33,8,30],[32,33,29,23]],dtype=object)
```

回到上面的 flatten() 失效问题，正确的方式是采用 np.hstack() 函数，可成功将数组拉平。

```
np.hstack(b)
```

输出结果是：

```
array([0,1,2,…,33,29,23])
```

【★例 4.34】 numpy 数组赋值中的缺陷实例。

numpy 数组必须是像矩阵一样规整的格式，子数组长度相等。

定义一个二维 numpy 数组，尝试将其中一个子数组定义为变量，结果将所有元素都赋值为这个变量的值：

```
a=np.array([[1,2],[3,4]])
a[0]
```

输出结果是：

```
array([1,2])
a[0]=999
a
```

输出结果是:

```
array([[999,999],
       [3, 4]])
```

错因:加上了索引之后的标签其实指代的就是具体的存储区。下面案例就是指向了整个数组存储区,而成功赋值:

```
a=[[1,2],[3,4]]
a
```

输出结果是:

```
[[1,2],[3,4]]
```

```
a=1
a
```

输出结果是:

```
1
```

尝试给子数组定义为字符数组,尝试失败,无法给 int() 对象赋值字符串:

```
a=np.array([[1,2],[3,4]])
a[0]=['a','b']
Traceback (most recent call last):

File "<ipython-input-7-304e9d0d6e26>",line 1,in<module>
a[0]=['a','b']
ValueError: invalid literal for int() with base 10: 'a'
```

尝试赋值为同格式子数组且成功:

```
a[0]=[-1,-2]
a
```

输出结果是:

```
array([[-1,-2],
       [3, 4]])
```

【★例 4.35】 networkx 中的 G.nodes() 返回类型不再是列表实例。

```
for i in range(len(G.nodes)):
    print(G.nodes[i])
```

报错:`keyerror: 0`

原因:G.nodes() 返回类型是<class 'networkx.classes.reportviews.NodeView'>,这是一个迭代器。其中每个元素都是一个字典。完整代码如下:

```
G=nx.random_graphs.random_regular_graph(2,20)
G.nodes()
```

输出结果是：

```
NodeView((17,18,7,14,10,11,8,13,9,15,4,5,19,3,1,0,6,16,12,2))

for i in range(len(G.nodes())):
    print(G.nodes[i])
{}
{}
```

【★例 4.36】 神奇的字典键。

```
some_dict = {}
some_dict[5.5] = "Ruby"
some_dict[5.0] = "JavaScript"
some_dict[5] = "Python"
Output:
>>> some_dict[5.5]
"Ruby"
>>> some_dict[5.0]
"Python"
>>> some_dict[5]
"Python"
```

"JavaScript"消失了，其原因如下：

（1）Python 字典通过检查键值是否相等和比较哈希值来确定两个键是否相同；

（2）具有相同值的不可变对象在 Python 中始终具有相同的哈希值。

注意，具有不同值的对象也可能具有相同的哈希值（哈希冲突）。

```
>>> 5 == 5.0
True
>>> hash(5) == hash(5.0)
True
```

当执行 some_dict[5] = "Python" 语句时，因为 Python 将 5 和 5.0 识别为 some_dict 的同一个键，所以已有值 "JavaScript" 就被 "Python" 覆盖了。

4.8　实验与习题

1. 创建一个列表，存储你出生前后各 5 年的年份数字。

2. 创建一个元组，存入一些单词，把它们都格式化为首字母大写的形式。

3. 创建一个列表，存入一些数字代表分数，去掉最高分和最低分，然后把这些数字从低到高排序并计算平均分。

4. 创建一个不少于 20 个元素的列表和一个含有 5 个元素的元组，将列表中第 5 个开始的元素用元组中的元素替换。

5. 创建一个含有 n 个元素的列表，使前 n/2 个元素逆序排列，然后整体逆序排列。

6. 创建一个字符串，先去掉重复字符，然后通过列表将它逆序排列，最后计算原字符串中字符与得到的列表中字符的异或集。

7. 创建一个含有 n 个元素的集合和一个含有 2n 个元素的列表，先处理列表使得两者元素个数相同，然后创建一个字典，以集合中的元素为键，以列表中的元素为值。

8. 用列表推导式生成 100 以内所有 3 的倍数。

9. 用生成器推导式生成 100 以内所有 4 的倍数，然后打印出来。

10. 找一段英语文章作为字符串，以空格为标识符进行切分，在得到的列表中统计词频，列出出现次数最多的单词。

11. 编写程序，生成一个包含 50 个随机整数的列表，然后删除所有奇数。

12. 编写程序，生成一个包含 20 个随机整数的列表，然后对其中偶数下标的元素进行降序排列，奇数下标的元素不变。

13. 编写程序，生成 1000 个 0~100 的随机整数，并统计每个元素的出现次数。

14. 编写程序，用户输入一个列表和 2 个整数作为下标，然后输出列表中介于 2 个下标之间的元素组成的子列表。例如用户输入[1,2,3,4,5,6]和 2,5，程序输出[3,4,5,6]。

15. 设计一个字典，并编写程序，用户输入内容作为键，然后输出字典中对应的值，如果用户输入的键不存在，则输出"您输入的键不存在！"。

16. 编写程序，生成包含 20 个随机数的列表，然后将前 10 个元素升序排列，后 10 个元素降序排列，并输出结果。

17. 有一对兔子，从出生后第 3 个月起每个月都生一对兔子，小兔子长到第 3 个月后每个月又生一对兔子，假如兔子都不死，问前 40 个月每个月的兔子数为多少？

18. 母猪的故事。某人养猪，他养的猪一出生第二天开始就能每天中午生一只小猪，而且生下来的竟然都是母猪。不过光生小猪也不行，他采用了一个很奇特的办法来管理他的养猪场：对于每头刚出生的小猪，在他生下第二头小猪后立马被杀掉，卖到超市里。假设在创业的第一天，他只买了一头刚出生的小猪，请问，在第 N 天晚上，他的养猪场里还存有多少头猪？

19. 有 n 个人围成一圈，按顺序排号。从第一个人开始报数（从 1 到 3 报数），凡报到 3 的人退出圈子，问最后留下的是原来第几号的那位。

20. 猴子第一天摘下若干个桃子，当即吃了一半，不过瘾，又多吃了一个，第二天早上又将剩下的桃子吃掉一半，又多吃了一个。以后每天早上都吃了前一天剩下的一半零一个。到第 10 天早上想再吃时，见只剩下一个桃子了。求第一天共摘了多少个桃子。

第 5 章　字符串和正则表达式

5.1　文本序列类型——字符串

在程序中经常需要处理文本内容，例如在控制台打印程序信息、把文本写入文件等。在 Python 中文本数据由 str 对象或 strings 进行处理。

5.1.1　字符串的创建

字符串就是一串按顺序排列的字符。汉字、字母、数字、空格等都是字符。例如，"hello" 就是一个字符串，它的长度是 5——h、e、l、l、o。字符串中也可以有空格，如"hello world" 包含 11 个字符，其中有一个字符是 "hello" 和 "world" 之间的空格。字符串的长度没有上限，如果字符串的长度是 0，称它为"空字符串"。

字符串的值可以由以下 3 种方式创建：单引号（如'str'）、双引号（如"str"）、三引号（如'''str'''）或者六引号（如"""str"""）。其中，由单引号创建的字符串可以不使用转义字符即可表示双引号；同样，由双引号创建的字符串可以不使用转义字符即可表示单引号。三引号创建的字符串，如果太长而不便于查看代码，可以用反斜杠\来代表代码跨行，但不会输出反斜杠\本身。

【例 5.1】　字符串操作。

```
>>> '"hello",world'
'"hello",world'
>>> print('"hello",world')
"hello",world
>>> print("hello,'world'")
hello,'world'
>>> print("""hello\
 world""")
hello world
```

5.1.2　字符串的转义与连接

字符串的转义符号以反斜杠\开头，和大多数语言一样，\n 代表换行。如果不想让\表示转义，那就要在字符串前面加入符号 r 使用原始字符串。详见例 5.2。

【例 5.2】　字符串转义。

```
>>> print('c:\windows\newfolder')
c:\windows
ewfolder
```

```
>>> print(r'c:\windows\newfolder')
c:\windows\newfolder
```

字符串可以用+号进行连接，如果想多次连接同一个字符串，则可以使用*号。

【例 5.3】 字符串连接。

```
>>> print('hello' + 'world')
helloworld
>>> print(2 * 'hello' + 'world')
hellohelloworld
```

表 5.1 是字符转义表，可供参考。

表 5.1 字符转义表

转义字符	描述
\(在行尾时)	续行符
\\	反斜杠符号
\'	单引号
\"	双引号
\a	警告声
\b	退格
\e	转义
\000	空
\n	换行
\v	纵向制表符
\t	横向制表符
\r	回车
\t	水平制表符
\f	换页
\oyy	八进制数 yy 代表的字符，例如 \o12 代表换行
\xyy	十进制数 yy 代表的字符，例如 \x0a 代表换行
\other	其他字符以普通格式输出

5.1.3　数字字符串与时间的格式化

Python 使用一个字符串作为模板。模板中有格式符，这些格式符为真实值预留位置，并说明真实数值应该呈现的格式。Python 用一个 tuple 将多个值传递给模板，每个值对应一个格式符。其中，模板格式为：

[(name)][flags][width].[precision]typecode%(value1,value2,…)

其中，数字字符和作用如表 5.2 所示。

其中比较有用的是 m.n，它们可以控制输出浮点数和整数的总宽度以及浮点数的小数精度，数字字符转换方式如表 5.3 所示。

表 5.2 数字字符和作用

符　号	作　用
*	定义宽度或者小数点后数据的精度
-	用作左对齐
+	在正数前面显示加号（+）
（空格键）	在正数前面显示空格
#	在八进制数前面显示零（'0'），在十六进制前面显示'0x'或者'0X'（取决于用的是'x'还是'X'）
0	显示的数字前面填充'0'而不是默认的空格
%	'%%'输出一个单一的'%'
(var)	映射变量（字典参数）
m.n	m 是显示的最小总宽度，n 是小数点后的位数（如果可用的话）

表 5.3 数字字符转换方式

格式化字符	转　换　方　式
%c	转换为字符（ASCII 码值，或者长度为一的字符串）
%r	优先用 repr()函数进行字符串转换
%s	优先用 str()函数进行字符串转换
%d / %i	转换为有符号十进制数
%u	转换为无符号十进制数
%o	转换为无符号八进制数
%x/%X	（Unsigned）转换为无符号十六进制数（x/X 代表转换后的十六进制字符的大小写）
%e/%E	转换为科学记数法（e/E 控制输出 e/E）
%f/%F	转换为浮点数（小数部分自然截断）
%g/%G	转换为浮点数，根据值的大小采用%e 或 %f 格式
%%	输出%

【例 5.4】 数字字符转换。

```
>>> "%x" % 123
'7b'
>>> "%X" % 123
'7B'
>>> "%#X" % 123
'0X7B'
>>> "%#x" % 123
'0x7b'
>>> '%f' % 1234.567890
'1234.567890'
>>> '%.2f' % 1234.567890
'1234.57'
>>> '%E' % 1234.567890
'1.234568E+03'
>>> '%e' % 1234.567890
'1.234568e+03'
>>> '%g' % 1234.567890
'1234.57'
>>> '%G' % 1234.567890
'1234.57'
```

```
>>> "%e" % (1111111111111111111111L)
'1.111111e+21'
>>> print("%22.10e" % (1111111111111111111111))
1.1111111111e+21
```

日期和时间的格式化参数如表 5.4 所示。

表 5.4 日期和时间的格式化参数

格式化字符	转 换 方 式
%a	星期几的简写
%A	星期几的全称
%b	月份的简写
%B	月份的全称
%c	标准的日期的时间串
%C	年份的后两位数字
%d	十进制表示的每月的第几天
%D	月/天/年
%e	在两字符域中，十进制表示的每月的第几天
%F	年-月-日
%g	年份的后两位数字，使用基于周的年
%G	年份，使用基于周的年
%h	简写的月份名
%H	24 小时制的小时
%I	12 小时制的小时
%j	十进制表示的每年的第几天
%m	十进制表示的月份
%M	十时制表示的分钟数
%n	新行符
%p	本地的 AM 或 PM 的等价显示
%r	12 小时的时间
%R	显示小时和分钟，即 hh:mm
%S	十进制的秒数
%t	水平制表符
%T	显示时、分、秒，即 hh:mm:ss
%u	每周的第几天，星期一为第一天（值从 0 到 6，星期一为 0）
%U	每年的第几周，把星期日作为第一天（值从 0 到 53）
%V	每年的第几周，使用基于周的年
%w	十进制表示的星期几（值从 0 到 6，星期天为 0）
%W	每年的第几周，把星期一作为第一天（值从 0 到 53）
%x	标准的日期串
%X	标准的时间串
%y	不带世纪的十进制年份（值从 0 到 99）
%Y	带世纪部分的十进制年份
%z	%Z 时区名称，如果不能得到时区名称则返回空字符
%%	百分号

5.1.4 字符串的索引与切片

与 C 语言相似，Python 中字符串可以通过下标访问某个字符；不同之处在于，Python 中字符串的索引更加灵活，还具备了非常有用的切片操作。字符串索引和切片的用法与列表相同，此处不再赘述。

需要注意的是，字符串一旦创建就无法更改。所以无法通过字符串的索引进行单个字符的修改或重新赋值。可以利用索引及切片操作重新创建一个新的字符串。

5.1.5 常见的字符串操作

内置的字符串函数主要有 len()、endswith()、startswith()、lower()、upper()、capitalize()、find()、index()、isalpha()、isdigit()、join()、replace()、split()等。

【例 5.5】 常见的字符串操作。

```
>>> word = 'hello,world'
>>> len(word)
11
>>> word.endswith('world')
True
>>> word.endswith('world.')
False
>>> word.startswith('hello')
True
>>> word.startswith('Hello')
False
>>> word.capitalize()
'Hello,world'
>>> word.find('ello')
1
>>> word.find('abcd')
-1
>>> word.find('hello')
0
>>> 'ello' in word
True
>>> 'abcd' in word
False
>>> word.index("hw")
Traceback (most recent call last):
  File "<stdin>", line 1, in <module>
ValueError: substring not found
>>> word = 'hello,world'
>>> word.isalpha()
False
>>> word = 'helloworld'
>>> word.isalpha()
True
>>> number = '1234.5678'
>>> number.isdigit()
False
>>> number = '12345678'
>>> number.isdigit()
```

```
True
>>> l = [1, 2, 3]
>>> print(l)
[1, 2, 3]
>>> ','.join(l)
Traceback (most recent call last):
  File "<stdin>", line 1, in <module>
TypeError: sequence item 0: expected str instance, int found
>>> l = ['1', '2', '3']
>>> print(l)
['1', '2', '3']
>>> ','.join(l)
'1,2,3'
>>> word = 'hello'
>>> word.replace('llo', 'llo world')
'hello world'
>>> l = '1, 2, 3'
>>> l.split(',')
['1', ' 2', ' 3']
>>> word = '  hello world  '
>>> word
'  hello world  '
>>> word.strip()
'hello world'
>>> word.strip(' hd')
'ello worl'
```

关键字 in 可以判断一个字符串是否出现在另一个字符串中。

```
>>> word = 'hello,world'
>>> 'hello' in word
True
>>> 'helloworld' in word
False
```

5.2　正则表达式

  正则表达式是对字符串操作的一种逻辑公式，就是用事先定义好的一些特定字符及这些特定字符的组合，组成一个"规则字符串"，这个"规则字符串"用来表达对字符串的一种过滤逻辑。正则表达式是一种文本模式，该模式描述在搜索文本时要匹配的一个或多个字符串。在很多文本编辑器里，正则表达式通常被用来检索、替换那些匹配某个模式的文本。它在程序处理文字的时候非常有用。Python 加入了 re 模块，提供与 Perl 类似的字符串正则操作。在使用正则表达式前，需要用语句 import　re 导入 re 模块。

5.2.1　正则表达式的语法

  正则表达式可以包含普通字符和特殊（转义）字符。只使用普通字符的正则表达式是最简单的正则表达式，因为它只和自己匹配，如 A 匹配 A，b 匹配 b。然而实际运用中往往需要更高级的正则表达式。例如在一段文本中找到某个人的邮箱，假设这个人的邮箱是由一段数字+@符号+email.com 组成，当不知道那段数字时，需要使用特殊（转义）字符模糊匹配那段数字，相关示例如下所示：

```
>>> import re
>>> text="hello's email:123456789@email.com"
>>> re.findall(r'\d+@email.com', text)
['123456789@email.com']
```

表 5.5 列出了正则表达式模式语法中的特殊元素。如果使用模式的同时提供了可选的标志参数，某些模式元素的含义会改变。

表 5.5　正则表达式模式语法中的特殊元素

模　式	描　述
^	匹配字符串的开头
$	匹配字符串的末尾
.	匹配任意字符，除了换行符。当 re.DOTALL 标记被指定时，则可以匹配包括换行符的任意字符
[…]	用来表示一组字符，单独列出，如[amk] 匹配 'a'、'm'或'k'
[^…]	不在[]中的字符，如[^abc] 匹配除了 a、b、c 之外的字符
re*	匹配 0 个或多个表达式
re+	匹配 1 个或多个表达式
re?	匹配 0 个或 1 个由前面的正则表达式定义的片段，非贪婪方式
re{ n}	匹配 n 个前面表达式。例如，"o{2}"不能匹配"Bob"中的"o"，但是能匹配"food"中的两个 o
re{ n,}	精确匹配 n 个前面表达式。例如，"o{2,}"不能匹配"Bob"中的"o"，但能匹配"foooood"中的所有 o。"o{1,}"等价于"o+"，"o{0,}"则等价于"o*"
re{ n, m}	匹配 n~m 次由前面的正则表达式定义的片段，贪婪方式
a| b	匹配 a 或 b
(re)	匹配括号内的表达式，也表示一个组
(?imx)	正则表达式包含 3 种可选标志：i、m 或 x。只影响括号中的区域
(?-imx)	正则表达式关闭 i、m 或 x 可选标志。只影响括号中的区域
(?: re)	类似 (...)，但是不表示一个组
(?imx: re)	在括号中使用 i、m 或 x 可选标志
(?-imx: re)	在括号中不使用 i、m 或 x 可选标志
(?#…)	注释
(?= re)	前向肯定界定符。如果所含正则表达式，以 … 表示，在当前位置成功匹配时则成功，否则失败。但一旦所含表达式已经尝试，匹配引擎根本没有提高；模式的剩余部分还要尝试界定符的右边
(?! re)	前向否定界定符。与肯定界定符相反。当所含表达式不能在字符串当前位置匹配时成功
(?> re)	匹配的独立模式，省去回溯
\w	匹配字母数字
\W	匹配非字母数字
\s	匹配任意空白字符，等价于 [\t\n\r\f]

续表

模式	描述
\S	匹配任意非空字符
\d	匹配任意数字，等价于 [0-9]
\D	匹配任意非数字
\A	匹配字符串开始
\Z	匹配字符串结束，如果存在换行，则只匹配到换行前的结束字符串
\z	匹配字符串结束
\b	匹配一个单词边界，也就是单词和空格间的位置。例如，'er\b' 可以匹配"never" 中的 'er'，但不能匹配 "verb" 中的 'er'
\B	匹配非单词边界。例如，'er\B' 能匹配 "verb" 中的 'er'，但不能匹配 "never" 中的 'er'
\n, \t, 等	匹配一个换行符，匹配一个制表符，等
\1 … \9	匹配第 n 个分组的内容
(?:…)	匹配一个不用保存的分组
贪婪模式*?、+?、??	使正则表达式尽可能匹配多次
(?P=name)	匹配任何命名为 name 的文本
(?P<name>…)	这个正则表达式匹配到的子字符串只能由 name 命名访问到

与此同时，表 5.6 列举出了一些常用的转义序列，供读者参考。

表 5.6　常用的转换序列

元字符	功能说明
\n	匹配换行符
\f	匹配换页符
\A	匹配字符串的开头
\b	匹配单词的开头和结尾
\d	匹配任意 Unicode 数字。如果只想匹配 ASCII 数字，推荐使用[0-9]匹配
\D	匹配任意不是 Unicode 数字的字符
\s	匹配 Unicode 空格字符或 ASCII 空格字符，取决于匹配模式
\r	匹配一个回车符
\w	匹配任何字母、数字以及下画线
[a-z]	匹配 a～z 的任意字符
[^a-z]	匹配除 a～z 的任意字符

正则表达式匹配时可以包含一些可选的特殊参数来控制匹配的模式，如表 5.7 所示。多个参数可以通过按位 OR(|)来指定，如 re.I | re.M 被设置成 I 和 M 标志。

表 5.7 正则表达式匹配模式

模 式	描 述
re.I	使匹配对大小写不敏感
re.L	做本地化识别匹配
re.M	多行匹配，可能会对^和$符号产生影响
re.S	使 . 匹配包括换行在内的所有字符
re.U	根据 Unicode 字符集解析字符。这个标志影响 \w, \W, \b, \B
re.X	该标志通过给予更灵活的格式以便正则表达式写得更易于理解

5.2.2 正则表达式与 Python 语言

re.compile(pattern, flags=0)：可以将正则表达式模式编译成一个正则表达式对象。如果这个正则表达式在程序中需要多次使用，那么最好先行编译一下以提高程序效率。

Pattern：一个字符串形式的正则表达式。

Flags：可选，表示匹配模式，如忽略大小写、多行模式等。具体可用值为：

re.I：忽略大小写；

re.L：表示特殊字符集 \w, \W, \b, \B, \s, \S，依赖于当前环境；

re.M：多行模式；

re.S：即为'.'并且包括换行符在内的任意字符（'.'不包括换行符）；

re.U：表示特殊字符集 \w, \W, \b, \B, \d, \D, \s, \S，依赖于 Unicode 字符属性数据库；

re.X：为了增加可读性，忽略空格和'＃'后面的注释。

```
>>> prog = re.compile(pattern)
>>> result = prog.match(string)
```

re.match(pattern, string, flags=0)：如果字符串开头 0 个或多个字符与 pattern 匹配，则返回相应的匹配对象，否则返回 None。各参数的含义如下：

pattern：匹配的正则表达式；

string：要匹配的字符串；

flags：标志位，用于控制正则表达式的匹配方式，如是否区分大小写、多行匹配等。

可以使用 group(num) 或 groups() 匹配对象函数来获取匹配表达式。

group(num=0)匹配的整个表达式的字符串。group() 可以一次输入多个组号，在这种情况下它将返回一个包含那些组所对应值的元组；groups()返回一个包含所有小组字符串的元组、从 1 到所含的小组号。

【例 5.6】 字符串匹配。

```
>>> import re
>>> string = "123456789@email.com"
>>> pattern = r'\d+@email.com'
>>> prog = re.compile(pattern)
>>> result = prog.match(string)
>>> print(result)
<_sre.SRE_Match object; span=(0, 19), match='123456789@email.com'>
```

re.search(pattern, string, flags=0)搜索 string 中可以匹配到的第一个位置，并返回相应的匹

配对象。如果字符串中没有位置与 pattern 匹配，则返回 None，参数的含义同 re.match 参数的含义。

【例 5.7】 字符串查找。

```
>>> import re
>>> string = "hello's email:123456789@email.com"
>>> pattern = r'\d+@email.com'
>>> prog = re.compile(pattern)
>>> result = prog.search(string)
>>> print(result)
<_sre.SRE_Match object; span=(14, 33), match='123456789@email.com'>
```

【re.match 与 re.search 的区别】 re.match 只匹配字符串的开始，如果字符串开始不符合正则表达式，则匹配失败，函数返回 None；而 re.search 匹配整个字符串，直到找到一个匹配。

re.split(pattern, string[, maxsplit=0, flags=0]) 按照能够匹配的子串将字符串分割后返回列表。各参数的含义如下：

pattern：匹配的正则表达式。

string：要匹配的字符串。

maxsplit：分割次数，maxsplit=1 分割一次，默认为 0，不限制次数。

re.findall(pattern, string, flags=0)搜索 string 所有可以匹配到 pattern 的非重复子字符串，并返回列表。各参数的含义如下：

pattern：匹配的正则表达式。

string：待查找的字符串。

pos：可选参数，指定字符串的起始位置，默认为 0。

flags：标志位，用于控制正则表达式的匹配方式，如是否区分大小写、多行匹配等。

【例 5.8】 字符串查找。

```
>>> import re
>>> string = """
... hello's email:123456789@email.com
... world's email:987654321@email.com
... """
>>> pattern = r'\d+@email.com'
>>> prog = re.compile(pattern)
>>> result = prog.findall(string)
>>> print(result)
['123456789@email.com', '987654321@email.com']
```

re.finditer(pattern, string, flags=0)与 findall()函数相同，但返回的不是一个列表，而是一个迭代器。

【例 5.9】 查找字符串返回迭代器。

```
>>> import re
>>> string = """
... hello's email:123456789@email.com
... world's email:987654321@email.com
... """
>>> pattern = r'\d+@email.com'
```

```
>>> prog = re.compile(pattern)
>>> result = prog.finditer(string)
>>> print(result)
<callable_iterator object at 0x101bd9e10>
```

re.sub(pattern, repl, string, count=0, flags=0)使用 repl 替换所有在 string 中与 pattern 相匹配的子字符串。除非指定参数 count 的值，否则全部替换。各参数的含义如下：

pattern：正则表达式中的模式字符串。

repl：替换的字符串，也可为一个函数。

string：要被查找替换的原始字符串。

count：模式匹配后替换的最大次数，默认为 0，表示替换所有的匹配。

【例 5.10】 字符串替换。

```
>>> import re
>>> string = """
... hello's email:123456789@email.com
... world's email:987654321@email.com
... """
>>> pattern = r'\d+@email.com'
>>> prog = re.compile(pattern)
>>> string = re.sub(prog, "none", string)
>>> print(string)
hello's email:none
world's email:none
```

eval() 函数把字符串参数转换为 Python 表达式并求相应的值。

【例 5.11】 将字符串转换为数字值。

```
>>> eval("1+2")
3
>>> a = 3
>>> b = 4
>>> eval("a+b")
7
```

5.2.3 常用的正则表达式

常用的正则表达式如表 5.8 所示。

表 5.8 常用的正则表达式

含 义	表 达 式
非负整数	^\d+$
正整数	^[0-9]*[1-9][0-9]*$
非正整数	^((-\d+)|(0+))$
负整数	^-[0-9]*[1-9][0-9]*$
整数	^-?\d+$
非负浮点数	^\d+(\.\d+)?$
正浮点数	^((0-9)+\.[0-9]*[1-9][0-9]*)|([0-9]*[1-9][0-9]*\.[0-9]+)|([0-9]*[1-9][0-9]*)$

续表

含 义	表 达 式
非正浮点数	^((-\d+\.\d+)?)|(0+(\.0+)?))$
负浮点数	^(-((正浮点数正则式)))$
英文字符串	^[A-Za-z]+$
汉字	^[\u4e00-\u9fa5]{0,}$
英文和数字	^[A-Za-z0-9]+$ 或 ^[A-Za-z0-9]{4,40}$
长为 3~20 的字符	^.{3,20}$
由 26 个英文字母组成的字符串	^[A-Za-z]+$
由 26 个大写英文字母组成的字符串	^[A-Z]+$
由 26 个小写英文字母组成的字符串	^[a-z]+$
由数字和 26 个英文字母组成的字符串	^[A-Za-z0-9]+$
由数字、26 个英文字母或者下画线组成的字符串	^\w+$ 或 ^\w{3,20}$
中文、英文、数字,包括下画线	^[\u4E00-\u9FA5A-Za-z0-9_]+$
中文、英文、数字,但不包括下画线等符号	^[\u4E00-\u9FA5A-Za-z0-9]+$ 或 ^[\u4E00-\u9FA5A-Za-z0-9]{2,20}$
可以输入含有^、%、&、'、,、;、=、?、$、\、"等字符	[^%&',;=?$\x22]+
Email 地址	^\w+([-+.]\w+)*@\w+([-.]\w+)*\.\w+([-.]\w+)*$
域名	[a-zA-Z0-9][-a-zA-Z0-9]{0,62}(/.[a-zA-Z0-9][-a-zA-Z0-9]{0,62})+/.?
网址	[a-zA-z]+://[^\s]*或^http://([\w-]+\.)+[\w-]+(/[\w-./?%& =]*)?$

5.3　jieba 分词与 wordcloud 词云

5.3.1　jieba 分词的应用

1. 中文分词的原理

中文分词指的是将一个汉字序列切分成一个个单独的词。分词就是将连续的字序列按照一定的规范重新组合成词序列的过程。现有的分词方法可分为 3 大类:基于字符串匹配的分词方法、基于理解的分词方法和基于统计的分词方法。

1)基于字符串匹配的分词方法

这种方法又叫作机械分词方法,它是按照一定的策略将待分析的汉字串与一个"充分大的"机器词典中的词条进行配,若在词典中找到某个字符串,则匹配成功(识别出一个词)。这种方法又可分为:

(1)正向最大匹配法(由左到右的方向);

(2)逆向最大匹配法(由右到左的方向);

(3)最少切分(使每句中切出的词数最小);

(4)双向最大匹配法(进行由左到右、由右到左两次扫描)。

2)基于理解的分词方法

这种分词方法是通过让计算机模拟人对句子的理解,达到识别词的效果。其基本思想就是在分词的同时进行句法、语义分析，利用句法信息和语义信息来处理歧义现象。它通常包括 3 部分：分词子系统、句法语义子系统和总控部分。在总控部分的协调下，分词子系统可以获得有关词、句子等的句法和语义信息来对分词歧义进行判断，即它模拟了人对句子的理解过程。这种分词方法需要使用大量的语言知识和信息。由于汉语语言知识的笼统、复杂性，难以将各种语言信息组织成机器可直接读取的形式，因此目前基于理解的分词系统还处在试验阶段。

3）基于统计的分词方法

这种分词方法是在给出大量已经分词的文本的前提下，利用统计机器学习模型学习词语切分的规律（称为训练），从而实现对未知文本的切分。例如，最大概率分词方法、最大熵分词方法等。随着大规模语料库的建立及统计机器学习方法的研究和发展，基于统计的中文分词方法渐渐成为主流方法。主要统计模型有 N 元文法模型（N-gram）、隐马尔可夫模型（Hidden Markov Model，HMM）、最大熵模型（ME）、条件随机场模型（Conditional Random Fields，CRF）等。

2. jieba 分词的原理与特点

jieba 基于前缀词典实现高效的词图扫描，生成句子中汉字所有可能成词情况所构成的有向无环图（DAG），它采用动态规划查找最大概率路径，找出基于词频的最大切分组合，对于未登录词，采用基于汉字成词能力的 HMM，使用 Viterbi 算法。它支持繁体分词和自定义词典，经 MIT 协议授权并支持以下 3 种分词模式：

（1）精确模式：试图将句子最精确地切开，适合文本分析；

（2）全模式：把句子中所有的可以成词的词语都扫描出来，速度非常快，但是不能解决歧义；

（3）搜索引擎模式：在精确模式的基础上，对长词再次切分，提高召回率，适合用于搜索引擎分词。

3. jieba 的安装

jieba 兼容 Python 2/3，它可以采用以下方式进行安装并通过 import jieba 来引用：

全自动安装：easy_install jieba 或者 pip install jieba/pip3 install jieba；

半自动安装：先下载 http://pypi.python.org/pypi/jieba/，解压后再运行 python setup.py install；

手动安装：将 jieba 目录放置于当前目录或者 site-packages 目录。

4. jieba 的主要功能

1）分词

jieba.cut()方法接受 3 个输入参数：需要分词的字符串、控制是否采用全模式的 cut_all 参数和控制是否使用 HMM 的 HMM 参数。

jieba.cut_for_search()方法接受两个参数：需要分词的字符串和是否使用 HMM。该方法适合用于搜索引擎构建倒排索引的分词，粒度比较细。

待分词的字符串可以是 Unicode 或 UTF-8 字符串、GBK 字符串。注意，不建议直接输入 GBK 字符串，因为可能无法预料地错误解码成 UTF-8。

jieba.cut()以及 jieba.cut_for_search()返回的结构都是一个可迭代的 generator，可以使用 for 循环来获得分词后得到的每个词语（Unicode），或者用 jieba.lcut()以及 jieba.lcut_for_search()直接返回 list。

jieba.Tokenizer(dictionary=DEFAULT_DICT) 新建自定义分词器，可用于同时使用不同词典。jieba.dt()为默认分词器，所有全局分词相关函数都是该分词器的映射。

【例 5.12】 分词。

```
# encoding=UTF-8
import jieba
seg_list = jieba.cut("我来到清华大学", cut_all=True)
print("Full Mode: " + "/ ".join(seg_list))              #全模式
seg_list = jieba.cut("我来到清华大学", cut_all=False)
print("Default Mode: " + "/ ".join(seg_list))           #精确模式
seg_list = jieba.cut("他来到了网易杭研大厦")              #默认是精确模式
print(", ".join(seg_list))
seg_list = jieba.cut_for_search("小明硕士毕业于中国科学院计算所，后在日本京都大学深造")    #搜索引擎模式
print(", ".join(seg_list))
```

输出如下：

```
Full Mode：我/来到/清华/清华大学/华大/大学
Default Mode：我/来到/清华大学
```

他，来到，了，网易，杭研，大厦（此处，"杭研"并没有在词典中，但是也被Viterbi算法识别出来了）

小明，硕士，毕业，于，中国，科学，学院，科学院，中国科学院，计算，计算所，后，在，日本，京都，大学，日本京都大学，深造

2）添加自定义词典

（1）载入词典。

开发者可以指定自己自定义的词典，以便包含 jieba 词库里没有的词。虽然 jieba 有新词识别能力，但是自行添加新词可以保证更高的正确率，用法如下：

```
jieba.load_userdict(file_name)    #file_name 为文件类对象或自定义词典的路径
```

词典格式和 dict.txt() 一样，一个词占一行；每行分 3 部分：词语、词频（可省略）和词性（可省略），用空格隔开，顺序不可颠倒。file_name 若为路径或二进制方式打开的文件，则文件必须为 UTF-8 编码。

词频省略时使用自动计算的能保证分出该词的词频。

更改分词器（默认为jieba.dt）的 tmp_dir 和 cache_file 属性，可分别指定缓存文件所在的文件夹及其文件名，用于受限的文件系统。

【例 5.13】 自定义词典 userdict.txt，内容如下：

```
云计算 5
李小福 2 nr
创新办 3 i
easy_install 3 eng
```

好用 300
韩玉赏鉴 3 nz
八一双鹿 3 nz
重庆
凯特琳 nz
Edu Trust 认证 2000

用法示例如下：

```python
from __future__ import print_function, unicode_literals
import sys
sys.path.append("../")
import jieba
jieba.load_userdict("userdict.txt")
import jieba.posseg as pseg
jieba.add_word('石墨烯')
jieba.add_word('凯特琳')
jieba.del_word('自定义词')
test_sent = (
"李小福是创新办主任也是云计算方面的专家；什么是八一双鹿\n"
"例如我输入一个带"韩玉赏鉴"的标题，在自定义词库中也增加了此词为N类\n"
"「重庆」正确应该不会被切开。mac 上可分出「石墨烯」；此时又可以分出来凯特琳了。")
words = jieba.cut(test_sent)
print('/'.join(words))
print("="*40)
result = pseg.cut(test_sent)
for w in result:
    print(w.word, "/", w.flag, ", ", end=' ')
print("\n" + "="*40)
terms = jieba.cut('easy_install is great')
print('/'.join(terms))
terms = jieba.cut('Python的正则表达式是好用的')
print('/'.join(terms))
print("="*40)
# test frequency tune
testlist = [
('今天天气不错', ('今天', '天气')),
('如果放到post中将出错。', ('中', '将')),
('我们中出了一个叛徒', ('中', '出')),
]
for sent, seg in testlist:
    print('/'.join(jieba.cut(sent, HMM=False)))
    word = ''.join(seg)
    print('%s Before: %s, After: %s' % (word, jieba.get_FREQ(word), jieba.suggest_freq(seg, True)))
    print('/'.join(jieba.cut(sent, HMM=False)))
    print("-"*40)
```

之前：李小福/是/创新/办/主任/也/是/云/计算/方面/的/专家

加载自定义词库后：李小福/是/创新办/主任/也/是/云计算/方面/的/专家

（2）调整词典。

使用 add_word(word, freq=None, tag=None) 和 del_word(word) 可在程序中动态修改词

典；使用 suggest_freq(segment, tune=True) 可调节单个词语的词频，使其能（或不能）被分出来。注意，自动计算的词频在使用 HMM 新词发现功能时可能无效。

代码示例：

```
>>> print('/'.join(jieba.cut('如果放到post中将出错。', HMM=False)))
如果/放到/post/中将/出错/，例如:
>>> jieba.suggest_freq(('中', '将'), True)
494
>>> print('/'.join(jieba.cut('如果放到post中将出错。', HMM=False)))
如果/放到/post/中/将/出错/。
>>> print('/'.join(jieba.cut('「重庆」正确应该不会被切开', HMM=False)))
「/重庆/」/正确/应该/不会/被/切开
>>> jieba.suggest_freq('重庆', True)
69
>>> print('/'.join(jieba.cut('「重庆」正确应该不会被切开', HMM=False)))
「/重庆/」/正确/应该/不会/被/切开
```

3）关键词提取

（1）基于 TF-IDF 算法的关键词抽取。

`jieba.analyse.extract_tags(sentence, topK=20, withWeight=False, alowPOS=())`

该函数基于 TF-IDF 算法进行关键词抽取，其中，sentence 为待提取的文本；topK 为返回几个 TF/IDF 权重最大的关键词，默认值为 20；withWeight 为是否一并返回关键词权重值，默认值为 False；allowPOS 仅包括指定词性的词，默认值为空，即不筛选。

jieba.analyse.TFIDF(idf_path=None) 新建 TFIDF 实例，idf_path 为 IDF 频率文件。

【例 5.14】 关键词抽取示例 1。

```
import sys
sys.path.append('../')
import jieba
import jieba.analyse
from optparse import OptionParser
USAGE = "usage:    python extract_tags.py [file name] -k [top k]"
parser = OptionParser(USAGE)
parser.add_option("-k", dest="topK")
opt, args = parser.parse_args()
if len(args) < 1:
    print(USAGE)
    sys.exit(1)
file_name = args[0]
if opt.topK is None:
    topK = 10
else:
    topK = int(opt.topK)
content = open(file_name, 'rb').read()
tags = jieba.analyse.extract_tags(content, topK=topK)
print(",".join(tags))
```

关键词提取所使用的逆向文件频率（IDF）文本语料库可以使用 jieba.analyse.

set_idf_path(file_name)切换成自定义语料库的路径（file_name 为自定义语料库的路径）。

【例 5.15】 自定义语料库 idf.txt.big。

```
聚异丁烯 12.1089181827
终南山 10.4349417492
东安动力 10.2630914922
集训营 13.2075304714
import sys
sys.path.append('../')
import jieba
import jieba.analyse
from optparse import OptionParser
USAGE = "usage:    python extract_tags_idfpath.py [file name] -k [top k]"
parser = OptionParser(USAGE)
parser.add_option("-k", dest="topK")
opt, args = parser.parse_args()
if len(args) < 1:
    print(USAGE)
    sys.exit(1)
file_name = args[0]
if opt.topK is None:
    topK = 10
else:
    topK = int(opt.topK)
content = open(file_name, 'rb').read()
jieba.analyse.set_idf_path("../extra_dict/idf.txt.big");
tags = jieba.analyse.extract_tags(content, topK=topK)
print(",".join(tags))
```

关键词提取所使用停止词（Stop Words）文本语料库可以使用 jieba.analyse.set_stop_words(file_name)切换成自定义语料库的路径（file_name 为自定义语料库的路径）。

【例 5.16】 自定义语料库 stop_words.txt。

```
have
all
not
one
has
or
that
的
了
和
是
就
```

代码示例：

```
import sys
sys.path.append('../')
import jieba
import jieba.analyse
from optparse import OptionParser
```

```
USAGE = "usage: python extract_tags_stop_words.py [file name] -k [top k]"
parser = OptionParser(USAGE)
parser.add_option("-k", dest="topK")
opt, args = parser.parse_args()
if len(args) < 1:
    print(USAGE)
    sys.exit(1)
file_name = args[0]
if opt.topK is None:
    topK = 10
else:
    topK = int(opt.topK)
content = open(file_name, 'rb').read()
jieba.analyse.set_stop_words("../extra_dict/stop_words.txt")
jieba.analyse.set_idf_path("../extra_dict/idf.txt.big");
tags = jieba.analyse.extract_tags(content, topK=topK)
print(",".join(tags))
```

【例 5.17】 关键词一并返回关键词权重值代码。

```
import sys
sys.path.append('../')
import jieba
import jieba.analyse
from optparse import OptionParser
USAGE = "usage:    python extract_tags_with_weight.py [file name] -k [top k] -w [with weight=1 or 0]"
parser = OptionParser(USAGE)
parser.add_option("-k", dest="topK")
parser.add_option("-w", dest="withWeight")
opt, args = parser.parse_args()
if len(args) < 1:
    print(USAGE)
    sys.exit(1)
file_name = args[0]
if opt.topK is None:
    topK = 10
else:
    topK = int(opt.topK)
if opt.withWeight is None:
    withWeight = False
else:
    if int(opt.withWeight) is 1:
        withWeight = True
    else:
        withWeight = False
content = open(file_name, 'rb').read()
tags = jieba.analyse.extract_tags(content,topK=topK,withWeight=withWeight)
if withWeight is True:
    for tag in tags:
        print("tag: %s\t\t weight: %f" % (tag[0],tag[1]))
else:
    print(",".join(tags))
```

（2）基于 TextRank 算法的关键词抽取。

```
jieba.analyse.textrank(sentence,topK=20,withWeight=False,allowPOS=
('ns','n','vn','v'))
```

该函数基于 TextRank 算法的关键词进行抽取，可直接使用，接口相同，注意默认过滤词性。

```
jieba.analyse.TextRank()          #新建自定义 TextRank 实例
```

基本思想如下：
① 将待抽取关键词的文本进行分词；
② 以固定窗口大小（默认为 5，通过 span 属性调整）、词之间的关系构建图；
③ 计算图中结点的 PageRank，注意是无向带权图。

【例 5.18】 关键词抽取示例 2。

```
from __future__ import unicode_literals
import sys
sys.path.append("../")
import jieba
import jieba.posseg
import jieba.analyse
print('='*40)
print('① 分词')
print('-'*40)
seg_list = jieba.cut("我来到清华大学", cut_all=True)
print("Full Mode: " + "/ ".join(seg_list))          #全模式
seg_list = jieba.cut("我来到清华大学", cut_all=False)
print("Default Mode: " + "/ ".join(seg_list))       #默认模式
seg_list = jieba.cut("他来到了网易杭研大厦")
print(", ".join(seg_list))
seg_list = jieba.cut_for_search("小明硕士毕业于中国科学院计算所，后在北京大学深造")   #搜索引擎模式
print(", ".join(seg_list))
print('='*40)
print('② 添加自定义词典/调整词典')
print('-'*40)
print('/'.join(jieba.cut('如果放到post中将出错。', HMM=False)))
#如果/放到/post/中将/出错/。
print(jieba.suggest_freq(('中', '将'), True))   #494
print('/'.join(jieba.cut('如果放到post中将出错。', HMM=False)))
#如果/放到/post/中/将/出错/。
print('/'.join(jieba.cut('「台中」是一个人的姓名，不应该被切开',HMM=False)))
#「/台/中/」/是/一个/人/的/姓名/，/不/应该/被/切开
print(jieba.suggest_freq('台中', True))   #4
print('/'.join(jieba.cut('「台中」是一个人的姓名，不应该被切开',HMM=False)))
#「/台中/」/是/一个/人/的/姓名/，/不/应该/被/切开
print('='*40)
```

```
print('③ 关键词提取')
print('-'*40)
print(' TF-IDF')
print('-'*40)
```

4）词性标注

jieba.posseg.POSTokenizer(tokenizer=None) 新建自定义分词器，tokenizer 参数可指定内部使用的 jieba.Tokenizer 分词器。jieba.posseg.dt 为默认词性标注分词器。

标注句子分词后每个词的词性，采用和 **ictclas** 兼容的标记法。

【例 5.19】 词性标注。

```
>>> import jieba.posseg as pseg
>>> words = pseg.cut("我爱北京天安门")
>>> for word, flag in words:
...     print('%s %s' % (word, flag))
...
我 r
爱 v
北京 ns
天安门 ns
```

5）并行分词

原理：将目标文本按行分隔后，把各行文本分配到多个 Python 进程并行分词，然后归并结果，从而获得分词速度的可观提升。基于 Python 自带的 multiprocessing 模块，目前暂不支持 Windows。

用法：

```
jieba.enable_parallel(4)    #开启并行分词模式，参数为并行进程数
jieba.disable_parallel()    #关闭并行分词模式
```

【例 5.20】 并行分词。

```
import sys
import time
sys.path.append("../../")
import jieba
jieba.enable_parallel()
url = sys.argv[1]
content = open(url,"rb").read()
t1 = time.time()
words = "/ ".join(jieba.cut(content))
t2 = time.time()
tm_cost = t2-t1
log_f = open("1.log","wb")
log_f.write(words.encode('utf-8'))
print('speed %s bytes/second' % (len(content)/tm_cost))
```

注意，并行分词仅支持默认分词器 jieba.dt 和 jieba.posseg.dt。

6）Tokenize：返回词语在原文的起止位置

注意，输入参数只接收 Unicode。

默认模式：

```
result = jieba.tokenize(u'永和服装饰品有限公司')
for tk in result:
    print("word %s\t\t start: %d \t\t end:%d" % (tk[0],tk[1],tk[2]))
word 永和            start: 0              end:2
word 服装            start: 2              end:4
word 饰品            start: 4              end:6
word 有限公司        start: 6              end:10
```

搜索模式：

```
result = jieba.tokenize(u'永和服装饰品有限公司', mode='search')
for tk in result:
    print("word %s\t\t start: %d \t\t end:%d" % (tk[0],tk[1],tk[2]))
word 永和            start: 0              end:2
word 服装            start: 2              end:4
word 饰品            start: 4              end:6
word 有限            start: 6              end:8
word 公司            start: 8              end:10
word 有限公司        start: 6              end:10
```

7）ChineseAnalyzer for Whoosh 搜索引擎

【例 5.21】

```
from __future__ import unicode_literals
import sys,os
sys.path.append("../")
from whoosh.index import create_in,open_dir
from whoosh.fields import *
from whoosh.qparser import QueryParser
from jieba.analyse import ChineseAnalyzer
analyzer = ChineseAnalyzer()
schema=Schema(title=TEXT(stored=True), path=ID(stored=True), content=
TEXT (stored=True, analyzer=analyzer))
if not os.path.exists("tmp"):
    os.mkdir("tmp")
ix = create_in("tmp", schema) # for create new index
#ix = open_dir("tmp") # for read only
writer = ix.writer()
writer.add_document(
    title="document1",
    path="/a",
    content="This is the first document we've added!"
)
writer.add_document(
    title="document2",
    path="/b",
    content="The second one 测试中文 is even more interesting! 吃水果"
)
writer.add_document(
    title="document3",
    path="/c",
```

```python
        content="买水果然后来园博园。"
)
writer.add_document(
        title="document4",
        path="/c",
        content="今天天气很好, 逛街买东西后心情很舒畅!"
)
writer.add_document(
        title="document4",
        path="/c",
        content="咱俩交换一下吧。"
)
writer.commit()
searcher = ix.searcher()
parser = QueryParser("content", schema=ix.schema)
for keyword in ("水果园博园","你","first","中文","交换机","交换"):
    print("result of ",keyword)
    q = parser.parse(keyword)
    results = searcher.search(q)
    for hit in results:
        print(hit.highlights("content"))
    print("="*10
for t in analyzer("我的好朋友是李明;我爱重庆;IBM和Microsoft; I have a dream. This is interesting and interested me a lot"):
    print(t.text)
```

8)命令行分词

命令行:python -m jieba [options] filename

jieba 命令行界面的参数介绍如下。

固定参数如下。

filename:输入文件。

可选参数如下。

- -h, --help:显示此帮助信息并退出。
- -d [DELIM], --delimiter [DELIM]:使用 DELIM 分隔词语,而不是用默认的'/',若不指定 DELIM,则使用一个空格分隔。
- -p [DELIM], --pos [DELIM]:启用词性标注。如果指定 DELIM,词语和词性之间用它分隔,否则用 _ 分隔。
- -D DICT, --dict DICT:使用 DICT 代替默认词典。
- -u USER_DICT, --user-dict USER_DICT:使用 USER_DICT 作为附加词典,与默认词典或自定义词典配合使用。
- -a, --cut-all:全模式分词(不支持词性标注)。
- -n, --no-hmm:不使用隐含马尔可夫模型。
- -q, --quiet:不输出载入信息到 STDERR。
- -V, --version:显示版本信息并退出。

如果没有指定文件名,则使用标准输入。

使用示例：python -m jieba news.txt > cut_result.txt

5. 延迟加载机制

jieba 采用延迟加载，import jieba 和 jieba.Tokenizer()不会立即触发词典的加载，一旦有必要才开始加载词典构建前缀字典。如果想手工初始化 jieba，也可以手动初始化。在 0.28 之前的版本是不能指定主词典的路径的，有了延迟加载机制后，可以改变主词典的路径。例如：

【例 5.22】 延迟加载。

```
jieba.set_dictionary('data/dict.txt.big')
from __future__ import print_function
import sys
sys.path.append("../")
import jieba

def cuttest(test_sent):
    result = jieba.cut(test_sent)
    print(" ".join(result))
def testcase():
    cuttest("这是一个伸手不见五指的黑夜。我叫孙悟空，我爱北京，我爱 Python 和 C++。")
    cuttest("我不喜欢日本和服。")
    cuttest("孙猴回归人间。")
    cuttest("工信处干事每月经过下属科室都要亲口交代 24 口交换机等技术性器件的安装工作")
    cuttest("我需要廉租房")
    cuttest("永和服装饰品有限公司")
    cuttest("我爱北京天安门")
    cuttest("abc")
    cuttest("隐马尔可夫")
    cuttest("雷猴是个好网站")
if __name__ == "__main__":
    testcase()
    jieba.set_dictionary("foobar.txt")
    print("==============================")
    testcase()
```

6. 常见问题

（1）"北京"总是被切成"北 京"。

P(北京) < P(北)×P(京)，"北京"词频不够导致其成词概率较低。

解决方法：强制调高词频。

用 jieba.add_word('北京')或者 jieba.suggest_freq('北京', True)。

（2）"今天天气 不错"应该被切成"今天 天气 不错"（以及类似情况）。

解决方法：强制调低词频。

jieba.suggest_freq(('今天', '天气'), True)

或者直接删除该词：

```
jieba.del_word('今天天气')
```

（3）切出了词典中没有的词语，效果不理想。

解决方法：关闭新词发现。

```
jieba.cut('丰田太省了', HMM=False)
jieba.cut('我们中出了一个叛徒', HMM=False)
```

5.3.2 wordcloud 词云的应用

wordcloud 安装命令是 pip install wordcloud，默认是不支持显示中文的，中文会被显示成方框。原因是 wordcloud 的默认字体不支持中文，解决办法是设置一种支持中文的字体即可。wordcloud.WordCloud 类初始化函数有个设置字体的参数 font_path，把支持中文的字体的路径传给 font_path。

wordcloud 各参数含义如下。

（1）字体路径 font_path : string。

设置字体路径，需要展现什么字体就把该字体路径+扩展名写上，如：

```
font_path = '黑体.ttf'
```

（2）字体宽度 width : int (default=400)。

设置输出的画布宽度，默认为 400 像素。

（3）字体高度 height : int (default=200)。

设置输出的画布高度，默认为 200 像素。

（4）横向出现的频率 prefer_horizontal : float (default=0.90)。

词语水平方向排版出现的频率，默认为 0.90（所以词语垂直方向排版出现频率为 0.10）。

（5）遮罩 mask : nd-array or None (default=None)。

如果参数为空，则使用二维遮罩绘制词云。如果 mask 非空，设置的宽、高值将被忽略，遮罩形状被 mask 取代。除全白（#FFFFFF）的部分将不会绘制，其余部分会用于绘制词云。如 bg_pic = imread('读取一张图片.png')，背景图片的画布一定要设置为白色（#FFFFFF），然后显示的形状为不是白色的其他颜色。可以用 Photoshop 工具将自己要显示的形状复制到一个纯白色的画布上再保存。

（6）画布比例 scale:float(default=1)。

按照比例进行放大画布，如设置为 1.5，则长和宽都是原来画布的 1.5 倍。

（7）最小字体大小 min_font_size : int (default=4)。

显示最小的字体大小。

（8）字体步长 font_step : int (default=1)。

如果步长大于 1，则会加快运算但是可能导致结果出现较大的误差。

（9）要显示的词的最大个数 max_words : number (default=200)。

（10）要屏蔽的词 stopwords : set of strings or None。

设置需要屏蔽的词，如果为空，则使用内置的 STOPWORDS。

（11）背景颜色 background_color : color value (default="black")。

如 background_color='white',背景颜色为白色。

(12) 显示的最大的字体大小 max_font_size : int or None (default=None)。

(13) 颜色模式 mode:string(default="RGB")。

当参数为"RGBA"并且 background_color 不为空时,背景为透明。

(14) 词频和字体大小的关联性 relative_scaling : float (default=.5)。

(15) 生成新的颜色 color_func : callable, default=None。

如果为空,则使用 self.color_func。

(16) 使用正则表达式分隔输入的文本 regexp : string or None (optional)。

(17) 是否包括两个词的搭配 collocations : bool, default=True。

(18) 单词颜色 colormap : string or matplotlib colormap, default="viridis"。

给每个单词随机分配颜色,若指定 color_func,则忽略该方法。

(19) 为每个单词返回一个 PIL 颜色 random_state : int or None。

(20) 根据词频生成词云 fit_words(frequencies)。

(21) 根据文本生成词云 generate(text)。

(22) 根据词频生成词云 generate_from_frequencies(frequencies[, ...])。

(23) 根据文本生成词云 generate_from_text(text)。

(24) 将长文本分词并去除屏蔽词 process_text(text)。

此处指英语,中文分词还是需要自己用别的库先行实现,使用上面的 fit_words(frequencies)。

(25) 对现有输出重新着色 recolor([random_state, color_func, colormap])。

重新上色会比重新生成整个词云快很多。

(26) 转化为数组 to_array()。

(27) 输出到文件 to_file(filename)。

【例 5.23】 词云。

```
# coding: utf-8
import jieba
from scipy.misc import imread        #这是一个处理图像的函数
from wordcloud import WordCloud, STOPWORDS, ImageColorGenerator
import matplotlib.pyplot as plt
back_color = imread('o_002.jpg')     #解析该图片
wc = WordCloud(background_color='white',  #背景颜色
max_words=1000,      #最大词数
mask=back_color,     #以该参数值作图绘制词云,这个参数不为空时,width 和 height 会
                     #被忽略
max_font_size=100,   #显示字体的最大值
stopwords=STOPWORDS.add('苟利国'),  #使用内置的屏蔽词,再添加'苟利国'
font_path="C:\Windows\Fonts\STFANGSO.ttf",  #解决显示口字型乱码问题,可进入
#C:\Windows\Fonts\目录更换字体
random_state=42,     #为每个词返回一个 PIL 颜色
# width=1000,        #图片的宽度
# height=860         #图片的高度
)
```

```
#添加自己的词库分词，例如添加'祖国好'到jieba词库后，当处理的文本中含有'祖国好'这
#个词，就会直接将'祖国好'当作一个词，而不会得到'祖国'或'国好'这样的词
jieba.add_word('祖国好')
#打开词源的文本文件
text = open('cnword.txt').read()
```

以下函数的作用就是把屏蔽词去掉，使用这个函数就不用在 WordCloud 参数中添加 stopwords 参数，将需要屏蔽的词全部放入一个 stopwords 文本文件里即可。

【例 5.24】 屏蔽词。

```
def stop_words(texts):
    words_list = []
    word_generator = jieba.cut(texts, cut_all=False)   #返回的是一个迭代器
    with open('stopwords.txt') as f:
        str_text = f.read()
        unicode_text = unicode(str_text, 'utf-8')    #把 str 格式转换为 Unicode
                                                     #格式
        f.close()  # stopwords 文本中词的格式是'一词一行'
    for word in word_generator:
        if word.strip() not in unicode_text:
            words_list.append(word)
    return ' '.join(words_list)   #注意是空格
text = stop_words(text)
wc.generate(text)
#基于彩色图像生成相应彩色
image_colors = ImageColorGenerator(back_color)
#显示图片
plt.imshow(wc)
#关闭坐标轴
plt.axis('off')
#绘制词云
plt.figure()
plt.imshow(wc.recolor(color_func=image_colors))
plt.axis('off')
#把词云保存起来
wc.to_file('19th.png')
```

cnword.txt 文本中内容太多，此处省略展示。stopwords.txt 文本中有如下几个词：

社会主义
制度
国家
政治

5.4 实例精选

【例 5.25】 查找字符串。

```
sStr1 = 'abcdefg'
sStr2 = 'cde'
print(sStr1.find(sStr2))
```

【例 5.26】 字符串排序。

```python
if __name__ == '__main__':
    str1 = input('input string:\n')
    str2 = input('input string:\n')
    str3 = input('input string:\n')
    print(str1,str2,str3)
    if str1 > str2 :
        str1,str2 = str2,str1
    if str1 > str3 :
        str1,str3 = str3,str1
    if str2 > str3 :
        str2,str3 = str3,str2
    print('after being sorted.')
    print(str1,str2,str3)
```

【例 5.27】 连接字符串。

```python
delimiter = ','
mylist = ['Brazil', 'Russia', 'India', 'China']
print(delimiter.join(mylist))
```

【例 5.28】 两个字符串连接程序。

```python
if __name__ == '__main__':
    a = "acegikm"
    b = "bdfhjlnpq"
    #连接字符串
    c = a + b
    print(c)
```

【例 5.29】 计算字符串中子串出现的次数。

```python
if __name__ == '__main__':
    str1 = input('请输入一个字符串:\n')
    str2 = input('请输入一个子字符串:\n')
    ncount = str1.count(str2)
    print(ncount)
```

【例 5.30】 针对不同的分隔符拆分字符串。

如果字符串夹杂着各种类型分隔符, 而 Python 内置的字符串处理方法 split()支持的参数数目有限, 不足以处理这种复杂情况。此时就需要使用一个特殊的正则表达式方法: re.split()。

```
>>> string = 'a,b,c,d,e,f g'
>>> letters = re.split(string)
>>> letters
['a', 'b', 'c', 'd', 'e', 'f', 'g']
>>>
```

这个方法在使用不同的分隔符拆分字符串的时候非常实用。不过在使用 re.split()方法时, 需要特别注意的是, 在匹配的正则表达式当中是否包含一个圆括号 "()" 捕获分组。如果包含, 那么被匹配的文本也将出现在结果列表中。

```
>>> letters = re.split(r'(,)',string)
>>> letters
['a', ',', 'b', ',', 'c', ',', 'd', ',', 'e', ',', 'f g']
>>> letters = re.split(r'(,|\s)',string)
```

```
>>> letters
['a', ',', 'b', ',', 'c', ',', 'd', ',', 'e', ',', 'f', ' ', 'g']
>>>
```

【例 5.31】 复杂字符串搜索和替换。

在 Python 内置函数中,使用 str.replace() 方法即可完成字符串的简单搜索与替换。例如:

```
>>> string = 'hello,wolrd'
>>> string.replace('wolrd','world')
'hello,world'
>>>
```

对于复杂的搜索和替换操作,可以使用 re 模块中的 sub() 函数。假如将形式为 11/27/2012 的日期格式字符串改成像 2012-11-27 这样格式的,显然,普通的 str.replace()方法已经不够用了,不过可以这样做:

```
>>> text = 'Today is 11/29/2017. Tomorrow is 11/30/2017.'
>>> import re
>>> re.sub(r'(\d+)/(\d+)/(\d+)', r'\3-\1-\2', text)
'Today is 2017-11-29. Tomorrow is 2017-11-30.'
>>>
```

sub() 函数中的第一个参数是被匹配的模式,第二个参数是替换模式,替换模式将被匹配的模式替换。反斜杠数字,例如 \3,指向前面被匹配模式的捕获组号(第 3 组被匹配的)。如果打算用相同的模式做多次匹配、替换,可以先编译这些正则表达式来提升性能。如果不先编译,则每次代码执行时都要对正则表达式进行编译:

```
>>> import re
>>> date_re = re.compile(r'(\d+)/(\d+)/(\d+)')
>>> date_re.sub(r'\3-\1-\2', text)
'Today is 2017-11-29. Tomorrow is 2017-11-30.'
>>>
```

上面的例子对字符串进行了正则替换。如果还想知道替换了几次,应该使用 re.subn (pattern, repl, string, count=0, flags=0)方法。例如:

```
>>> text_1, n = datepat.subn(r'\3-\1-\2', text)
>>> text_1
'Today is 2017-11-29. Tomorrow is 2017-11-30.'
>>> n
2
```

有时候,使用正则表达式匹配字符串时需要忽略英文单词字母的大小写,这时可以在使用正则表达式函数时添加 re.IGNORECASE 参数。例如:

```
>>> text = 'HELLO WORLD,Hello World,hello world'
>>> re.findall('world', text, flags=re.IGNORECASE)
['WORLD', 'World', 'world']
>>> re.sub('world', 'python', text, flags=re.IGNORECASE)
'HELLO python,Hello python,hello python'
```

上述例子有一个小问题,在使用正则函数替换字符串时并不会自动与被匹配字符串的大小写保持一致。为了避免这个问题,可能需要一个辅助函数 match_case(),由于 sub() 函数的参数不仅可以接收替换的字符串,还能接收一个函数作为参数,所以可以这样使用:

```python
def match_case(word):
    def replace(m):
        text = m.group()
        if text.isupper():
            return word.upper()
        elif text.islower():
            return word.lower()
        elif text[0].isupper():
            return word.capitalize()
        else:
            return word
    return replace
```

然后再执行正则操作：

```
>>> re.sub('world', match_case('python'), text, flags=re.IGNORECASE)
'HELLO PYTHON,Hello Python,hello python'
```

【例 5.32】 提取网页中的关键信息。

在本例中，提取某学生的具体课程表信息。课程表信息大多数是 HTML 代码，可以通过 Python 脚本进行处理，保留有用的信息：

```
import re
i = [
    '<td align="Center" rowspan="2" width="7%">算法分析与设计<br/>周五第1,2节{第13-17周}<br/>刘老师(刘老师)<br/>5 教 0402<br/><br/>算法分析与设计<br/>周五第1,2节{第9-11周}<br/>刘老师(刘老师)<br/>5 教 0402</td>',
    '<td align="Center" rowspan="2">数据库原理及应用<br/>周一第3,4节{第6-11周}<br/>李老师(李老师)<br/>4 教 0303(0305) </td>',
    '<td align="Center" rowspan="2">操作系统原理及应用<br/>周二第 3,4 节{第10-11周}<br/>杨老师(杨老师)<br/>4 教 0303(0305)<br/><br/>操作系统原理及应用<br/>周二第 3,4 节{第 13-17 周}<br/>杨老师(杨老师)<br/>4 教 0303(0305)<br/><br/>计算机网络【计算机】<br/>周二第3,4节{第2-9周}<br/>李老师<br/>6 教 0411</td>',
    '<td align="Center" rowspan="2">操作系统原理及应用<br/>周三第 3,4 节{第17-17 周|单周}<br/>杨老师(杨老师)<br/>4 教 0303(0305)<br/><br/>数据库原理及应用<br/>周三第3,4节{第6-11周}<br/>李老师(李老师)<br/>4 教 0303(0305)</td>']
j = []
result = []
for x in i:
    j.extend(re.sub(r'<td(.*?)>', r'', x).replace('</td>','').split('<br/><br/>'))   #对每行分别处理
for x in j:
    this = {
        '课程名': re.sub(r'[(.*?)]', r'', x.split('<br/>')[0]),
        '星期几': re.findall(r'周(.?)第', x)[0],
        '第几节': re.findall(r'第(.?)', x)[0],
        '起始周': re.findall(r'{第(.*?)周', x)[0].split('-')[0],
        '结课周': re.findall(r'{第(.*?)周', x)[0].split('-')[1],
        '单周?': True if '单' in x.split('<br/>')[1] else False,
        '双周?': True if '双' in x.split('<br/>')[1] else False,
        '教师名': re.sub(r'\((.*?)\)', r'', x.split('<br/>')[2]),
```

```
        '教室': x.split('<br/>')[3]
    }
    result.extend([this])
```

通过正则表达式函数的匹配及替换之后,可以把提取出来的课程信息打印出来。

```
for i in result:
    print(i)
```

　　{'课程名': '算法分析与设计', '星期几': '五', '第几节': '1', '起始周': '13', '结课周': '17', '单周?': False, '双周?': False, '教师名': '刘老师', '教室': '5教0402'}
　　{'课程名': '算法分析与设计', '星期几': '五', '第几节': '1', '起始周': '9', '结课周': '11', '单周?': False, '双周?': False, '教师名': '刘老师', '教室': '5教0402'}
　　{'课程名': '数据库原理及应用', '星期几': '一', '第几节': '3', '起始周': '6', '结课周': '11', '单周?': False, '双周?': False, '教师名': '李老师', '教室': '4教0303(0305)'}
　　{'课程名': '操作系统原理及应用', '星期几': '二', '第几节': '3', '起始周': '10', '结课周': '11', '单周?': False, '双周?': False, '教师名': '杨老师', '教室': '4教0303(0305)'}
　　{'课程名': '操作系统原理及应用', '星期几': '二', '第几节': '3', '起始周': '13', '结课周': '17', '单周?': False, '双周?': False, '教师名': '杨老师', '教室': '4教0303(0305)'}
　　{'课程名': '计算机网络', '星期几': '二', '第几节': '3', '起始周': '2', '结课周': '9', '单周?': False, '双周?': False, '教师名': '李老师', '教室': '6教0411'}
　　{'课程名': '操作系统原理及应用', '星期几': '三', '第几节': '3', '起始周': '17', '结课周': '17', '单周?': True, '双周?': False, '教师名': '杨老师', '教室': '4教0303(0305)'}
　　{'课程名': '数据库原理及应用', '星期几': '三', '第几节': '3', '起始周': '6', '结课周': '11', '单周?': False, '双周?': False, '教师名': '李老师', '教室': '4教0303(0305)'}

5.5　实验与习题

1. 给定字符串 "Hello World":
（1）打印该字符串的第一个字符;
（2）打印该字符串的最后一个字符;
（3）统计该字符串字符的个数;
（4）显示该字符串的第一个单词;
（5）打印该字符串的第二个单词;
（6）把大写字母全部转换为小写字母并打印;
（7）把小写字母全部转换为大写字母并打印;
（8）对于字符串 "Hello World",只把第一个字母 "o" 替换成 "a"。
2. 编写程序,用户输入一段英文,然后输出这段英文中所有长度为 3 个字母的单词。
3. 假设有一段英文,其中有单独的字母 I 误写为 i,请编写程序进行纠正。
4. 假设有一段英文,其中有单词中间的字母 i 误写为 I,请编写程序进行纠正。

5. 有一段英文文本，其中有单词连续重复了两次，编写程序检查重复的单词并只保留一个。例如文本内容为"This is is a desk."，程序输出为"This is a desk"。

6. 某个公司采用公用电话传递数据，数据是 4 位的整数，在传递过程中数据是加密的，加密规则如下：每位数字都加上 5，然后用和除以 10 的余数代替该数字，再将第 1 位和第 4 位交换，第 2 位和第 3 位交换。现任意输入一串字符串，输出加密后的字符串。

7. 利用 jieba 库对李之仪的《卜算子》进行分词，按以下要求编写程序。

（1）利用 jieba 库对李之仪的《卜算子》进行分词，并查看分词结果。

（2）为了增强排序后结果的可读性，利用 format 调整输出的格式。对每个单词计数，并保存到字典类型 counts 中，查看 counts 的内容。

（3）按照单词出现的次数从高到低排序。因为字典类型是无序的，无法排序，因此将 counts 转换为列表类型，查看排序后的结果。

（4）为了增强排序后结果的可读性，利用 format 调整输出的格式。

8. 编写程序统计《红楼梦》中前 20 位出场次数最多的人物。这里给出参考答案：（贾宝玉，3908）、（王熙凤，1611）、（贾母，1429）、（林黛玉，1291）、（王夫人，1061）、（薛宝钗，929）、（袭人，745）、（贾琏，688）、（平儿，602）、（贾政，523）、（薛姨妈，455）、（探春，437）、（鸳鸯，423）、（史湘云，412）、（晴雯，336）、（贾珍，299）、（刘姥姥，288）、（紫鹃，288）、（邢夫人，287）、（香菱，264）。

第 6 章　函　数

6.1　概　述

众多编程语言都提供了函数作为实现代码复用的手段。Python 不但能非常灵活地自定义函数，而且内置了很多函数可以直接调用。函数是一种用命名作为区分的代码段，在别的地方可以多次调用，它可以接收任何数字或者其他类型的输入作为参数，并且返回数字或者其他类型的结果。

6.2　函数的定义

Python 函数定义的开头格式是"def 函数名(参数列表): "。函数命名规范和变量命名规范一样（必须使用字母或者下画线开头，仅能含有字母、数字和下画线），同时不能使用保留字作为函数名，并且应该尽量避免函数名与变量同名。如果函数名后面的圆括号是空的，表明该函数不接收任何实参。

函数定义的第一行被称作函数头（header），其余部分被称作函数体（body）。函数头必须以冒号结尾，而函数体必须缩进。按照惯例，缩进总是空 4 个空格。函数体能包含任意条语句。

如果在交互模式下键入函数定义，每空一行解释器就会打印 3 个句点。下面是在交互式编程模式下定义一个简单函数的示例：

```
>>> def print_hello():
...     print("hello")
...
>>>
```

6.2.1　无参函数的定义与调用

定义一个无参数函数的示例如下所示：

```
>>> def print_hello():
...     print("hello")
```

直接用函数名加括号实现无参函数的调用，例如：

```
>>> print_hello()
hello
```

当执行这个函数时，Python 会执行该函数内部的代码，所以在这个例子中，函数内部的

print()函数被执行，在屏幕上打印了'hello'，在执行完所有语句后，会返回到主程序。

函数的另一个重要组成部分是返回值，使用 return 语句，后面为返回值，返回值可以是各种数据类型。函数调用结束后将返回值带回给调用语句，例如下面的函数返回值为整型数据777：

```
>>> def return_777():
...     return 777
```

然后用一个if语句来判断这个函数到底有没有返回777这个值：

```
>>> if return_777() == 777:
...     print("lucky!")
lucky!
```

6.2.2 有参函数的定义与调用

在函数中引入参数，能让函数根据传入不同的参数值处理更加复杂的问题。例如定义一个有参函数实现打印任意语句：

```
>>> def print_anything(string):
...     print(string)
```

然后用传入字符串'hello again'来调用这个函数：

```
>>> print_anything('hello again')
hello again
```

函数定义时()中的参数称为形式参数（parameters），简称形参。调用函数时传递给被调函数的参数称为实际参数（arguments），简称实参。实际参数可以是常量、变量，也可以是表达式（调用前先计算出表达式的值，再做参数传递）。函数调用时，实际参数的值复制给形式参数。

下面定义一个拥有两个参数的函数：

```
>>> def welcome(name, gender):
...     if gender == 'male':
...         print('welcome ' + name + ', please go left.')
...     else:
...         print('welcome ' + name + ', please go right.')
...
```

例如，进行两次函数调用：

```
>>> welcome('David', 'male')
welcome David, please go left.
>>> welcome('Karen', 'female')
welcome Karen, please go right.
```

这个函数没有返回值。实际上在 Python 中即使函数不显式调用 return 函数，也会默认返回 None。关于函数的返回值，会在本章后面的小节进行介绍。

6.2.3 函数嵌套定义

Python 语言允许在定义函数的时候，其函数体内又包含另外一个函数的完整定义，称为嵌套定义。下面是一个简单的嵌套函数定义的示例：

```
>>> def out_func(a):
...     def inside_func(b):
...         return b * 2
...     return a + inside_func(a)
...
>>> out_func(2)
6
```

当需要在函数内部多次执行复杂的任务时，内部函数是非常有用的，使用内部函数可以避免循环和代码的堆叠重复。但是在一般情况下仍不建议过多使用，因为过多的嵌套函数会导致内部的函数反复定义而影响执行效率。

6.3 函数参数与函数返回值

定义函数的时候，把参数的名字和位置确定下来，函数的接口定义就完成了。对于函数的调用者来说，只需要知道如何传递正确的参数，以及函数将返回什么样的值，而函数内部的复杂逻辑被封装起来，调用者无须了解。

Python 的函数定义非常简单，但灵活度却非常大。除了正常定义的必选参数外，还可以使用默认参数、关键字参数和可变参数，这使得函数定义出来的接口，不但能处理复杂的参数，还可以简化调用者的代码。

6.3.1 位置参数

Python 函数中最常用的参数类型是位置参数，传入参数的值是按照顺序依次复制过去的。下面定义一个带有 3 个位置参数的可以进行一个数学多项式计算的函数：

```
>>> def cal_math(x, y, z):
...     return x ** 2 + y * 8 - z
...
>>> cal_math(2, 1, 5)
7
```

毫无疑问，Python 返回了预期的结果，但是使用位置参数的弊端是必须熟记每个位置的参数的含义。在这个例子中，如果在传入参数时打乱了 x，y，z 的次序，那么最后返回的结果将大不相同。

6.3.2 关键字参数

为了避免位置参数使用时可能带来的混乱，调用函数时可以直接指定对应参数的名字，这种情况下甚至可以无视位置参数的默认顺序。

如果采用关键字参数来调用 6.3.1 节的计算函数：

```
>>> def cal_math(x, y, z):
...     return x ** 2 + y * 8 - z
...
>>> cal_math(x=2, z=5, y=1)
7
>>>
```

即使 x，y，z 的次序混乱，但是只要在调用的时候明确的对应指定的参数，结果依旧正确，这就是使用关键字参数的优点。另外，位置参数和关键字参数事实上可以混合使用：

```
>>> cal_math(2, z=5, y=1)
7
```

如果同时出现两种参数形式，首先应该考虑位置参数。关键字参数总是在位置参数之后，所有传递的关键字参数必须有对应的参数，且顺序不重要。如以下语句会出错：

```
>>> cal_math(x=1, y1=2, z=3)
#Output:TypeError: cal_math() got an unecepted keyword argument 'y1'.
```

另外，参数只能赋值一次。如以下语句会出错：

```
>>> cal_math(x=1, y=2, y=3, z=3)
#Output:SyntaxError: keyword argument repeated.
```

6.3.3 默认值参数

当调用函数时没有提供对应参数值时，可以指定默认参数值，这个特性在很多情况下可以降低函数调用的难度。在函数定义中给参数指定一个默认值，并放到参数列表最后，例如：

```
>>> def spam(a, b=42):
...     print(a, b)
>>> spam(1)
1 42
>>> spam(1, 2)
1 2
```

如果默认参数是一个可修改的容器，如一个列表、集合或者字典，可以使用 None 作为默认值。例如：

```
>>> def spam(a, b=None):
...     if b is None:
...         b = []
```

定义带默认值参数的函数需要注意以下问题。

首先，默认参数的值仅仅在函数定义时赋值一次。例如：

```
>>> x = 42
>>> def spam(a, b=x):
...     print(a, b)
>>> spam(1)
1 42
>>> x = 23
>>> spam(1)
1 42
```

当改变 x 的值时对默认参数值并没有影响，这是因为在函数定义时就已经确定了它的默认值。

其次，默认参数的值应该是不可变的对象，例如 None、True、False、数字或字符串。

6.3.4 可变长度参数

在 Python 函数中，还可以定义可变参数。顾名思义，可变参数就是传入的参数个数是可变的，可以是 0 个、1 个或 n 个。本质上，可变长度参数前的*是把一组可变数量的位置参数集合成了一个元组后传入函数。

例如，现在要对任意数量的值进行平方和运算，如下所示：

```
>>> def sum_square(*args):
...     sum = 0
...     for number in args:
...         sum += number ** 2
...     return sum
```

可变长参数在前面带有一个*号，可以根据需要传入任意数量的参数：

```
>>> sum_square(1, 2, 3, 4, 5)
55
```

任意数量当然也包括0，所以甚至可以直接当成无参函数直接调用：

```
>>> sum_square()
0
```

如果将列表对象里的每个值都当作可变参数传入函数，也可以使用*符号：

```
>>> numbers_list = [2, 3, 4, 5]
>>> sum_square(*numbers_list)
54
```

使用两个*号可以将参数收集到一个字典中，参数的名字是字典的键，对应参数的值是字典的值。这种方法实际上就是收集了可变数量的关键字参数然后传入函数中。下面的例子定义了一个函数，然后打印出它的关键字参数：

```
>>> def print_kwargs(**kwargs):
...     print('Keyword arguments:',kwargs)
...
>>> print_kwargs(z=965, k=360, y=272)
Keyword arguments: {'z': 965, 'k': 360, 'y': 272}
```

在函数内部，kwargs是一个字典，可以对它进行各种与字典相关的操作。一个*args参数只能出现在函数定义中最后一个位置参数后面，而**kwargs参数只能出现在最后一个参数。不过有一点要注意，在*args参数后面仍然可以定义其他参数：

```
>>> def a(x, *args, y):
...     pass
...
>>> def b(x, *args, y, **kwargs):
...     pass
```

这种参数就是所说的强制关键字参数，在后面的小节会详细讲解。

6.3.5 只接收关键字参数的函数

当希望函数的某些参数强制使用关键字参数传递时，将强制关键字参数放到某个*参数或者单个*后面就能达到这种效果。例如：

```
>>> def recv(maxsize, *, block):
...     'Receives a message'
...     pass
```

如果不使用关键字参数进行传递就会出现异常：

```
>>> recv(1024, True)
Traceback (most recent call last):
  File "<stdin>", line 1, in <module>
TypeError: recv() takes 1 positional argument but 2 were given
```

如果使用关键字参数进行传递就可以正常调用：

```
>>> recv(1024, block=True)
```

利用这种方式还能在接收任意多个位置参数的函数中指定关键字参数。例如：

```
>>> def mininum(*values, clip=None):
...     m = min(values)
...     if clip is not None:
...         m = clip if clip > m else m
...     return m
...
>>> mininum(1, 5, 2, -5, 10)
-5
>>> mininum(1, 5, 2, -5, 10, clip=0)
0
```

很多情况下，使用强制关键字参数会比使用位置参数表达更加清晰，程序也更加具有可读性。例如，像这个函数调用：

```
>>> msg = recv(1024, False)
```

如果调用者对recv()函数并不是很熟悉，那他肯定不明白False参数到底用来做什么。但是，如果代码变成如下所示更为清晰：

```
>>> msg = recv(1024, block=False)
```

另外，使用强制关键字参数也会比使用**kwargs参数更好，因为在使用函数help()时输出也会更容易理解。例如：

```
>>> help(recv)
Help on function recv in module __main__:
recv(maxsize, *, block)
    Receives a message
```

强制关键字参数在一些更高级场合同样也很有用。例如，它们可以被用来在使用*args和**kwargs参数作为输入的函数中插入参数。

6.3.6 函数传递参数时序列解包

在调用函数传递参数时，可以在实参序列前加一个星号*进行序列解包，或在实参字典前加两个星号**进行解包。调用含有多个位置参数的函数时，可以使用Python列表、元组、集合、字典以及其他可迭代对象作为实参，并在实参名称前加一个星号*，Python解释器将自动进行解包，然后把序列中的值分别传递给多个单变量形参。例如：

```
>>> def demo(a, b, c):          #可以接收多个位置参数的函数
        print(a+b+c)
```

```
>>> seq = [1, 2, 3]
>>> demo(*seq)                          #对列表进行解包
6
>>> tup = (1, 2, 3)
>>> demo(*tup)                          #对元组进行解包
6
>>> dic = {1:'a', 2:'b', 3:'c'}
>>> demo(*dic)                          #对字典的键进行解包
6
>>> demo(*dic.values())                 #对字典的值进行解包
abc
>>> Set = {1, 2, 3}
>>> demo(*Set)                          #对集合进行解包
6
>>> demo(*range(5,8))                   #对range对象进行解包
18
>>> demo(*map(int, '123'))              #对map对象进行解包
6
>>> demo(*zip(range(3), range(3,6)))    #对zip对象进行解包
(0, 3, 1, 4, 2, 5)
>>> demo(*(i for i in range(3)))        #对生成器对象进行解包
3
```

（1）在定义函数时在形参前面加一个星号表示可变参数，其实也是压包解包过程。例如：

```
>>> def myfun(*num):
...     print(num)
...
>>> myfun(1,2,5,6)
(1, 2, 5, 6)
```

参数用*num表示，num变量就可以当成元组调用了。

其实这个过程相当于

```
*num, = 1,2,5,6
```

（2）在定义函数时在形参前面加两个星号可以收集若干关键参数形式的参数传递并存放到一个字典中。与之相对，如果实参是一个字典，可以使用两个星号对其进行解包，会把字典转换为类似于关键参数的形式进行参数传递。对于这种形式的序列解包，要求实参字典中所有键都必须是函数的形参名称，或者与函数中两个星号的可变长度参数相对应。例如：

```
>>> def myfun(**kw):
...     print(kw)
...
>>> myfun(name = "Bob", age = 20, weight = 50)
{'weight': 50, 'name': 'Bob', 'age': 20}
```

键值对传入**kw，kw就可以表示相应字典。

**的用法只在函数定义中使用，不能这样使用：

```
>>> a, **b = {'weight': 50, 'name': 'Bob', 'age': 20}
>>> p = {'a':1, 'b':2, 'c':3}           #要解包的字典
```

```
>>> def f(a, b, c=5):                  #带有位置参数和默认值参数的函数
        print(a, b, c)
>>> f(**p)
1 2 3
>>> def f(a=3, b=4, c=5):              #带有多个默认值参数的函数
        print(a, b, c)
>>> f(**p)                             #对字典元素进行解包
1 2 3
>>> def demo(**p):                     #接收字典形式可变长度参数的函数
        for item in p.items():
            print(item)
>>> p = {'x':1, 'y':2, 'z':3}
>>> demo(**p)                          #对字典元素进行解包
('y', 2)
('z', 3)
('x', 1)
```

如果一个函数需要以多种形式来接收参数，定义时一般把位置参数放在最前面，然后是默认值参数，接下来是一个星号的可变长度参数，最后是两个星号的可变长度参数；调用函数时，一般也按照这个顺序进行参数传递。调用函数时如果对实参使用一个星号*进行序列解包，那么这些解包后的实参将会被当作普通位置参数对待，并且会在关键参数和使用两个星号进行序列解包的参数之前进行处理。例如：

```
#定义函数
>>> def demo(a, b, c):
        print(a, b, c)
#调用函数，序列解包
>>> demo(*(1, 2, 3))
1 2 3
#位置参数和序列解包同时使用
>>> demo(1, *(2, 3))
1 2 3
>>> demo(1, *(2,), 3)
1 2 3
#一个星号的序列解包相当于位置参数，优先处理，重复为a赋值，引发异常
>>> demo(a=1, *(2, 3))
TypeError: demo() got multiple values for argument 'a'
#重复给b赋值，引发异常
>>> demo(b=1, *(2, 3))
TypeError: demo() got multiple values for argument 'b'
#一个星号的序列解包相当于位置参数，尽管放在后面，但是仍会优先处理
>>> demo(c=1, *(2, 3))
2 3 1
#序列解包不能在关键参数解包之后，否则会引发异常
>>> demo(**{'a':1, 'b':2}, *(3,))
SyntaxError: iterable argument unpacking follows keyword argument unpacking
#一个星号的序列解包相当于位置参数，优先处理，重复为a赋值，引发异常
>>> demo(*(3,), **{'a':1, 'b':2})
TypeError: demo() got multiple values for argument 'a'
```

```
>>> demo(*(3,), **{'c':1, 'b':2})
3 2 1
```

可变参数与关键字参数的细节问题:

(1)函数传入实参时,可变参数(*)之前的参数不能指定参数名。例如:

```
>>> def myfun(a, *b):
...     print(a)
...     print(b)
...
>>> myfun(a=1,2,3,4)
  File "<stdin>", line 1
SyntaxError: positional argument follows keyword argument
>>> myfun(1,2,3,4)
1
(2, 3, 4)
```

(2)函数传入实参时,可变参数(*)之后的参数必须指定参数名,否则就会被归到可变参数之中。例如:

```
>>> def myfun(a, *b, c=None):
...     print(a)
...     print(b)
...     print(c)
...
>>> myfun(1,2,3,4)
1
(2, 3, 4)
None
>>> myfun(1,2,3,c=4)
1
(2, 3)
4
```

(3)如果一个函数想要使用时必须明确指定参数名,可以将所有参数都放在可变参数之后,而可变参数不用管它就可以,也不用命名。例如:

```
>>> def myfun(*, a, b):
...     print(a)
...     print(b)
...
>>> myfun(a = 1,b = 2)
1
2
```

可变参数的如下两条特性,可以用于将只需要按照位置赋值的参数和需要明确指定参数名的参数区分开来。

(1)关键字参数都只能作为最后一个参数,前面的参数按照位置赋值还是名称赋值都可以。

下面展示一个既用可变参数又用关键字参数的例子。

```
>>> def myfun(a, *b, c, **d):
...     print(a)
```

```
...        print(b)
...        print(c)
...        print(d)
...
>>> myfun(1, 2, 3, c= 4, m = 5, n = 6)
1
(2, 3)
4
{'n': 6, 'm': 5}
```

（2）可变参数与关键词参数共同使用，表示任意参数。

下面是其在装饰器当中的使用。

```
>>> def before(func):
...     def wrapper(*args, **kw):
...         print('Decorator before.')
...         print('Before function called.')
...         return func(*args, **kw)
...     return wrapper
...
>>> def after(func):
...     def wrapper(*args, **kw):
...         print('Decorator after.')
...         result = func(*args, **kw)
...         print('After function called.')
...         return result
...     return wrapper
...
>>>def myfun(a, b):
...     print(a)
...     print(b)
...
>>>T1 = after(before(myfun))
>>>T2 = before(after(myfun))
>>>T1(1, b = 2)
>>>print('='*20)
>>>T2(1, b = 2)
```

运行结果如下：

```
Decorator after.
Decorator before.
Before function called.
1
2
After function called.
====================
Decorator before.
Before function called.
Decorator after.
1
2
After function called.
```

wrapper()函数使用 args、*kw 作为参数，则被修饰的 myfun()函数需要的参数无论是什么样的，传入 wrapper() 都不会报错，这保证了装饰器可以修饰各种各样函数的灵活性。毕竟一般在函数中传入参数时，要么所有参数名都写，要么前面几个不写，后面的会写，这样使用 args、*kw 完全没有问题。这个例子同时说明了两个装饰器装饰函数时，距离被修饰函数近的装饰器先起作用。

6.3.7 函数返回值

有的函数例如数学类函数，执行完会返回结果，它们为返回值函数（fruitful functions）。其他的函数执行完但不返回任何值，则称为无返回值函数（void functions）。

当调用一个有返回值函数时，可将返回值赋值给一个变量或放到表达式中。例如：

```
>>> import math
>>> x = math.cos(radians)
>>> golden = (math.sqrt(5) + 1) / 2
```

当在交互模式下调用一个函数时，Python 解释器会马上显示结果。例如：

```
>>> import math
>>> math.sqrt(5)
2.23606797749979
```

如果返回值没有赋值给一个变量，则返回值就永远丢失了。如果将无返回值函数的结果赋给一个变量，会得到一个被称作 None 的特殊值。例如：

```
>>> result = print ("aaa")
aaa
>>> print(result)
None
```

None 和字符串 'None' 不同，这是一个自己有独立类型的特殊值：

```
>>> print(type(None))
<class 'NoneType'>
```

为了能返回多个值，函数可以返回一个元组。例如：

```
>>> def myfun():
...     return 1, 2, 3
>>> a, b, c = myfun()
>>> a
1
>>> b
2
>>> c
3
```

函数 myfun() 实际上是先创建了一个元组然后再返回，通过序列解包赋值给多个变量。返回结果也可以赋值给单个变量，该变量就是函数返回的元组本身。例如：

```
>>> x = myfun()
>>> x
(1, 2, 3)
```

6.4 函数的递归调用

一个函数调用其他函数是合法的，一个函数调用它自身也是合法的。一个调用它自己的函数是递归的（recursive），这个过程被称作递归（recursion）。很多编程语言都支持递归函数。如下示例是一个简单递归函数功能：

```
>>> def countdown(n):
...     if n <= 0:
...         print('Blastoff!')
...     else:
...         print(n)
...         countdown(n-1)
...
>>>
```

如果 n 是 0 或负数，程序输出单词"Blastoff!"。否则，它输出 n 然后调用一个名为 countdown 的函数，即它自己，传递 n-1 作为实参。例如 countdown(3)执行的过程是：

第一步，countdown(n)以 n=3 执行，由于 n 大于 0，因此输出 3，然后调用它自身。
第二步，countdown(n)以 n=2 执行，由于 n 大于 0，因此输出 2，然后调用它自身。
第三步，countdown(n)以 n=1 执行，由于 n 大于 0，因此输出 1，然后调用它自身。
第四步，countdown(n)以 n=0 执行，由于 n 不大于 0，因此输出 "Blastoff!"，然后返回。
第五步，获得 n=1 的 countdown 返回值。
第六步，获得 n=2 的 countdown 返回值。
第七步，获得 n=3 的 countdown 返回值。
第八步，最后回到__main__中。

因此，整个输出类似于：

```
3
2
1
Blastoff!
```

再举一例，写一个函数打印一个字符串 n 次：

```
>>> def print_n(s, n):
...     if n <= 0:
...         return 0
...     print(s)
...     print_n(s, n-1)
...
```

如果 n<=0，return 语句退出函数。执行流程马上返回到调用者，函数剩余的语句不会被执行。函数的其余部分和 countdown 相似：它打印 s 的值，然后调用自身打印 n-1 次。因此，输出的行数是 1 + (n-1)，即 n。

每当一个函数被调用时，Python 生成一个新的栈帧，用于保存函数的局部变量和形参。对于一个递归函数，在堆栈上可能同时有多个栈帧。图 6.1 展示了一个以 n = 3 调用 countdown() 的堆栈图。

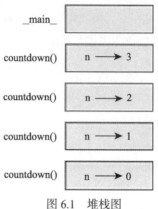

图 6.1　堆栈图

通常，堆栈的顶部是__main__栈帧。因为在__main__中没有创建任何变量，也没有传递任何实参给它，所以它是空的。

对于形参 n，4 个 countdown 栈帧有不同的值。n=0 的栈底被称作基础情形（base case）。它不再进行递归调用，所以没有更多的栈帧。

如果一个递归永不会到达基础情形，它将永远进行递归调用，并且程序永远不会终止。这被称作无限递归（infinite recursion），通常这不是一件好事。下面是一个最简单的无限递归程序：

```
>>> def recurse():
...     recurse()
...
```

在大多数编程环境中，一个具有无限递归的程序并非永远不会终止。当达到最大递归深度时，Python 会报告一个错误信息：

```
File "<stdin>", line 2, in recurse
File "<stdin>", line 2, in recurse
File "<stdin>", line 2, in recurse
            ⋮
File "<stdin>", line 2, in recurse
RuntimeError: Maximum recursion depth exceeded
```

此回溯比在前面章节看到的长一些。当错误出现时，在堆栈上有 1000 个递归栈帧。

在计算机中，函数调用是通过栈（stack）这种数据结构实现的，每当进入一个函数调用，栈就会加一层栈帧，每当函数返回，栈就会减一层栈帧。由于栈的大小不是无限的，所以，递归调用的次数过多，会导致栈溢出。

递归函数的优点是定义简单，逻辑清晰。理论上，所有的递归函数都可以写成循环结构的方式，但循环的逻辑不如递归清晰，或者说不容易用较少的循环代码来实现。使用递归函数需要注意防止栈溢出。

6.5 匿名函数：lambda 表达式

可以使用 lambda 关键字创建一个匿名函数，它常用于临时需要一个类似于函数的功能但是又不想定义函数的场合。例如，下面这个函数返回它的两个参数的和：

```
>>> lambda a, b: a + b
```

以上 lambda 函数实现求 a+b 的值。lambda 函数可以用于任何需要函数对象的地方。在语法上，它的函数体被局限于只能有一个单独的表达式，可看成是一次性使用的轻量级函数。例如，嵌套的函数定义，lambda 函数可以从包含范围引用变量：

```
>>> def make_incrementor(n):
...     return lambda x: x + n
...
>>> f = make_incrementor(42)
>>> f(0)
42
>>> f(1)
43
```

上面的示例使用 lambda 表达式返回一个函数。lambda 表达式的另一个用途是将 lambda 函数结果作为其他函数的参数：

```
>>> pairs = [(1, 'one'), (2, 'two'), (3, 'three'), (4, 'four')]
>>> pairs.sort(key=lambda pair: pair[1])
>>> pairs
[(4, 'four'), (1, 'one'), (3, 'three'), (2, 'two')]
```

上例中列表 pairs 的每个元素都为元组，sort()排序时 key 参数指定为每个元组的 1 号元素，因此对字符串'one' 'two' 'three' 'four'按照升序排序，对应的 0 号元素即整数 1、2、3、4 也跟随对应字符串升序排序。

通常，使用一个实际的函数比使用 lambda 表达式更加清晰明了，但是当需要定义很多小的函数以及记住它们的名字时，lambda 表达式就显得非常有用了。

6.6 map()函数

对于一个列表，要把其中的每个元素进行同一个操作并把操作集合起来，就可以用 map() 函数。

map()是 Python 内置的高阶函数，它接收一个函数 f 和一个列表或元组，并通过把函数 f 依次作用在列表或元组的每个元素上，得到一个新的列表或元组并返回。

例如，对于 list [1, 2, 3, 4, 5, 6, 7, 8, 9]，如果希望把 list 的每个元素都平方，就可以用 map() 函数：

```
>>> def square(x):
        return x*x
```

```
>>> list_a=[1,2,3]
>>> list_b=map(square,list_a)
>>> for i in list_b:
        print(i)

1
4
9
```

需要注意的是，map()函数返回的不是列表而是 map 类型的对象，像上例一样可循环打印 map 对象中的每个元素，或者先用 list() 方法将其转换为列表再循环打印。

由于 square() 函数只有一个参数 x，因此 map() 函数中也只能是一个序列作为参数。如果 f 函数中有两个以上参数，则 map() 函数中也要传递两个以上序列，序列个数与参数个数相等。例如：

```
>>> def f(x,y):
        return x*y
>>> list_a=list(map(f,[1,2,3],[4,5,6]))
>>> print(list_a)
[4, 10, 18]
>>> list_b=list(map(f,[1,2,3],[4,5]))
>>> print(list_b)
[4, 10]
>>> list_c=list(map(f,[1,2],[4,5,6]))
>>> print(list_c)
[4, 10]
>>>
```

f() 函数每次都按照顺序从传入的两个列表中各取一个元素作为参数传入。当传入两个列表长度不同时，以较短的一个为准。

6.7 变量作用域

Python 语言中，程序的变量并不是在哪个位置都可以访问的，访问权限取决于这个变量是在哪里赋值的。

变量的作用域决定了哪部分程序可以访问哪些特定的变量。Python 语言的作用域一共有 4 种，分别是：

L（local）：局部作用域；

E（enclosing）：闭包函数外的函数中；

G（global）：全局作用域；

B（built-in）：内建作用域。

以 L→E→G→B 的规则查找，即在局部找不到，便会去局部外的局部找（例如闭包），再找不到就会去全局找，再去内建中找。例如：

```
x = int(2.9)          #内建作用域
g_count = 0           #全局作用域
def outer():
    o_count = 1       #闭包函数外的函数中
```

```
        def inner():
            i_count = 2    #局部作用域
```

Python 语言中只有模块（module）、类（class）以及函数（def、lambda）才会引入新的作用域，其他的代码块（如 if…elif…else、try…except、for…while 等）是不会引入新的作用域的，也就是说这些语句内定义的变量，外部也可以访问。例如：

```
>>> if True:
...     msg = 'I am from COJ'
...
>>> msg
'I am from COJ'
>>>
```

上例中 msg 变量定义在 if 语句块中，但外部还是可以访问的。

如果将 msg 定义在函数中，则它就是局部变量，外部不能访问：

```
>>> def test():
...     msg_inner = 'I am from COJ'
...
>>> msg_inner
Traceback (most recent call last):
  File "<stdin>", line 1, in <module>
NameError: name 'msg_inner' is not defined
>>>
```

从报错的信息可以看出，msg_inner 未定义，无法使用，因为它是局部变量，只能在函数内使用。

（1）全局变量和局部变量。

定义在函数内部的变量拥有一个局部作用域，定义在函数外的拥有全局作用域。

局部变量只能在其被声明的函数内部访问，而全局变量可以在整个程序范围内访问。调用函数时，所有在函数内声明的变量名称都将被加入作用域中。例如：

```
total = 0;                  #这是一个全局变量
def sum( arg1, arg2 ):
    #返回 2 个参数的和
    total = arg1 + arg2;    #total 在这里是局部变量
    print ("函数内是局部变量: ", total)
    return total;
sum(10,20)    #调用 sum 函数
print ("函数外是全局变量: ", total)
```

以上实例输出结果：

函数内是局部变量： 30
函数外是全局变量： 0

（2）global 和 nonlocal 关键字。

当内部作用域想修改外部作用域的变量时，就要用到 global 和 nonlocal 关键字。以下实例修改全局变量 num：

```
num = 1
def fun1():
    global num    #需要使用 global 关键字声明
    print(num)
    num = 123
    print(num)
fun1()
```

以上实例输出结果：

```
1
123
```

如果要修改嵌套作用域（enclosing 作用域，外层非全局作用域）中的变量则需要使用 nonlocal 关键字。例如：

```
def outer():
    num = 10
    def inner():
        nonlocal num    # nonlocal关键字声明
        num = 100
        print(num)
    inner()
    print(num)
outer()
```

以上实例输出结果：

```
100
100
```

另外有一种特殊情况，假设下面这段代码被运行：

```
a = 10
def test():
    a = a + 1
    print(a)
test()
```

报错信息如下：

```
Traceback (most recent call last):
  File "test.py", line 7, in <module>
    test()
  File "test.py", line 5, in test
    a = a + 1
UnboundLocalError: local variable 'a' referenced before assignment
```

错误信息为局部作用域引用错误，因为 test()函数中的 a 是局部变量，未定义，无法修改。

6.8 生 成 器

在前面的章节中已经提到了，可以使用生成器表达式创建一个可以迭代的生成器对象。生成器非常强大，但是如果推算的算法比较复杂，用生成器表达式无法实现时，还可以用函数来实现。

例如，著名的斐波那契（Fibonacci）数列，除第一个数和第二个数外，任意一个数都可由前两个数相加得到：

1, 1, 2, 3, 5, 8, 13, 21, 34…

斐波那契数列用生成器表达式写不出来，但是，用一般的函数却可以做到：

```
>>> def fib(max):
...     n, a, b = 0, 0, 1
...     while n < max:
...         print(b)
...         a, b = b, a + b
...         n = n + 1
...
>>> fib(6)
1
1
2
3
5
8
>>>
```

仔细观察可以看出，这个 fib( ) 函数实际上是定义了斐波那契数列的推算规则，可以从第一个元素开始，推算出后续任意的元素，这种逻辑其实非常类似生成器。所以下面介绍生成器的另一种写法：如果一个函数定义中包含 yield 关键字，那么这个函数就不再是一个普通函数，而是一个生成器函数。

```
>>> def fib(max):
...     n, a, b = 0, 0, 1
...     while n < max:
...         yield b
...         a, b = b, a + b
...         n = n + 1
...
>>> fib(6)
<generator object fib at 0x0000013B824A2F68>
>>>
```

如果想把这个生成器的元素迭代出来观察值，使用 list( ) 函数即可：

```
>>> list(fib(6))
[1, 1, 2, 3, 5, 8]
>>>
```

生成器和一般函数最大的不同就是语句的执行顺序。一般的函数是顺序执行，遇到 return 语句或者最后一行函数语句就返回并结束函数的运行。而生成器函数每次执行到 yield 语句并返回一个值之后会暂停或挂起后面代码的执行，下次通过生成器对象的 __next__( ) 方法、内置函数 next( )、for 循环遍历生成器对象或其他方式显式"索要"数据时恢复执行。

例如，定义一个生成器，依次返回数字 1, 3, 5：

```
>>> def odd():
...     print ('step 1')
...     yield 1
```

```
...        print ('step 2')
...        yield 3
...        print ('step 3')
...        yield 5
...
>>> o = odd()
>>> o.next()
step 1
1
>>> o.next()
step 2
3
>>> o.next()
step 3
5
>>> o.next()
Traceback (most recent call last):
  File "<stdin>", line 1, in <module>
StopIteration
```

可以看到，odd()不是普通函数，而是生成器，在执行过程中，遇到 yield 就中断，下次又继续执行。执行 3 次 yield 后，已经没有 yield 可以执行了，所以，第 4 次调用 next( )就返回异常。

回到 fib()的例子，在循环过程中不断调用 yield，就会不断产生中断。当然要给循环设置一个条件来退出循环，不然就会产生一个无限数列。

同样地，把函数改成生成器后，可直接使用 for 循环来迭代：

```
>>> for n in fib(6):
...     print (n)
...
1
1
2
3
5
8
```

生成器具有惰性求值的特点，比较适合大量数据的处理。

6.9 协　　程

Python 语言中的协程和生成器很相似但又稍有不同。其主要区别在于：生成器是数据的生产者；协程则是数据的消费者。例如，创建一个生成器：

```
>>> def fib():
...     a, b = 0, 1
...     while True:
...         yield a
...         a, b = b, a+b
...
```

然后在 for 循环中这样使用它：

```
>>> for i in fib():
>>>     print(i)
```

这样做不仅快而且不会给内存带来压力，因为所需要的值都是动态生成的而不是将它们存储在一个列表中。上面的例子中使用 yield 便获得了一个协程。协程会消费掉发送给它的值。例如：

```
>>> def grep(pattern):
...     print("Searching for", pattern)
...     while True:
...         line = (yield)
...         if pattern in line:
...             print(line)
...
>>>
```

观察 yield 的返回值，事实上在这里已经把它变成了一个协程函数。它不再包含任何初始值，相反要从外部传值给它。可以通过 send( )方法向它传值，例如：

```
>>> search = grep('hello')
>>> next(search)
Searching for hello
>>> search.send('hallo')
>>> search.send('helllo')
>>> search.send('helloworld')
helloworld
>>>
```

发送的值会被 yield 接收。为了启动一个协程，需要运行 next( )方法。正如协程中包含的生成器并不是立刻执行，而是通过 next( )方法来响应 send( )方法，因此，必须通过 next( )方法来执行 yield 表达式。

可以通过调用 close( )方法来关闭一个协程：

```
>>> search.close()
>>>
```

6.10 偏函数与函数柯里化

偏函数和函数柯里化是函数式编程中常用的技术。在介绍函数参数时提到，通过设定参数的默认值，可以降低函数调用的难度。而偏函数也可以做到这一点。

一般来说，有两种方式可以创建偏函数：一种是手动创建；另一种则是通过 Python 语言的 functools 模块。

首先介绍手动创建的方式。int( )函数可以把字符串转换为整数，当仅传入字符串时，int( )函数默认按十进制转换：

```
>>> int('10000')
10000
>>>
```

但 int( )函数还提供额外的 base 参数，默认值为 10。如果传入 base 参数，就可以做 N 进制的转换：

```
>>> int('1101', base = 2)
13
>>> int('1101', 2)
13
>>>
```

假设要转换大量的二进制字符串，每次都传入 int(x, base=2)非常麻烦，可以定义一个 int2( )的函数，默认把 base=2 传进去：

```
>>> def int2(x, base=2):
...     return int(x, base)
...
>>>
```

返回值是一个新的函数，但是这个函数的 base 参数已经默认设定为 2 了，这样转换二进制就非常方便了：

```
>>> int2('1000101101')
557
>>> int2('1011101')
93
>>> int2('1000001')
65
>>>
```

使用 functools.partial()创建一个偏函数，不需要自己定义 int2( )，可以直接使用下面的代码创建一个新的函数 int2()：

```
>>> import functools
>>> int2 = functools.partial(int, base=2)
>>> int2('1000000')
64
>>> int2('1010101')
85
```

functools.partial()的作用就是把一个函数的某些参数设置默认值，返回一个新的函数，调用这个新函数会更简单。

不过上面新的 int2()函数，仅仅是把 base 参数重新设置默认值为 2，但也可以在函数调用时传入其他值，这将会覆盖默认值

```
>>> int2('1000000', base=10)
1000000
```

函数柯里化把接收多个参数的函数变换为接收一个单一参数的函数，如果其他的参数是必要的，返回接收余下的参数且返回结果的新函数。

这听起来很复杂，不过如果换个角度思考的话，这实际上跟函数嵌套十分相似，通过下面这个例子可以比较直观地展示函数柯里化的思想：

```
>>> def new_func(a):
...     def new_func2(b):
```

```
...            return a+b
...        return new_func2
...
>>> new_func(8)
<function new_func.<locals>.new_func2 at 0x0000014242C8E9D8>
>>> new_func(8)(9)
17
>>>
```

这个嵌套函数一共需要接收两个参数，如果只给一个参数，那么返回的是一个新的函数对象，并且这个对象一共只需要接收一个参数。如果按照嵌套结构直接给两个参数，那么就直接返回结果。函数柯里化的特点是降低通用性，提高专用性。

6.11 实 例 精 选

【例 6.1】 编写函数，找出 100 以内的素数。

```
>>> import math
>>> def is_prime(n):
...     if n <= 1:
...         return False
...     for i in range(2, int(math.sqrt(n) + 1)):
...         if n % i == 0:
...             return False
...     return True
...
>>> primes = [i for i in range(2, 101) if is_prime(i)]
>>> print(primes)
[2, 3, 5, 7, 11, 13, 17, 19, 23, 29, 31, 37, 41, 43, 47, 53, 59, 61, 67,
    71, 73, 79, 83, 89, 97]
>>>
```

【例 6.2】 编写函数，求二元一次方程的解。

```
>>> import math
>>> def quadratic_equation(a,b,c):
...     delta = b*b - 4*a*c
...     if delta<0:
...         return False
...     elif delta==0:
...         return -(b/(2*a))
...     else:
...         sqrt_delta = math.sqrt(delta)
...         x1 = (-b + sqrt_delta)/(2*a)
...         x2 = (-b - sqrt_delta)/(2*a)
...         return x1, x2
...
>>> quadratic_equation(4,4,1)
-0.5
>>> quadratic_equation(1,5,1)
(-0.20871215252208009, -4.7912878474779195)
>>>
```

【例 6.3】 编写函数，求杨辉三角第 n 行第 k 列的值。

```
>>> def yang_hui_triangle(n, k):
...     lst = []
...     for i in range(n+1):
...         row = [1]
...         lst.append(row)
...         if i == 0:
...             continue
...         for j in range(1, i):
...             row.append(lst[i-1][j-1] + lst[i-1][j])
...         row.append(1)
...     print(lst[n][k])
...
>>> yang_hui_triangle(6,4)
15
>>>
```

【例 6.4】 编写函数，将字符串转化为数值，不使用 int()和 float()函数。

```
>>> def str2num(s: str):
...     mapping = {str(x): x for x in range(10)}
...     i, _, f = s.partition('.')
...     # print(i, f)
...     ret = 0
...     for idx, x in enumerate((i+f)[::-1]):
...         ret += mapping[x] * 10 ** idx
...     return ret / 10 ** len(f)
...
>>>
>>> s = '965360272'
>>> print(str2num(s))
965360272.0
>>>
```

【例 6.5】 编写函数，扁平化字典。例如：{'a': {'b': 1}} 扁平化之后是 {'a.b': 1}；{'a': {'b': {'c': 1, 'd': 2}, 'x': 2}}扁平化之后是{'a.x': 2, 'a.b.c': 1, 'a.b.d': 2}。

初始字典的特点：字典的每个 key 都是可散列的，因此不会是字典；初始字典不为空字典；字典的 value 深度可以无限嵌套。

```
>>> def flatten_dict(srcDict: dict, desDict: dict, path: str):
...     for k, v in srcDict.items():
...         if not isinstance(v, dict):
...             desDict['{}.{}'.format(path, k).lstrip('.')] = v
...         else:
...             if v == {}:
...                 desDict['{}.{}'.format(path, k).lstrip('.')] = ''
...             else:
...                 path = '{}.{}'.format(path, k).lstrip('.')
...                 flatten_dict(v, desDict, path)
...                 path = path.rstrip('.{}'.format(k))
...
>>> srcDict = {'a': {'b': {'c': 1, 'd': 2}, 'x': 2}}
>>> desDict = {}
>>> flatten_dict(srcDict, desDict, '')
```

```
>>> print(desDict)
{'a.b.c': 1, 'a.b.d': 2, 'a.x': 2}
>>>
```

【例 6.6】 编写函数，实现 Base64 编码算法。

将 ABC 进行 Base64 编码过程如下：

（1）取 ABC 对应的 ASCII 码值：A（65）B（66）C（67）；

（2）取二进制值：A（01000001）B（01000010）C（01000011）；

（3）把这 3 字节的二进制码接起来：（010000010100001001000011）；

（4）以 6 位为单位分成 4 个数据块，并在最高位填充两个 0 后形成 4 字节的编码后的值：（00010000）（00010100）（00001001）（00000011）；

（5）把这 4 字节数据转换为十进制数，得到（16）（20）（9）（3）；

（6）根据 Base64 给出的 64 个基本字符表，查出对应的 ASCII 码字符：（Q）(U)(J)(D)；这里的值实际就是数据在字符表中的索引。

Base64 字符表：最多 6 字节，因此取值范围是 0~63，所以总共 64 个字符，即 ABCDEFGHIJKLMNOPQRSTUVWXYZabcdefghijklmnopqrstuvwxyz0123456789+/。

加密示例：

CBdaF3FV 的编码结果是 Q0JkYUYzRlY=

CBdaF34FV 的编码结果是 Q0JkYUYzNEZW

CdaF3FV 的编码结果是 Q2RhRjNGVg==

ABC 的编码结果是 QUJD

```
>>> def base64Encode(s):
...     base64StrList = 'ABCDEFGHIJKLMNOPQRSTUVWXYZabcdefghijklmnopqr-
            stuvwxyz0123456789+/'
...     ret = ''
...     bList = list(map(ord, s))
...     bStr = ''
...     #print(bList)
...     for x in bList:
...         tmpS = str(bin(x))
...         bStr += '0' * (10 - len(tmpS)) + tmpS.lstrip('0b')
...     print(bStr)
...     i = 0
...     while i + 6 < len(bStr):
...         tmpX = bStr[i: i+6]
...         #print(tmpX)
...         ret += base64StrList[int(tmpX, 2)]
...         i += 6
...     rest = bStr[i:]
...     if len(rest) == 2:
...         ret += base64StrList[int(rest + '0000', 2)]
...         ret += '=='
...     elif len(rest) == 4:
...         ret += base64StrList[int(rest + '00', 2)]
...         ret += '='
...     else:
```

```
...            ret += base64StrList[int(rest, 2)]  #在while部分处理之后剩下一个
                                                    #完整的6位
...      print(ret)
...
>>> base64Encode('cqut')
01100011011100001011101010111010 0
Y3F1dA==
>>> base64Encode('helloworld')
0110100001100101011011000110110001101111011101110110111101110010011011 0
       001100100
aGVsbG93b3JsZA==
>>>
```

【例 6.7】 编写函数，查找两个字符串的最长公共子串。

```
>>> def longest_common_substring(s1: str,s2:str):
...      s = ''
...      dp = []
...      maxL = 0                              #记录子串的最长长度
...      maxI = 0                              #记录子串最长的下标
...      for i, x in enumerate(s1):
...          dp.append([])
...          for j, y in enumerate(s2):
...              if x == y:
...                  if i > 0 and j > 0:
...                      dp[i].append(dp[i - 1][j - 1] + 1)
...                  else:
...                      dp[i].append(1)
...                  if dp[i][j] > maxL:
...                      maxI = i
...                      maxL = dp[i][j]
...              else:
...                  dp[i].append(0)
...      s = s1[maxI + 1 - maxL: maxI + 1]     #maxI是下标
...      return s
...
>>> s1 = 'sometimes-excited'
>>> s2 = 'sometimes-naive'
>>> s = longest_common_substring(s1, s2)
>>> print(s)
sometimes-
>>>
```

【例 6.8】 利用递归方法求 5!。

```
def fun(i):
    if i==1:
        return 1
    return i*fun(i-1)
print(fun(5))
```

【例 6.9】 利用递归函数调用方式，将所输入的 5 个字符以相反顺序打印出来。

```
def output(s,l):
```

```
        if l==0:
            return
        print(s[l-1])
        output(s,l-1)
s = input('Input a string:')
l = len(s)
output(s,l)
```

【例 6.10】 利用递归函数调用方式，输出斐波那契数列第 10 项。

```
#!/usr/bin/python
# -*- coding: UTF-8 -*-
def fib(n):
    if n==1 or n==2:
        return 1
    return fib(n-1)+fib(n-2)
print(fib(10))
```

【例 6.11】 编写函数，用递归实现汉诺塔问题。

相传在古印度圣庙中，有一种被称为汉诺（Hanoi）塔的游戏。该游戏是在一块铜板装置上，有 3 根杆（编号为 A、B、C），在 A 杆自下而上、由大到小按顺序放置 64 个金盘，如图 6.2 所示。游戏的目标：把 A 杆上的金盘全部移到 C 杆上，并仍保持原有顺序叠好。操作规则：每次只能移动一个盘子，并且在移动过程中 3 根杆上都始终保持大盘在下，小盘在上，操作过程中盘子可以置于 A、B、C 任一杆上。

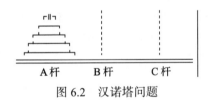

图 6.2 汉诺塔问题

分析：对于这样一个问题，任何人都不可能直接写出移动盘子的每步，但可以利用下面的方法来解决。设移动盘子数为 n，为了将这 n 个盘子从 A 杆移动到 C 杆，可以按以下步骤进行：

（1）以 C 盘为中介，从 A 杆将 1~n-1 号盘移至 B 杆；

（2）将 A 杆中剩下的第 n 号盘移至 C 杆；

（3）以 A 杆为中介，从 B 杆将 1~n-1 号盘移至 C 杆。

这样问题解决了，但实际操作中，只有第（2）步可直接完成，而第（1）步、第（3）步又成为移动的新问题。以上操作的实质是把移动 n 个盘子的问题转换为移动 n-1 个盘子，那第（1）步、第（3）步如何解决？事实上，上述方法设盘子数为 n，n 可为任意数，该法同样适用于移动 n-1 个盘子。因此，依据上述方法，可解决 n-1 个盘子从 A 杆移到 B 杆（第（1）步）或从 B 杆移到 C 杆（第（3）步）问题。现在，问题由移动 n 个盘子的操作转换为移动 n-2 个盘子的操作。依据该原理，层层递推，即可将原问题转换为解决移动 n-2、n-3……3、2，直到移动 1 个盘子的操作，而移动一个盘的操作是可以直接完成的。至此，任务完成。

```
>>> def move(n, a, buffer, c):
...     if(n == 1):
...         print(a,"->",c)
...         return
...     move(n-1, a, c, buffer)
...     move(1, a, buffer, c)
...     move(n-1, buffer, a, c)
...
>>>
>>> move(3, 'a', 'b', 'c')
a -> c
a -> b
c -> b
a -> c
b -> a
b -> c
a -> c
>>>
```

【例 6.12】 编写函数，实现八皇后问题。

```
>>> import random
>>> #冲突检查，在定义 state 时，采用 state 来标志每个皇后的位置，其中索引用来表示横坐
    #标，其对应的值表示纵坐标，例如 state[0]=3 表示该皇后位于第 1 行第 4 列上
... def conflict(state, nextX):
...     nextY = len(state)
...     for i in range(nextY):
...         #如果下一个皇后的位置与当前的皇后位置相邻（包括上、下、左、右）或在同一对
...         #角线上，则说明有冲突，需要重新摆放
...         if abs(state[i]-nextX) in (0, nextY-i):
...             return True
...     return False
...
>>> #采用生成器的方式来产生每个皇后的位置，并用递归来实现下一个皇后的位置
... def queens(num, state=()):
...     for pos in range(num):
...         if not conflict(state, pos):
...             #产生当前皇后的位置信息
...             if len(state) == num-1:
...                 yield (pos, )
...             #否则，把当前皇后的位置信息添加到状态列表中，并传递给下一个皇后
...             else:
...                 for result in queens(num, state+(pos,)):
...                     yield (pos, ) + result
...
>>> def prettyp(solution):
...     '打印函数'
...     def line(pos,length = len(solution)):
...         '打印一行，皇后位置用 X 填充，其余用 O 填充'
...         return 'O'*(pos)+'X'+'O'*(length-pos-1)
...     for pos in solution:
...         print(line(pos))
...
```

```
>>>
>>> prettyp(random.choice(list(queens(8))))
OOOOXOOO
OOOOOOOX
OOOXOOOO
XOOOOOOO
OOXOOOOO
OOOOOXOO
OXOOOOOO
OOOOOOXO
>>>
```

【例 6.13】 输入一行字符,分别统计出其中英文字母、空格、数字和其他字符的个数。

```
#!/usr/bin/python
#-*- coding:utf-8 -*-
#there is no ++ operator in Python
import string
def main():
    s = input('input a string:')
    letter = 0
    space = 0
    digit = 0
    other = 0
    for c in s:
        if c.isalpha():
            letter+=1
        elif c.isspace():
            space+=1
        elif c.isdigit():
            digit+=1
        else:
            other+=1
    print('There are %d letters,%d spaces,%d digits and %d other characters
        in your string.'%(letter,space,digit,other))
if __name__ == '__main__':
    main()
```

【例 6.14】 有 5 个人坐在一起,问第 5 个人的岁数,他说比第 4 个人大 2 岁。问第 4 个人的岁数,他说比第 3 个人大 2 岁。问第 3 个人,又说比第 2 人大 2 岁。问第 2 个人,他说比第 1 个人大 2 岁。最后问第 1 个人,他说他是 10 岁,求第 5 个人的岁数。

```
def fun(i):
    if i==1:
        return 10
    return fun(i-1)+2
print(fun(5))
```

【例 6.15】 给一个不多于 5 位的正整数,要求:①求它是几位数;②逆序打印出各位数字。

```
def fun(i,cnt):
    if i==0:
        print('There are %d digit in the number.'%cnt)
        return
    print(i%10)
    i/=10
```

```
        cnt+=1
        fun(i,cnt)
i = int(input('Input a number:'))
fun(i,0)
```

【例 6.16】 lambda 的使用。

```
MAXIMUM = lambda x,y : (x > y) * x + (x < y) * y
MINIMUM = lambda x,y : (x > y) * y + (x < y) * x
if __name__ == '__main__':
    a = 10
    b = 20
    print('The larger one is %d' % MAXIMUM(a,b))
    print('The lower one is %d' % MINIMUM(a,b))
```

【例 6.17】 求输入数字的平方，如果经平方运算后小于 50 则退出。

```
True = 1
False = 0
def SQ(x):
    return x * x
print('如果输入的数字小于 50，程序将停止运行。')
again = 1
while again:
    num = int(input('请输入一个数字：'))
    print('运算结果为：%d' % (SQ(num)))
    if SQ(num) >= 50:
        again = True
    else:
        again = False
```

【例 6.18】 两个变量值互换。

```
def exchange(a,b):
    a,b = b,a
    return (a,b)
if __name__ == '__main__':
    x = 10
    y = 20
    print('x = %d,y = %d' % (x,y))
    x,y = exchange(x,y)
    print('x = %d,y = %d' % (x,y))
```

【例 6.19】 输入 3 个数 a，b，c，按大小顺序输出。

```
if __name__ == '__main__':
    n1 = int(input('n1 = :\n'))
    n2 = int(input('n2 = :\n'))
    n3 = int(input('n3 = :\n'))
    def swap(p1,p2):
        return p2,p1
    if n1 > n2 :
        n1,n2 = swap(n1,n2)
    if n1 > n3 :
        n1,n3 = swap(n1,n3)
    if n2 > n3 :
```

```
        n2,n3 = swap(n2,n3)
    print(n1,n2,n3)
```

【例 6.20】 输入数组，最大的元素与第一个元素交换，最小的元素与最后一个元素交换，输出数组。

```
    def inp(numbers):
        for i in range(6):
            numbers.append(int(input('输入一个数字:\n')))
    p = 0
    def arr_max(array):
        max = 0
        for i in range(1,len(array) - 1):
            p = i
            if array[p] > array[max] :
                max = p
        k = max
        array[0],array[k] = array[k],array[0]
    def arr_min(array):
        min = 0
        for i in range(1,len(array) - 1):
            p = i
            if array[p] < array[min] :
                min = p
        l = min
        array[5],array[l] = array[l],array[5]
    def outp(numbers):
        for i  in range(len(numbers)):
            print(numbers[i])
    if __name__ == '__main__':
        array = []
        inp(array)           #输入 6 个数字并放入数组
        arr_max(array)       #获取最大元素并与第一个元素交换
        arr_min(array)       #获取最小元素并与最后一个元素交换
        print('计算结果：')
        outp(array)
```

【例 6.21】 有 n 个整数，使其前面各数顺序向后移 m 个位置，最后 m 个数变成最前面的 m 个数。

```
    if __name__ == '__main__':
        n = int(input('整数 n 为:\n'))
        m = int(input('向后移 m 个位置为:\n'))
        def move(array,n,m):
            array_end = array[n - 1]
            for i in range(n - 1,-1,- 1):
                array[i] = array[i - 1]
            array[0] = array_end
            m -= 1
            if m > 0:
                move(array,n,m)
        number = []
        for i in range(n):
            number.append(int(input('输入一个数字:\n')))
```

```
print('原始列表:',number)
move(number,n,m)
print('移动之后:',number)
```

【例 6.22】 有 n 个人围成一圈，顺序排号。从第 1 个人开始报数（从 1 到 3 报数），凡报到 3 的人退出圈子，问最后留下的人是原来的第几号。

```
if __name__ == '__main__':
    nmax = 50
    n = int(input('请输入总人数:'))
    num = []
    for i in range(n):
        num.append(i + 1)
    i = 0
    k = 0
    m = 0
    while m < n - 1:
        if num[i] != 0:
            k += 1
        if k == 3:
            num[i] = 0
            k = 0
            m += 1
        i += 1
        if i == n:
            i = 0
    i = 0
    while num[i] == 0:
        i += 1
    print(num[i])
```

【例 6.23】 编写 input()和 output()函数，输出 5 个学生的数据记录。

```
N = 3
#stu
#num : string
#name : string
#score[4]: list
student = []
for i in range(5):
    student.append(['','',[]])
def input_stu(stu):
    for i in range(N):
        stu[i][0] = input('input student num:\n')
        stu[i][1] = input('input student name:\n')
        for j in range(3):
            stu[i][2].append(int(input('score:\n')))
def output_stu(stu):
    for i in range(N):
        print('%-6s%-10s' % ( stu[i][0],stu[i][1] ))
        for j in range(3):
            print('%-8d' % stu[i][2][j])
if __name__ == '__main__':
    input_stu(student)
    print(student)
    output_stu(student)
```

【例6.24】 编写一个函数，输入 n 为偶数时，调用函数求 1/2+1/4+…+1/n，当输入 n 为奇数时，调用函数 1/1+1/3+…+1/n。

```
def peven(n):
    i = 0
    s = 0.0
    for i in range(2,n + 1,2):
        s += 1.0 / i
    return s
def podd(n):
    s = 0.0
    for i in range(1, n + 1,2):
        s += 1.0 / i
    return s
def dcall(fp,n):
    s = fp(n)
    return s
if __name__ == '__main__':
    n = int(input('input a number:\n'))
    if n % 2 == 0:
        sum = dcall(peven,n)
    else:
        sum = dcall(podd,n)
    print(sum)
```

【例6.25】 计算两个数的最大公约数。

```
def hcf(x, y):
    #获取最小值
    if x > y:
        smaller = y
    else:
        smaller = x
    for i in range(smaller,1,-1):
        if((x % i == 0) and (y % i == 0)):
            hcf = i
            break
        else:
            hcf=1
    return hcf
#用户输入两个数字
num1 = int(input("输入第 1 个数字: "))
num2 = int(input("输入第 2 个数字: "))
print( num1,"和", num2,"的最大公约数为", hcf(num1, num2))
```

【例6.26】 计算两个数的最小公倍数。

```
def lcm(x, y):
    #获取最大的数
    if x > y:
        greater = x
    else:
```

```
        greater = y
    while(True):
        if((greater % x == 0) and (greater % y == 0)):
            lcm = greater
            break
        greater += 1
    return lcm
#获取用户输入
num1 = int(input("输入第 1 个数字: "))
num2 = int(input("输入第 2 个数字: "))
print( num1,"和", num2,"的最小公倍数为", lcm(num1, num2))
```

【★例 6.27】 Python 函数默认值参数时易错案例。

在定义函数时，Python 支持默认值参数，在定义函数时可以将形参设置为默认值。在调用带有默认值参数的函数时，可以不用为设置了默认值的形参进行传值，此时函数将会直接使用函数定义时设置的默认值，当然也可以通过显式赋值来替换其默认值。也就是说，在调用函数时是否为默认值参数传递实参是可选的，具有较大的灵活性。例如：

```
>>> def say( message, times =1 ):
        print((message+' ') * times)
>>> say('hello')
Hello
>>> say('hello', 3)
hello hello hello
```

但是默认值参数的值是在函数定义时确定的：

```
>>> i = 3
>>> def f(n=i):  #参数 n 的值仅取决于 i 的当前值
        print(n)
>>> f()
3
>>> i = 5 #函数定义后修改 i 的值不影响参数 n 的默认值
>>> f()
3
>>> def f(n=i):  #重新定义函数
        print(n)
>>> f()
5
```

另外，当定义带有默认值参数的函数时，**参数默认值只在函数定义时被解释一次**，并被保存到函数的 __defaults__ 成员中，这个 __defaults__ 成员是一个元组，按顺序分别保存所有默认值参数的当前值，当调用函数而不给默认值参数明确传递参数时，这些默认值参数就使用 __defaults__ 成员中的当前值。因此，如果使用可变序列作为参数默认值并且在函数体内有为其增加元素或修改元素值的行为时，会对后续的调用产生影响。如果参数的默认值是数字、字符串、元组或其他不可变类型的数据，并不会有什么影响，但是如果参数的默认值是列表、字典、集合等可变类型数据，这里需要注意。

```
>>> def demo(newitem, old_list=[]):
        old_list.append(newitem)
```

```
        return old_list
>>> print(demo('5', [1, 2, 3, 4]))
[1, 2, 3, 4, '5']
>>> print(demo('aaa', ['a', 'b']))
['a', 'b', 'aaa']
>>> print(demo('a'))
['a']
>>> print(demo('b'))   #注意这里的输出结果
['a', 'b']
```

如果想得到正确结果，建议把函数进行如下修改：

```
def demo(newitem, old_list=None):
    if old_list is None:
        old_list = []
    old_list.append(newitem)
    return old_list
```

同样，下面是关于lambda表达式的代码：

```
>>> r = []
>>> for x in range(10):
        r.append(lambda:x**2)

>>> r[0]()    #意料之外的结果
81
>>> r[1]()
81
```

其正确的实现方式如下：

```
>>> r = []
>>> for x in range(10):
        r.append(lambda n=x: n**2)

>>> r[0]()
0
>>> r[1]()
1
>>> r[3]()
9
```

进一步试一试下面的代码：

```
>>> g = lambda:n**2
>>> g()
Traceback (most recent call last):
  File "<pyshell#105>", line 1, in <module>
    g()
  File "<pyshell#104>", line 1, in <lambda>
    g = lambda :n**2
NameError: name 'n' is not defined
>>> n = 3
>>> g()
9
>>> n = 5
>>> g()
```

```
25
>>> n = 7
>>> g()
49
```

于是，可以得到这样一个结论：在上面第一段和最后一段代码中，lambda 表达式中的 x 或 n 实际上是全局变量，它的**值取决于调用 lambda 表达式时这个全局变量的当前值**，注意是调用时。而中间一段代码通过参数默认值有效地避免了这个问题，这是因为**函数参数的默认值是在函数定义时确定的**。下面的代码或许能够更好地说明这个问题：

```
>>> n = 3
>>> def f(x=n):
        print(x)
>>> f()
3
>>> n = 5
>>> f()
3
>>> n = 7
>>> f()              #不影响函数调用结果
3
>>> def f(x=n):      #函数的参数x依赖于当前n的值
        print(x)
>>> f()
7
```

再看下面的代码：

```
>>> a = []
>>> b = {'num':0, 'sqrt':0}
>>> resource = [1, 2, 3]
>>> for i in resource:
        b['num'] = i
        b['sqrt'] = i * i
        a.append(b)

>>> a   #意料之外的结果
[{'num': 3, 'sqrt': 9}, {'num': 3, 'sqrt': 9}, {'num': 3, 'sqrt': 9}]
```

严格来说，最后这个问题和前面两个问题的性质也不一样，不是 Python 的问题，而是编程习惯不好造成的。在代码中，首先 b = {'num':0, 'sqrt':0}这一行是没有必要存在的；其次在循环中，不应该再次使用变量名 b，因为这会导致多次循环中修改同一个字典，这样后面的修改会覆盖前面的修改，从而导致错误结果。代码应该进行如下修改：

```
>>> a = []
>>> resource = [1, 2, 3]
>>> for i in resource:
        b = dict()
        b['num'] = i
        b['sqrt'] = i * i
        a.append(b)
```

```
>>> a #正确结果
[{'num': 1, 'sqrt': 1}, {'num': 2, 'sqrt': 4}, {'num': 3, 'sqrt': 9}]
```

另外一个常见的例子就是默认参数是一个表达式，例如：

```
import datetime
def log(message, time=datetime.datetime.now()):
    print("{0}: {1}".format(time, message))
```

期望的是每次记录不同的时间，然而未能如愿，记录的是同一个时间。运行如下代码：

```
import time
log('message 1')
time.sleep(1)
log('message 2')
time.sleep(1)
log('message 3')
time.sleep(1)
```

结果如下：

```
2017-07-25 20:53:20.225000: message 1
2017-07-25 20:53:20.225000: message 2
2017-07-25 20:53:20.225000: message 3
```

出现这样的结果是因为字典、集合、列表等对象不适合作为函数默认值。因为这个默认值是在函数建立时已经生成了，每次调用都是使用了这个对象的"缓存"。

【★例 6.28】 函数返回值应注意的问题。

在 Python 语言中，如果函数或方法中没有 return 语句、有 return 语句但是没有执行到、有 return 语句也执行到了但是该 return 语句没有返回任何值，那么 Python 都会认为这个函数或方法返回的空值 None。看下面的代码：

```
from random import shuffle
lst = list(range(20))
lst = shuffle(lst)
print(lst.index(5))
```

这段代码无法运行，并抛出下面的异常：

```
Traceback (most recent call last):
  File "C:\Python36\test.py", line 5, in <module>
    print(lst.index(5))
AttributeError: 'NoneType' object has no attribute 'index'
```

原因在于标准库 random 的 shuffle()随机打乱列表中元素顺序的操作属于**原地操作**，也就是说直接对列表进行操作，并没有返回值，或者说返回控制 None，而 None 没有 index()方法。

上面的代码对 shuffle()函数的用法是错误的，正确的应该是下面的样子：

```
from random import shuffle
lst = list(range(20))
shuffle(lst)
print(lst.index(5))
```

在使用内置函数、标准库函数、扩展库函数或对象方法时，一定要注意它们的用法，是原地操作还是返回处理后的新对象，这决定了该函数或方法的用法。

【★例6.29】 使用元组做函数或方法的参数需要两对括号。

```
#内置函数max()可以直接对多个值计算最大值
>>> max(3, 5, 7)
7
#也可以对元组、列表或其他序列计算最大值
>>> max((3, 5, 7))
7
>>> from PIL import Image
>>> im = Image.open('test.png')
#获取指定位置像素值，必须使用元组做参数
>>> im.getpixel((30, 50))
(255, 255, 255, 255)
#下面的情况也是用元组做函数参数
#但是一般不会引起误会
>>> im.putpixel((30,50), (0,0,0,255))
>>> im.getpixel((30, 50))
(0, 0, 0, 255)
#内置函数sum()不能直接对多个数值求和
>>> sum(3, 5, 7)
Traceback (most recent call last):
File "<pyshell#9>", line 1, in <module>
sum(3,5,7)
TypeError: sum expected at most 2 arguments, got 3
#可以对元组、列表或其他序列对象中的元素求和
>>> sum((3, 5, 7))
15
>>> sum([3, 5, 7])
15
>>> sum(range(3, 8, 2))
15
>>> sum(map(int, '357'))
15
```

另外，在Python语言中，允许嵌套定义函数，也就是在一个函数A中可以定义另一个函数B。在Python语言中，可调用对象可以分为3类：函数、类和含有特殊方法__call__()的类的对象。

```
#定义外部函数
def funcA(a)
    #在函数内定义嵌套函数
    def funcB(b)
        return a+b
    #在外部函数中返回内部函数
    return funcB
#调用外部函数，返回内部函数，再调用内部函数
print(funcA(3)(5))

#上面的代码相当于下面两条语句
func = funcA(3)
print(func(5))
```

运行结果：

8
8

【★例 6.30】 lambda 表达式中变量的作用域。

```
>>> d = dict()
#这里需要注意
>>> for i in range(5):
        d[i] = lambda :i**2
>>> d[2]()
16
>>> d[3]()
16
#lambda 表达式中 i 的值是调用时决定的
>>> i = 10
>>> d[0]()
100
#写成下面这样子就没问题了
>>> d = dict()
>>> for i in range(5):
        d[i] = lambda x=i:x**2
>>> d[2]()
4
>>> d[3]()
9
```

再看下面一段代码：

```
my_list = [lambda : n for n in range(5) ]
for x in my_list:
    print (x())
#结果如下
4
4
4
4
4
```

这段代码本意是想输出 0，1，2，3，4，但是结果却是 4，4，4，4，4。因为 lambda 就是一个匿名函数，所以在函数中的默认值问题在 lambda 中也是同样存在的，即：

```
def func(x):
    return x
#等价于
func = lambda x:x
```

因此，可以把问题的形式转换如下：

```
my_list = []
for n in range(5):
    my_list.append(lambda : n)
for x in my_list:
    print (x())
```

在 my_list.append(lambda : n) 中定义的 lambda，其中的 n 是引用 for n in range(5) 这

一句中的，这只是 lambda 的定义阶段，lambda 并没有执行，等这两句执行完之后，n 已经等于 4 了，也就是说，定义的这 5 个 lambda 全部变成了 lambda:4，等到执行时自然输出就成了 4，4，4，4，4。把上面利用列表的解决方案再换一种形式写一遍，如下：

```
my_list = []
for i in range(5):
    my_list.append(lambda n = i: n)
for x in my_list:
    print (x())
```

其实，函数和 lambda 的本质是一样的，那么 lambda 的参数默认值的效果应该和函数中的参数默认值的效果也是一样的，函数中的参数默认值是在定义的时候创建并保存的，那么 lambda 中的参数默认值也一定是一样的。所以这 5 个 lambda 有了各自不同的参数默认值，而不是去引用同一个。

那么，这又有一个新的问题，就是函数中的变量都是在什么时候分析引用的。先来做如下一个简单的实验：

```
def func(num, l=x):
    l.append(num)
    return l
```

以上函数如果是在交互模式下输入的，应该在函数输入完毕后马上报错，告诉用户 x 没有定义。下面再来看看另一种情况：

```
def func(n):
    print (x)
```

这个函数输入完毕之后，同样是 x 没有定义，系统没有马上报错，但是当调用时才会报错。

这样问题就很明显了，函数（包括 lambda）中的默认参数会在函数定义时创建或者引用，而函数体内的变量则要等到调用这个函数时才会被创建或者引用。

要解决这个问题，可以将代码修改如下：

```
#修改成 list
my_list = [ lambda n = i: n for n in range(5) ]
for x in my_list:
    print (x())
#结果如下
0
1
2
3
4

#修改成生成器
my_list = ( lambda n = i: n for n in range(5) )
for x in my_list:
    print (x())
#结果如下
0
1
```

```
2
3
4
```

【★例 6.31】 某个作用域中只要有某变量的赋值语句,它就是个局部变量。

```
>>> x = 10
>>> def demo():
        print(x)
#这样是可以的,访问全局变量
>>> demo()
10
>>> def demo():
        print(x)
        x = 3
        print(x)
#这样是错的,x是局部变量,在x=3之前不存在x,print()失败
>>> demo()
Traceback (most recent call last):
  File "<pyshell#156>", line 1, in <module>
    demo()
  File "<pyshell#155>", line 2, in demo
    print(x)
UnboundLocalError: local variable 'x' referenced before assignment
```

在 Python 中还有一些需要注意的地方,先看下面一段代码:

```
>>> x = 10
>>> def foo():
        x += 1
        print (x)
>>> foo()
Traceback (most recent call last):
  File "<stdin>", line 1, in <module>
  File "<stdin>", line 2, in foo
UnboundLocalError: local variable 'x' referenced before assignment
```

上面的问题之所以会发生是因为当给作用域中的一个变量赋值时,Python 会自动地把它当作是当前作用域的局部变量,从而会隐藏外部作用域中的同名变量。

给之前可以正常运行的代码的函数体的某个地方添加了一句赋值语句之后就得到了一个 UnboundLocalError 的错误。

尤其是当开发者使用列表 list 时,这个问题就更加常见。看下面这个例子:

```
>>> lst = [1, 2, 3]
>>> def foo1():
        lst.append(5)     #没有问题
>>> foo1()
>>> lst
[1, 2, 3, 5]
>>> lst = [1, 2, 3]
>>> def foo2():
        lst += [5]       #但是这里有问题
>>> foo2()
Traceback (most recent call last):
```

```
  File "<stdin>", line 1, in <module>
  File "<stdin>", line 2, in foo
UnboundLocalError: local variable 'lst' referenced before assignment
```

为什么 foo2() 报错，而 foo1() 没有问题呢？

原因和之前例子的一样，不过更加令人难以捉摸。但 foo1() 没有对 lst 进行赋值操作，而 foo2() 做了。这里试图对 lst 进行赋值操作（Python 把它当成了局部变量）是基于 lst 自身，但此时还未定义。因此出错。

【★例 6.32】 关键字 False 的易出错问题。

```
>>> def find(lst, e):
        if e in lst:
            return lst.index(e)
        else:
            return False

>>> def main(lst, e):
        r = find(lst, e)
        if r != False:
            print(lst[r])
        else:
            print('not exist')

>>> main(list(range(5)), 5)
not exist
>>> main(list(range(5)), 0)
not exist
```

上面的函数 find() 用来测试列表 lst 中是否包含元素 e，如果包含就返回其首次出现的下标，否则返回 False 表示不存在。函数 main() 调用函数 find()，如果 find() 函数返回 False 则认为列表 lst 中不包含元素 e，否则就认为包含并输出该位置上的元素。

最后一个结果是错误的。Python 内部把 False 和 0 认为是等价的，而把 True 和 1 认为是等价的，但作为条件表达式时把非 0 的数字（哪怕是负数）认为和 True 是等价的。例如：

```
>>> not 0
True
>>> not False
True
>>> not (-3)
False
>>> not 5
False
>>> lst = list(range(5))
>>> lst[0]
0
>>> lst[False]
0
>>> False + 3
3
>>> True + 3
4
>>> 0 == False
```

```
True
>>> 1 == True
True
>>> 3 == True
False
```

既然这里有个问题，那正确的代码应该怎么写呢？用 find()和 rfind()方法，如果包含就返回其首次出现位置；如果不包含就返回-1，而不是 False。

```
>>> 'abcd'.find('a')
0
>>> 'abcd'.find('e')
-1
```

【★例 6.33】 标识符覆盖应注意的问题。

```
class Demo:
    def show(self):
        print('I am in instance method show')
    @staticmethod
    def show():
        print('I am in static method')
t = Demo()
t.show()
```

运行结果为：

```
I am in static method
```

如果把上面的代码修改一下，把静态方法和实例方法的顺序颠倒一下，例如：

```
class Demo:
    @staticmethod
    def show():
        print('I am in static method')
    def show(self):
        print('I am in instance method show')
t = Demo()
t.show()
```

运行结果为：

```
I am in instance method show
```

原因如下：对于同名的标识符，后定义的变量、函数、类会覆盖先定义的，实际上就是重新定义了一个标识符，从模块中导入对象时也是这样的，如果多个模块中有同名的对象，那么使用 from…import *这种方式导入时，后导入的对象会覆盖先导入的对象而使其变得不可访问。

【★例 6.34】 生成器不保留迭代后结果的实例。

```
gen = ( i for i in range(10))
2 in gen
#True
5 in gen
#True
1 in gen
#False
```

```
#为什么1不在gen里面了？因为在调用2 in gen这个命令时，这个时候1已经不在这个迭
#代器里面了，被按需生成过了
```

如果还要保留以前的值，那么可以进行如下操作：

```
gen = ( i for i in range(10))
a_list = list(gen)
```

可以转换为列表，也可以转换为元组。

```
2 in a_list
#True
5 in a_list
#True
1 in a_list
#True
```

6.12 实验与习题

1. 编写函数，接收一个整数 t 作为参数，打印杨辉三角前 t 行。

2. 编写函数，接收任意多个实数，返回一个列表，其中第一个元素为所有参数的平均值，其他元素为所有参数中大于平均值的实数。

3. 编写函数，接收字符串参数，返回一个元组，其中第一个元素为大写字母个数，第二个元素为小写字母个数。

4. 编写函数，接收包含 n 个整数的列表 lst 和一个整数 k（$0 \leq k < n$）作为参数，返回新列表。处理规则为：将列表 lst 中下标 k 之前的元素逆序，下标 k 之后的元素也逆序，然后将整个列表 lst 中的所有元素逆序。

5. 编写函数，接收一个正偶数作为参数，输出两个素数，并且这两个素数之和等于原来的正偶数。如果存在多组符合条件的素数则全部输出。

6. 编写函数，接收两个正整数作为参数，返回一个元组，其中第一个元素为最大公约数，第二个元素为最小公倍数。

7. 编写函数，使用非递归的方法对整数进行因数分解。

8. 编写函数，使用递归法实现二分查找。

9. 编写函数，使用递归法和回溯法生成不重复数字构成的所有整数。

10. 编写函数，判断一个整数是否为素数，并编写主程序调用该函数。

11. 编写函数，接收一个字符串，分别统计大写字母、小写字母、数字、其他字符的个数，并以元组的形式返回结果。

12. 在 Python 程序中，局部变量会隐藏同名的全局变量吗？请编写代码进行验证。

13. 编写函数，可以接收任意多个整形参数并输出其中的最大值和所有整数之和。

14. 编写两个函数，分别模拟内置函数 sum()和内置函数 sorted()。

15. 利用递归函数调用方式，将所输入的 5 个字符以相反顺序打印出来。

16. 有 5 个人坐在一起，问第 5 个人的岁数，他说比第 4 个人大 2 岁。问第 4 个人的岁数，他说比第 3 个人大 2 岁。问第 3 个人，又说比第 2 个人大 2 岁。问第 2 个人，他说比第 1 个人大 2 岁。最后问第 1 个人，他说他是 10 岁。求第 5 个人的岁数。

第 7 章　面向对象编程

7.1　概　　述

7.1.1　什么是面向对象的程序设计

面向对象程序设计（object-oriented programming，OOP）是一种具有对象概念的程序编程范型，同时也是一种程序开发的抽象方针。它包含数据、属性、代码与方法。对象指的是类的实例。它将对象作为程序的基本单元，将程序和数据封装其中，以提高程序的重用性、灵活性和扩展性，对象中的程序可以访问及经常修改对象相关联的数据。在面向对象程序设计中，计算机程序会被设计成彼此相关的对象。

7.1.2　面向对象程序设计的特点

面向对象是一种编程方式，基于类和对象的使用实现。Python 语言在设计之初就是一门面向对象的编程语言。其实 Python 语言也支持函数式编程，那么两者的区别是什么？函数式的核心是通过一个个的函数调用，一级一级执行代码；面向对象编程通过类创建对象并通过对象执行方法。面向对象的 3 大核心是封装、继承和多态。如果已学习掌握一门面向对象的编程语言，那么会很容易地学会 Python 面向对象编程。本章介绍如何使用 Python 面向对象编程。

7.2　类的定义和对象的创建

7.2.1　类和对象的关系

类定义了一种事物的抽象特点，包含这种事物的属性和操作方法。举个例子，猫是一个类，既具有身长、毛色、体重等属性，也有叫、跑、跳等操作方法。假设有两只猫，它们的身长、毛色、体重等属性不太相同，而且它们的叫声、跳跃方法也可能不相同，但是它们都归为一类——猫。这些属性只是这个类下面的不同对象。

7.2.2　类的定义

类的最简单定义方式如下：

```
>>> class ClassName:
```

```
    pass
```

Python 提供了一个保留关键字 pass，在 pass 定义和执行时，什么事情都不会发生。

类必须先定义之后才能使用。比较有意思的是，可以把类的定义代码放在 if 语句分支下，或者一个函数内部。

```
>>> if True:
        class ClassName(object):
            abc = "100"
>>> def define_class(self):
        class ClassName2:
            pass
```

7.2.3 self 和 object 参数

在上面的例子中，可以发现类的定义中有参数 object 而函数的定义中有参数 self。这些都是什么意思呢？先说 object。在 Python 中，所有的类都继承于基类 object，同时继承基类中所包含的所有方法，例如接下来要讲的__init__(self)方法。这个方法在创建类的实例时被调用，而其中的 self 代表类的实例，而非类。从下面的例子可以看出，self 是一个类的实例对象，在创建实例时会调用__init__(self)方法。

```
class ClassName(object):
    def __init__(self):
        print(self)

class_ = ClassName()
>>> 运行结果
<__main__.ClassName object at 0x1006d7780>
```

7.3 属性和实例

7.3.1 类的属性和实例

类的属性可以这样引用：

```
class ClassName:
    abcde = "100"
print("abcde = " + ClassName.abcde)
>>> 运行结果
abcde = 100
```

也可以通过创建实例引用，其中，类实例化使用函数写法，在类名后写一组圆括号并将其赋值给一个命名，这个命名就是由这个类创建的实例。方法用来描述实例对象所具有的行为。例如，列表实例对象的增加元素、插入元素、删除元素、排序方法，字符串对象的分割、替换字符，汽车的启动、加油等。在下面的例子中，class_ 就是类 ClassName 的一个实例，通过 class_ = ClassName()

创建 ClassName 类的新实例。

通过 def return_value(self)返回一个值为 "300" 的字符串,当创建新实例时,就可以通过实例进行调用。

```
class ClassName:
    abcde = "100"
    def return_value(self):
        return "300"
class_ = ClassName()
print("abcde = " + ClassName.abcde)
print("return_value = " + ClassName.return_value(class_))
>>> 运行结果
abcde = 100
return_value = 300
```

同时,也可以通过实例对象访问属性值。

```
print("class_.abcde = " + class_.abcde)
>>> 运行结果
class_.abcde = 100
```

创建实例时,如果需要为实例属性赋值,则可以使用构造__init__()实现。在创建实例时,构造函数会被默认调用。

```
class ClassName:
    def __init__(self):
        self.value = "300"
class_ = ClassName()
print("class_.value = " + class_.value)
>>> 运行结果
class_.value = 300
```

构造函数__init__()可以添加参数,这为代码编写增添很大的灵活性。

```
class ClassName:
    def __init__(self, param):
        self.value = "300"
        self.value_2 = param
class_ = ClassName("600")
print("class_.value = " + class_.value)
print("class_.value_2 = " + class_.value_2)
>>> 运行结果
class_.value = 300
class_.value_2 = 600
```

在 Python 程序中,可以为类或对象动态地添加、修改或删除属性,这是 Python 语言作为一门动态语言的重要特征。

```
class ClassName:
    pass
ClassName.class_value = "300"
print("class_value = " + ClassName.class_value)
class_ = ClassName()
class_.value = "400"
```

```
    print("value = " + class_.value)
>>> 运行结果
class_value = 300
value = 400
```

7.3.2 对象的属性和方法

在创建类的实例对象之后，可以直接访问实例对象的属性值。另外，还可以添加、修改、删除某一属性值。

```
class ClassName:
    def __init__(self, param):
        self.value = param
class_ = ClassName(300)
class_.value = class_.value + 600
print(class_.value)
>>> 运行结果
900
```

在下例中，由于使用了 del 关键字删除了 value_2 属性，再次访问时，就会出现没有找到该属性的报错信息。

```
class ClassName:
    def __init__(self, param):
        self.value = param
class_ = ClassName(300)
class_.value_2 = 600
del class_.value_2
print(class_.value)
print(class_.value_2)
>>> 运行结果
300
Traceback (most recent call last):
    File "/XXX.py", line 10, in <module>
        print(class_.value_2)
AttributeError: 'ClassName' object has no attribute 'value_2'
```

在下例中，可以先将实例对象的方法存储起来，之后进行调用。需要注意的是，这里使用了"方法"二字而不是"函数"二字，是因为"方法"一般指特定实例对象可以调用的函数，通过实例对象调用方法时，实例对象本身 self 被当作第一个参数传递过去。

```
class ClassName:
    def return_value(self):
        return "300"
class_ = ClassName()
function_ = class_.return_value()
print("return_value = " + function_)
>>> 运行结果
return_value = 300
```

特别注意，Python 语言对私有成员没有提供严格的访问保护机制，在日常使用中，可以以两个下画线开头来表示私有属性的定义，如 "__value"，但是在实例对象外部可以以 "对象名._类名__属性名" 来访问。

```
class ClassName:
    __value = "300"
class_ = ClassName()
class_._ClassName__value = "400"
print("value = " + class_._ClassName__value)
>>> 运行结果
value = 400
```

这种设计只是提供了一个模糊层，让本来可以容易访问的属性变得更难访问，但是并不完全会阻止程序员访问私有属性。

7.4 派生类、多重继承与运算符重载

7.4.1 派生类

继承是面向对象的编程语言的必有特征。继承不仅是代码设计和复用的重要手段，也是实现多态的必要条件之一。设计类时，如果可以从之前设计好的类中继承下来并进行二次开发，可以极大程度上减少开发人员的工作量，也可以减少很多潜在的麻烦。

继承父类的子类一般称为派生类。在下面例子中，子类 DerivedClassName 从父类 BaseClassName 继承，DerivedClassName 是从父类派生出来的。

```
class DerivedClassName(BaseClassName):
    pass
```

派生类既继承了基类的方法，也可以重写基类的方法。下例中展示了如何重写基类方法。

```
class BaseClassName:
    def return_value(self):
        return "300"
class DerivedClassName(BaseClassName):
    def return_value(self):
        return "600"
derived = DerivedClassName()
print("DerivedClassName.return_value = " + derived.return_value())
>>> 运行结果
DerivedClassName.return_value = 600
```

派生类也可以继承和修改父类的属性。

```
class BaseClassName:
    abcde = "100"
    fghij = "fghij"
    def return_value(self):
        return "300"
class DerivedClassName(BaseClassName):
    abcde = "200"
    def return_value(self):
        return "600"
derived = DerivedClassName()
print("derived.abcde = " + derived.abcde)
print("derived.fghij = " + derived.fghij)
```

```
>>> 运行结果
derived.abcde = 200
derived.fghij = fghij
```

7.4.2 多重继承

Python 支持多重继承。在下例中，DerivedClassName 派生类继承了父类 BaseA、BaseB 和 BaseC。

```
class DerivedClassName(BaseA, BaseB, BaseC):
    pass
```

如果多个基类有共同的属性或方法，调用顺序是从前往后的。上例中则是 BaseA 优先，其次是 BaseB，最后是 BaseC。

```
class BaseA:
    value = "100"
    value_a = "a"
class BaseB:
    value = "200"
    value_b = "b"
class BaseC:
    value = "300"
    value_c = "c"
class DerivedClassName(BaseA, BaseB, BaseC):
    pass
derived = DerivedClassName()
print("derived.value = " + derived.value)
print("derived.value_a = " + derived.value_a)
print("derived.value_b = " + derived.value_b)
print("derived.value_c = " + derived.value_c)
>>> 运行结果
derived.value = 100
derived.value_a = a
derived.value_b = b
derived.value_c = c
```

7.4.3 运算符重载

运算符重载是指在类的方法中拦截了内置方法。重写运算符重载方法并不是必需的，所以在这一节做介绍。如果没有编写运算符重载方法，那么对应的类就不支持相应的操作。编写运算符重载程序后，方法会模拟内置对象的接口，看上去更像是一个原生类。下面先看一个简单的重载例子，构造两个方法：__init__()和__sub__()。

```
class ClassName:
    def __init__(self, start):
        self.data = start
    def __sub__(self, other):
        return ClassName(self.data - other)

a = ClassName(5)
b = a - 2
```

```
print("b.data = " + str(b.data))
>>> 运行结果
b.data = 3
```

常见的运算符重载方法如表 7.1 所示。

表 7.1 常见的运算符重载方法表

方　法	重　载	调　用
__init__()	构造函数	对象 X 建立
__del__()	析构函数	销毁对象 X
__and__()	运算符+	对象相加，X+Y
__sub__()	运算符-	对象相减，X-Y
__repr__()	打印	print(X)
__str__()	字符串序列化	str(X)
__call__()	函数调用	X(*args,**kargs)
__getattr__()	运算符	X.undefined
__setattr__()	属性赋值	X.attr = value
__delattr__()	删除属性	del X.attr
__getattribute__()	属性获取	X.attr
__getitem__()	运算符[]	X[key]或 X[i:j]
__setitem__()	索引赋值语句	X[key] = value 或 X[i:j] = sequence
__delitem__()	索引和切片的删除	del X[key]或 del X[i:j]
__len__()	长度	len(X)
__iter__()，__next__()	迭代	l = iter(X)或 next(l)
__contains__()	成员关系测试	item in X（X 为可迭代的）
__new__()	创建	在__init__()之前创建对象

所有运算符重载方法名称前后各有两个下画线以区别于普通方法和属性命名。可以根据需要编写运算符方法。

7.5　新式类的高级特性

7.5.1　什么是新式类

Python 2.2 之后版本的类都被称为新式类，2.2 版本以前的类叫作经典类。经典类一直兼容到 2.7，但是在 3.0 版本之后就只能使用新式类了。新式类和经典类最大的区别在于：新式类继承于父类 object，而经典类什么都不继承。所以新式类从创建之初就已经继承了父类 object 的内置属性和方法，而经典类却没有继承。

```
class OldStyleClass:
    pass
class NewStyleClass(object):
    pass
```

7.5.2 __slots__类属性

在新式类中，每个实例对象都继承了父类 object 的__dict__属性，它使用这个字典来存储这个实例对象内所有可写属性。__slots__是一个序列类型的对象，它可以是列表、元组，或者是其他可迭代对象。当新式类中定义了__slots__时，原来继承父类 object 的属性__dict__就不复存在。取而代之的是__slots__，它会节省内存，同时也更加安全。

```
class ClassName(object):
    __slots__ = ['a']
class_ = ClassName()
class_.a = "100"
print(class_.a)
class_.b = "100"
>>> 运行结果
100
Traceback (most recent call last):
  File "/XXX.py", line 8, in <module>
    class_.b = "100"
AttributeError: 'ClassName' object has no attribute 'b'
```

7.5.3 描述符的变化

Python 2.2 引进了 Python 描述符，这是一种创建托管属性的方法。描述符具有很多优点，例如：保护属性不受修改、属性类型检查和自动更新某个依赖属性的值等。简单地说，一个类如果重写了__get__()、__set__()及__del__()这 3 种方法中至少一种方法及以上，并且这个类的实例对象通常是另一个类的属性，那么这个类就是一个描述符。其中，__get__()用于访问属性，__set__()用于设置属性值，而__del__()则用于删除操作。那为什么需要描述符呢？C/C++等静态编译型语言，数据类型在编译时可以通过验证防止引用类型错误；Python 是一种动态解释性语言，必须通过添加额外的数据类型检查代码才可以防止引用类型错误。

为了实现数据类型检查，下例中先定义一个描述符 TheString。

```
class TheString(object):
    def __init__(self):
        self.__name = "Default String"
    def __get__(self, instance, owner):
        return self.__name
    def __set__(self, instance, value):
        if type(value) is str:
            self.__name = value
        else:
            raise TypeError(str(value) + " isn't a string!")
```

在 ClassName 类中调用描述符 TheString，ClassName.value 必须是字符串类型，如果把其他类型的值赋给它，则会报错，报错信息如下所示。

```
class ClassName:
    value = TheString()
class_ = ClassName()
print("class_.value = " + class_.value)
```

```
class_.value = 100
>>> 运行结果
Traceback (most recent call last):
class_.value = Default String
    File "/Users/acbetter/Documents/pyacbetter/script/temp2.py", line 21,
in<module>
    class_.value = 100
    File "/Users/acbetter/Documents/pyacbetter/script/temp2.py", line 12,
in __set__
    raise TypeError(str(value) + " isn't a string!")
TypeError: 100 isn't a string!
```

7.5.4 特殊方法__getattribute__()

如果找不到某个实例对象的属性，就会像上面的例子一样，产生 AttributeError 报错。为避免报错，可以通过自定义__getattr__()方法，防止程序在找不到未定义实例对象的属性时抛出异常报错，中断程序。虽然这种方法不太科学，也不推荐用，但也不失为一种解决方案。

```
class ClassName:
    value = "100"
    def __getattr__(self, item):
        return "default attr"
class_ = ClassName()
print("class_.value = " + class_.value)
print("class_.vvvvv = " + class_.vvvvv)
>>> 运行结果
class_.value = 100
class_.vvvvv = default attr
```

__getattr__()、__getattribute__()都是访问属性的方法，但作用不太相同。当访问某个实例对象属性的时候，__getattribute__()方法就会被无条件的被调用，如果 class 中定义了__getattr__()，则__getattr__()不会被调用（除非显示调用或引发 AttributeError 异常）。__getattribute__()在搜索属性时，先搜索类属性和数据描述符，如果搜索不到，则搜索实例属性和非数据描述符，最后会找到默认的__getattr__()方法，返回一个值或 AttributeError 异常。

7.5.5 装饰器的区别

经典类具有一种@property 装饰器，这是干什么用的呢？在下面的例子中，对 ClassName.value()方法使用装饰器，当执行实例对象属性 value 时，会自动执行装饰器装饰的 ClassName.value()方法，并获取相应的返回值。简而言之，装饰器让实例对象的方法看上去像一个属性。

```
class ClassName:
    @property
    def value(self):
        return "100"
class_ = ClassName()
print("class_.value = " + class_.value)
>>> 运行结果
```

```
class_.value = 100
```

新式类有 3 种装饰器：@property、@property.setter 和@property.deleter，分别用于定义一个属性的访问、修改和删除。在下面的例子中，通过装饰器修饰了对 value 属性的访问、修改和删除。访问时得到的值是 v 的 2 倍，而修改时把值 600 除以 2 并赋值给 v，删除的时候则会在控制台打印删除信息。

```
class ClassName:
    def __init__(self):
        self.v = 300.0
    @property
    def value(self):
        print("value.getter self.v = " + str(self.v * 2))
        return self.v * 2
    @value.setter
    def value(self, value):
        print("value.setter self.v = " + str(value / 2))
        self.v = value / 2
    @value.deleter
    def value(self):
        print("value.deleter self.v")
        del self.v
class_ = ClassName()
print("class_.value = " + str(class_.value))
class_.value = 600
del class_.value
>>> 运行结果
value.getter self.v = 600.0
class_.value = 600.0
value.setter self.v = 300.0
value.deleter self.v
```

装饰器是闭包的一种应用，在第 8 章会详解闭包机制，同时也会更深入地学习装饰器。

7.6 类的设计技巧

7.6.1 调用父类方法

派生类重写了父类的方法时，可以通过使用 super()方法调用父类方法。

```
class BaseClassName:
    def print(self):
        print("BaseClassPrint")
class DerivedClassName(BaseClassName):
    def print(self):
        super().print()
        print("DerivedClassPrint")
derived = DerivedClassName()
derived.print()
>>> 运行结果
BaseClassPrint
```

DerivedClassPrint

7.6.2 静态方法和类方法的区别

实例对象的方法只能被实例对象调用，而由@staticmethod 修饰的静态方法和由@classmethod 修饰的类方法都可以被类或实例对象调用。通常来讲，静态方法一般通过类名调用，不用加参数 self；而类方法的第一个参数要传类名进去。下例是由@staticmethod 修饰的静态方法实例。

```
class ClassName:
    def __init__(self):
        self.data = "100"
    @staticmethod
    def print_data(object_, name):
        print(str(name) + ": " + object_.data)
    @classmethod
    def class_method(cls, data):
        class_ = ClassName()
        class_.data = data
        return class_
a = ClassName()
ClassName.print_data(a, "a")
>>> 运行结果
a: 100
```

由@classmethod 修饰的类方法十分有意思。从某种意义上讲，它体现了 Python 的灵活性，可以最大限度地避免重构类带来的麻烦。有了类方法之后，重构类不需要修改构造函数了，只需要把额外需要的部分添加到由@classmethod 修饰的类方法中，然后像下面的例子一样调用就可以了。

```
class ClassName:
    def __init__(self):
        self.data = "100"
    @staticmethod
    def print_data(object_, name):
        print(str(name) + ": " + object_.data)
    @classmethod
    def class_method(cls, data):
        class_ = ClassName()
        class_.data = data
        return class_
b = ClassName.class_method("200")
ClassName.print_data(b, "b")
>>> 运行结果
b: 200
```

7.6.3 创建大量对象时减少内存占用

程序需要创建许多的对象，而内存又有限，此时不如把类当作简单的数据结构，使用新式类的__slots__特性。

对于当成简单的数据结构的类而言，可以通过给类添加 __slots__ 属性来极大地减少实例所占的内存，如下所示。

```
class Date:
    __slots__ = ['year', 'month', 'day']
    def __init__(self, year, month, day):
        self.year = year
        self.month = month
        self.day = day
```

定义 __slots__ 后，Python 就会为类使用一种更加紧凑的内部数据结构。对象通过一个很小的固定大小的数组来构建，而不再是为每个对象都定义一个字典。在 __slots__ 中列出的属性名在内部被映射到这个列表的指定位置上。使用__slots__ 的缺点是不能再给这个类添加新的属性，只能使用在 __slots__ 中定义的属性名。

尽管__slots__看上去是一个很有用的特性，但应尽量避免对它的依赖和使用。Python 的很多特性都依赖于普通的基于字典的实现，而不是__slots__。另外，定义了__slots__后的类并不再支持一些普通类特性了，例如多重继承。大多数情况下，应该只在那些经常被使用到的并且被用作数据结构的类中定义__slots__（例如在程序中需要创建某个类的几百万个实例对象）。

关于__slots__的一个常见误区是，它可以作为一个封装工具来防止用户给实例增加新的属性。尽管使用__slots__可以达到这样的目的，但是这并不是它的初衷。__slots__ 更多的是用作内存优化。

7.7 实 例 精 选

【例 7.1】类的方法实例。

```
#!/usr/bin/python3
#类定义
class people:
    #定义基本属性
    name = ''
    age = 0
    #定义私有属性,私有属性在类外部无法直接进行访问
    __weight = 0
    #定义构造方法
    def __init__(self,n,a,w):
        self.name = n
        self.age = a
        self.__weight = w
    def speak(self):
        print("%s 说: 我 %d 岁。" %(self.name,self.age))
#实例化类
p = people('COJ',10,30)
p.speak()
```

执行以上程序，输出结果为：

COJ 说：我 10 岁。

【例 7.2】 继承的实例。

```python
#!/usr/bin/python3
#类定义
class people:
    #定义基本属性
    name = ''
    age = 0
    #定义私有属性,私有属性在类外部无法直接进行访问
    __weight = 0
    #定义构造方法
    def __init__(self,n,a,w):
        self.name = n
        self.age = a
        self.__weight = w
    def speak(self):
        print("%s 说: 我 %d 岁。" %(self.name,self.age))
#单继承示例
class student(people):
    grade = ''
    def __init__(self,n,a,w,g):
        #调用父类的构造函数
        people.__init__(self,n,a,w)
        self.grade = g
    #覆写父类的方法
    def speak(self):
        print("%s 说: 我 %d 岁了,我在读 %d 年级"%(self.name,self.age,self.grade))
s = student('ken',10,60,3)
s.speak()
```

执行以上程序,输出结果为:

```
ken 说: 我 10 岁了,我在读 3 年级
```

【例 7.3】 多重继承的实例。

```python
#!/usr/bin/python3
#类定义
class people:
    #定义基本属性
    name = ''
    age = 0
    #定义私有属性,私有属性在类外部无法直接进行访问
    __weight = 0
    #定义构造方法
    def __init__(self,n,a,w):
        self.name = n
        self.age = a
        self.__weight = w
    def speak(self):
        print("%s 说: 我 %d 岁。" %(self.name,self.age))
```

```python
#单继承示例
class student(people):
    grade = ''
    def __init__(self,n,a,w,g):
        #调用父类的构造函数
        people.__init__(self,n,a,w)
        self.grade = g
    #覆写父类的方法
    def speak(self):
        print("%s 说: 我 %d 岁了, 我在读 %d 年级"%(self.name,self.age,self.grade))
#另一个类, 多重继承之前的准备
class speaker():
    topic = ''
    name = ''
    def __init__(self,n,t):
        self.name = n
        self.topic = t
    def speak(self):
        print("我叫 %s, 我是一个演说家, 我演讲的主题是 %s"%(self.name,self.topic))
#多重继承
class sample(speaker,student):
    a =''
    def __init__(self,n,a,w,g,t):
        student.__init__(self,n,a,w,g)
        speaker.__init__(self,n,t)
test = sample("Tim",25,80,4,"Python")
test.speak()    #方法名同, 默认调用的是在括号中排在前面的父类的方法
```

执行以上程序, 输出结果为:

我叫 Tim, 我是一个演说家, 我演讲的主题是 Python

【例7.4】方法重写的实例。

```python
#!/usr/bin/python3
class Parent:              #定义父类
    def myMethod(self):
        print ('调用父类方法')
class Child(Parent):       #定义子类
    def myMethod(self):
        print ('调用子类方法')
c = Child()                #子类实例
c.myMethod()               #子类调用重写方法
super(Child,c).myMethod()
                           #用子类对象调用父类已被覆盖的方法
                           #super() 函数是用于调用父类(超类)的一个方法
```

执行以上程序, 输出结果为:

调用子类方法
调用父类方法

【例 7.5】 类的私有属性实例。

```
#!/usr/bin/python3
class JustCounter:
    __secretCount = 0          #私有变量
    publicCount = 0            #公共变量
    def count(self):
        self.__secretCount += 1
        self.publicCount += 1
        print (self.__secretCount)
counter = JustCounter()
counter.count()
counter.count()
print (counter.publicCount)
print (counter.__secretCount)    #报错，实例不能访问私有变量
```

执行以上程序，输出结果为：

```
1
2
2
Traceback (most recent call last):
  File "test.py", line 16, in <module>
    print (counter.__secretCount)#报错，实例不能访问私有变量
AttributeError: 'JustCounter' object has no attribute '__secretCount'
```

【例 7.6】 类的私有方法实例。

```
#!/usr/bin/python3
class Site:
    def __init__(self, name, url):
        self.name = name           #public
        self.__url = url           #private
    def who(self):
        print('name : ', self.name)
        print('url : ', self.__url)
    def __foo(self):               #私有方法
        print('这是私有方法')
    def foo(self):                 #公共方法
        print('这是公共方法')
        self.__foo()
x = Site('COJ', 'coj.cqut.edu.cn')
x.who()                            #正常输出
x.foo()                            #正常输出
x.__foo ()                         #报错
```

执行以上程序，输出结果为：

```
name : COJ
url : coj.cqut.edu.cn
```

```
这是公共方法
这是私有方法
Traceback (most recent call last):
  File "test.py", line 17, in <module>
    x.__foo()          #报错
AttributeError: 'Site' object has no attribute '__foo'
```

【例 7.7】 运算符重载实例。

```
#!/usr/bin/python3
class Vector:
   def __init__(self, a, b):
      self.a = a
      self.b = b
   def __str__(self):
      return 'Vector (%d, %d)' % (self.a, self.b)
   def __add__(self,other):
      return Vector(self.a + other.a, self.b + other.b)
v1 = Vector(2,10)
v2 = Vector(5,-2)
print (v1 + v2)
```

执行以上程序，输出结果为：

```
Vector(7,8)
```

【★例 7.8】 避免错误地使用类变量实例。

考虑以下例子：

```
>>> class A(object):
        x = 1
>>> class B(A):
        pass
>>> class C(A):
        pass
>>> print (A.x, B.x, C.x)
1 1 1
>>> B.x = 2
>>> print (A.x, B.x, C.x)
1 2 1
>>> A.x = 3
>>> print (A.x, B.x, C.x)
3 2 3
```

这样的结果是因为在 Python 中，类变量在内部当作字典来处理，其遵循常被引用的**方法解析顺序(MRO)**。所以在上面的代码中，由于 class C 中的 x 属性没有找到，它会向上找它的基类（尽管 Python 支持多重继承，但上面的例子中只有 A）。换句话说，class C 中没有它自己的 x 属性，其独立于 A。因此，C.x 事实上是 A.x 的引用。

【★例 7.9】 类变量初始化实例。

不要在对象的 __init__() 函数之外初始化类属性，主要有两个问题：
- 如果类属性更改，则初始值更改。
- 如果将可变对象设置为默认值，将获得跨实例共享的相同对象。

错误示范（除非想要静态变量）：

```
class Car(object):
    color = "red"
    wheels = [Wheel(), Wheel(), Wheel(), Wheel()]
```

正确的做法：

```
class Car(object):
    def __init__(self):
        self.color = "red"
        self.wheels = [Wheel(), Wheel(), Wheel(), Wheel()]
```

【★例7.10】 对象赋值，实际传递了引用实例。

```
#定义类:
import numpy as np
NUMBER_OF_NODES=5
class NodeParams(object):
    def __init__(self):
        self.beta = 0.8*np.ones(NUMBER_OF_NODES)
#定义对象p, 并赋值给p1
p = NodeParams()
print(">>>>test<<<<")
print(p.beta)
p1 = p
p1.beta = -1*np.ones(len(p.beta))
print(p.beta)
print(p1.beta)
```

执行以上程序，输出结果为：

```
>>>>test<<<<
[ 0.8  0.8  0.8  0.8  0.8]
[-1. -1. -1. -1. -1.]
[-1. -1. -1. -1. -1.]
```

可以看到，对象的赋值只是传递了一个引用，改变被赋值的对象，原对象也会被改变。
解决方法：采用深拷贝进行赋值。

```
from copy import deepcopy
p = NodeParams()
print(">>>>test<<<<")
print(p.beta)
p1 = deepcopy(p)
p1.beta = -1*np.ones(len(p.beta))
print(p.beta)
print(p1.beta)
```

结果（正确）：

```
>>>>test<<<<
[ 0.8  0.8  0.8  0.8  0.8]
[ 0.8  0.8  0.8  0.8  0.8]
[-1. -1. -1. -1. -1.]
```

再看如下的代码：

```
>>>list1 = [1, 2]
>>>list2 = list1              #就是一个引用，操作 list2，其实 list1 的结果也会变
>>>list3 = list1[:]
>>>import copy
>>>list4 = copy.copy(list1)   #和 list3 一样，都是浅拷贝
>>>id(list1), id(list2), id(list3), id(list4)
>>>(4480620232, 4480620232, 4479667880, 4494894720)
>>>list2[0] = 3
>>>print('list1:', list1)
('list1:', [3, 2])
>>>list3[0] = 4
>>>list4[1] = 4
>>>print('list1:', list1)
('list1:', [3, 2])                #对 list3 和 list4 操作都没有对 list1 产生影响
#再看看深拷贝和浅拷贝的区别
>>>from copy import copy, deepcopy
>>>list1 = [[1], [2]]
>>>list2 = copy(list1)        #还是浅拷贝
>>>list3 = deepcopy(list1)    #深拷贝
>>>id(list1), id(list2), id(list3)
>>>(4494896592, 4495349160, 4494896088)
>>>list2[0][0] = 3
>>>print('list1:', list1)
 ('list1:', [[3], [2]])           #如果操作其子对象，还是和引用一样影响了父对象
>>>list3[0][0] = 5
>>>print('list1:', list1)
('list1:', [[3], [2]])            #深拷贝就不会影响
```

【★例 7.11】 相同对象的判断。

```
>>> class WTF:
>>>    pass
>>> WTF() == WTF()              #两个不同的对象应该不相等
False
>>> WTF() is WTF()              #也不相同
False
>>> hash(WTF()) == hash(WTF())  #散列值也应该不同
True
>>> id(WTF()) == id(WTF())
True
```

有关情况说明：

（1）当调用 id() 函数时，Python 创建了一个 WTF 类的对象并传给 id() 函数，然后 id() 函数获取其 id 值（也就是内存地址），再丢弃该对象，该对象就被销毁了。

（2）当连续两次进行这个操作时，Python 会将相同的内存地址分配给第二个对象。因为（在 C、Python 中）id() 函数使用对象的内存地址作为对象的 id 值，所以两个对象的 id 值是相同的。

综上，对象的 id 值仅仅在对象的生命周期内唯一。在对象被销毁之后，或被创建之前，其他对象可以具有相同的 id 值。

那为什么 is 操作的结果为 False 呢？看看下面的代码。

```
>>> class WTF(object):
>>>     def __init__(self): print("I")
>>>     def __del__(self): print("D")
>>> WTF() is WTF()
I
I
D
D
False
>>> id(WTF()) == id(WTF())
I
D
I
D
True
```

正如所看到的，对象销毁的顺序是造成所有不同的原因。

7.8　实验与习题

1. 定义一个学生类。类属性有姓名、年龄、成绩（语文，数学，英语；每课成绩的类型为整数），类方法如下：

（1）获取学生的姓名：get_name()，返回类型为 str；

（2）获取学生的年龄：get_age()，返回类型为 int；

（3）返回 3 门科目中最高的分数：get_course()，返回类型为 int。

2. 定义一个列表的操作类：Listinfo，包括的方法：

（1）列表元素添加：add_key(keyname)，keyname 为字符串或者整数类型；

（2）列表元素取值：get_key(num)，num 为整数类型；

（3）列表合并：update_list(list)，list 为列表类型；

（4）删除并且返回最后一个元素：del_key()。

3. 设计一个三维向量类，并实现向量的加法、减法以及向量与标量的乘法和除法运算。

4. 面向对象程序设计的三要素分别为_____、_____和_____。

5. 简单解释 Python 中以下画线开头的变量名特点。

6. 与运算符**对应的特殊方法名为____，与运算符//对应的特殊方法名为____。

第 8 章 模块和包

8.1 命名空间

8.1.1 命名和对象的区别

对象是单个的、唯一的。而多个命名可以指向同一个对象,所以命名在其他编程语言中常被称作别名。虽然这种特性看上去没有什么用,但在传递对象时作用很大,只需要传递一个命名即可,就像在 C 语言经常传一个指针一样,开销很小。

8.1.2 作用域和闭包机制

作用域非常容易出现缺陷。高级 Python 程序员需要深入理解作用域。Python 的作用域一般有 4 种,分别是:

(1) Local: 局部作用域;
(2) Enclosing: 闭包函数外的函数中;
(3) Global: 全局作用域;
(4) Built-in: 内置作用域。

当程序查找命名时,会按照上述编号作用域从 1 到 4 的顺序依次查找。也就是说,先在局部作用域查找,然后在闭包函数外的函数中查找,最后在全局作用域及内置作用域中查找。

Python 在函数定义、类定义和 Lambda 表达式内定义的命名会变成其局部作用域中的命名,覆盖全局作用域,但是出了这块作用域,作用域定义的命名就无效了,如下所示。

```
def demo():
    return "200"
def local():
    local = "100"
a = demo()
print(a)
b = demo().local
print(b)
>>> 运行结果
200
Traceback (most recent call last):
  File "/XXX.py", line7, in <module>
    b = demo().local
 AttributeError: 'str' object has no attribute 'local'
```

在 if...elif...else、try...expect 或循环语句内定义命名，其作用域依然是当前作用域。换句话说，在这些语句之外，依然可以访问在这些语句之内定义的命名。

```
if True:
    a = "100"
print(a)
>>> 运行结果
100
```

此处引入一个概念：闭包机制。在内层函数引用外层函数而非全局作用域中的命名，那么内层函数就被认为是闭包。在下面的例子中，调用外层函数 outer_func()时就产生了内层函数 inner_func()的闭包，并且该闭包有变量 a。这也意味着，如果函数外层 outer_func()执行完毕，内层函数 inner_func()依然拥有变量 a。这是因为变量 a 被闭包引用，不会被回收。

```
def outer_func(a):
    def inner_func(b):
        print("a = " + a + ", b = " + b)
    return inner_func
example = outer_func("100")
example("200")
>>> 运行结果
a = 100, b = 200
```

8.2 装 饰 器

8.2.1 简单装饰器

第 7 章简单地介绍了旧式类装饰器与新式类装饰器的区别，现在介绍更通用的装饰器。为了便于理解，先举个例子。快递外层的纸箱或塑料泡沫包装就好比是一个"装饰器"，它提供了保护快递的功能，同时也可以把包装拆下，打开快递。从本质上来讲，装饰器是 Python 的一个函数或一个类，它可以提供这样一个功能：在其他函数或类不更改原有代码的基础上增添新的功能属性，常用于程序日志记录、性能测试、权限校验等场景。

在下面的例子中，函数 start_logging()作为一个装饰器，可以装饰任何一个函数，只需要把函数名字传进来就好。而这个装饰器的作用是：在控制台上打印传进来的函数正在运行的信息。

```
def start_logging(func):
    def wrapper():
        print(func.__name__ + " is running")
        return func()
    return wrapper
def demo():
    print("this is a demo")
d = start_logging(demo)
d()
>>> 运行结果
```

```
demo is running
this is a demo
```

装饰器有一种更简洁的使用方式，那就是使用@符号。在逻辑业务函数前面@想要的装饰器，就可以直接使用被装饰器装饰过的逻辑业务函数，如下所示。

```
def start_logging(func):
    def wrapper():
        print(func.__name__ + " is running")
        return func()
    return wrapper
@start_logging
def demo():
    print("this is a demo")
demo()
>>> 运行结果
demo is running
this is a demo
```

8.2.2 参数的处理

参数主要分为两部分：业务逻辑函数参数和装饰器参数。业务逻辑函数参数传递外来业务逻辑函数时，wrapper()需要新增参数*args、**kwargs 并返回，如下所示。

```
def start_logging(func):
    def wrapper(*args, **kwargs):
        print(func.__name__ + " is running")
        return func(*args, **kwargs)
    return wrapper
@start_logging
def demo(arg):
    print("this is a " + arg)
demo("demo")
>>> 运行结果
demo is running
this is a demo
```

带参数的装饰器具有强大的灵活性。装饰器参数可以定义一个可接收参数的装饰器，并在wrapper()函数内部对参数进行解释。装饰器参数通常用于分级别打印日志，如下所示。

```
def log(content):
    def decorate(func):
        def wrapper(*args, **kwargs):
            print("decorate: " + content)
            print("wrapper: " + func.__name__ + " is running")
            return func(*args, **kwargs)
        return wrapper
    return decorate
@log("add")
def add(a, b):
    return a + b
@log("sub")
def sub(a, b):
    return a - b
add(1, 2)
```

```
sub(1, 2)
>>> 运行结果
decorate: add
wrapper: add is running
decorate: sub
wrapper: sub is running
```

8.2.3 调用顺序

一个函数可以同时调用多个装饰器进行装饰，但需注意调用顺序。一般调用顺序为自内朝外。下面例子的调用顺序与 f = a(b(c(func))) 等价。

```
def a(funa):
    print( "a is running")
    def wrapper():
        print(funa.__name__ + " is running in a")
        return funa()
    return wrapper

def b(funb):
    print( "b is running")
    def wrapper():
        print(funb.__name__ + " is running in b")
        return funb()
    return wrapper

def c(func):
    print( "c is running")
    def wrapper():
        print(func.__name__ + " is running in c")
        return func()
    return wrapper
@a
@b
@c
def fund():
    print("fund is running")
fund()

>>> 运行结果
c is running
b is running
a is running
wrapper is running in a
wrapper is running in b
fund is running in c
fund is running
```

8.3 模 块

8.3.1 什么是模块

从 Python 交互式命令行退出之后，前面定义过的函数和变量都会丢失。如果写一个稍微长一点的程序并且下次还运行它，最好使用文本编辑器或集成开发环境来编写一个*.py 脚本。

随着脚本文件越来越大，可能要把程序拆分成几个脚本文件，这些文件就被称为模块。

8.3.2 导入模块

Python 的自带模块（标准库）可以直接导入，无须手动配置。

```
import math
print(math.cos(math.pi))
>>> 运行结果
-1.0
```

也可以只导入指定的函数或方法。

```
from math import cos
from math import pi
print(cos(pi))
>>> 运行结果
-1.0
```

注意 Python 官方不推荐使用 from math import *这种方法，因为这种隐式导入难以发现导入的未知变量和方法是否与当前脚本的变量和方法命名重合，造成未知后果，也会降低代码的可读性。

```
from math import *
print(cos(pi))
>>> 运行结果
-1.0
```

导入的模块除了标准模块外，也可以是自定义的模块。自定义模块导入涉及模块搜索路径。可以通过检查 sys.path 来查看模块搜索路径。根据 Python 文档的官方解释，sys.path 变量的初始值来源如下：

（1）当前脚本运行目录或当前命令行所在目录；

（2）PYTHONPATH；

（3）安装时默认的目录。

也可以打印 sys.path 来查看当前模块搜索路径。

```
import sys
import pprint
pprint.pprint(sys.path)
>>> 运行结果
 ['/Users/xxx/Documents/xxx',
'/Library/Frameworks/Python.framework/Versions/3.6/lib/python36.zip',
'/Library/Frameworks/Python.framework/Versions/3.6/lib/python3.6',
'/Library/Frameworks/Python.framework/Versions/3.6/lib/python3.6/lib
    -dynload',
'/Library/Frameworks/Python.framework/Versions/3.6/lib/python3.6/site-
    packages']
```

模块导入格式包括如下几类：

（1）将整个模块（somemodule）导入，格式为：

```
import somemodule
```

(2)从某个模块中导入某个函数,格式为:

```
from somemodule import somefunction
```

(3)从某个模块中导入多个函数,格式为:

```
from somemodule import firstfunc, secondfunc, thirdfunc
```

(4)将某个模块中的全部函数导入,格式为:

```
from somemodule import *
```

8.3.3 标准模块

Python 自带模块(标准库)内容众多,功能强大。Python 官方提供了丰富的自带模块,针对许多问题提出了标准化的解决方案,其中包括系统底层操作模块,这让一些不了解系统底层运行的程序员也可以快速编写系统底层程序。限于篇幅,表 8.1 只提及一些常用的标准模块,读者可以在 Python 官方帮助文档中查看详细的完整列表。

表 8.1 Python 常用的标准模块

名 称	用 途
string	字符串操作
re	正则表达式操作
struct	把一个类型,如数字,转换为固定长度的字节
datetime	基本日期和时间类型
collections	容器
array	高效数值数组
pprint	整洁地打印数据
math	数学相关函数
random	生成随机数
itertools	高效迭代工具
os.path	路径名称操作
shutil	高级文件操作
pickle	对象序列持久化
sqlite3	连接 Sqlite3 数据库
zipfile	读取与压缩 ZIP 文件
csv	读写 CSV 文件
os	操作系统的各种接口
time	时间存取转换
logging	日志记录工具
multiprocessing	并行管理进程
subprocess	子进程管理器
email	处理电子邮件
json	JSON 文件格式的解码与编码
urllib	处理 URL
http	处理 HTTP
ftplib	FTP 客户端

续表

名 称	用 途
audioop	处理音频数据
tkinter	Tk GUI 界面接口
venv	创建虚拟环境
sys	系统特定参数和函数
builtins	内置对象
gc	垃圾处理回收

8.4 包

8.4.1 包的概述

Python 丰富的自带模块（标准库）和海量的第三方模块大幅度提升了开发效率。包是许多模块的集合，包里面存着各种各样的模块，例如 json 包，里面有 json.decoder、json.scanner、json.encoder 和 json.tool 等模块。

值得一提的是，包和模块究竟有什么区别？模块是在一个 import 语句下，导入并使用的单个或多个文件，而包则是提供包层次结构的目录中的模块集合。简而言之，一个包可能有许多模块，大多数情况下，只使用其中的一个模块即可。

可以通过 import 语句导入包，但是需要特别注意，在通过 import 语句导入包时，Python 解释器只是导入了包里面__init__.py 这个文件，这个文件导入了什么模块、定义了什么函数和方法甚至变量，Python 解释器就导入什么。例如 json 包里面的__init__.py 文件如果没有导入其他模块，是不能直接调用其他模块的函数的，除非手动导入这一模块，如 import json.decoder。

在下面的例子中，写了一个包 packagea。这个包有两个文件，分别是__init__.py 和 hello.py。在脚本文件中，导入了 packagea 包，但是却无法调用在 hello.py 中定义的 print_hello()函数，因为__init__.py 文件中没有导入 hello.py 模块。

```
#packagea/__init__.py
def print_init():
    print("Init!")
#packagea/hello.py
def print_hello():
    print("Hello!")
#XXX.py
import packagea
packagea.print_init()
packagea.hello.print_hello()
```
>>> 运行结果
```
Init!
Traceback (most recent call last):
    File "/Users/acbetter/Documents/pyacbetter/script/temp.py", line 4,
 in <module>
    packagea.hello.print_hello()
AttributeError: module 'packagea' has no attribute 'hello'
```

要避免此类问题，通常有以下两种方法解决：一是在修改包的代码，在__init__.py 中导入想要调用的模块；二是通过包名导入某一具体的模块。第二种方法可以使用 from packagea import hello 语句或 import packagea.hello 语句来调用 hello 模块，但是这两种语句有一些细微的区别需要注意。先看下面的例子。

```
# XXX.py
import packagea.hello
packagea.print_init()
packagea.hello.print_hello()
>>> 运行结果
Init!
Hello!
```

细心的读者会发现，这里并没有导入 packagea 包，只是导入了其中的 hello 模块，但实际上在执行导入的过程中，Python 解释器已完成了 packagea 包的初始化工作，也就是说，import packagea.hello 语句在导入 packagea.hello 时，顺便把__init__.py 中的内容导入也执行了一遍。相对应地，from packagea import hello 则可以直接导入模块内容且避免初始化__init__.py，如下所示。

```
# XXX.py
from packagea import hello
hello.print_hello()
print_init()
>>> 运行结果
Hello!
Traceback (most recent call last):
  File "/Users/acbetter/Documents/pyacbetter/script/temp.py", line 4, in
      <module>
    print_init()
NameError: name 'print_init' is not defined
```

8.4.2 包管理工具——pip

pip 是一个由 Python 语言编写的软件包管理系统，默认基于"Python 软件包索引"（Python Package Index）（PyPI）安装和管理 Python 包。在 PyPI 上，大量的第三方包可被安装、调用。Python 非常好用的一点在于，可以通过调用海量的第三方包，大大节约程序开发时间。可以通过命令直接安装某一个包。

pip 常见的命令及含义如表 8.2 所示。

表 8.2 常用的 **pip** 命令

命 令	含 义
pip --version	显示版本和路径
pip --help	获取帮助
pip install -U pip	升级 pip
pip install XXX #	安装最新版本的库
pip install XXX==1.0.4	安装指定版本的库

续表

命　令	含　义
pip install XXX>=1.0.4	安装最小版本的库
pip install --upgrade XXX	升级库，通过使用==、>=、<=、>、< 来指定一个版本号
pip install -U XXX	升级库
pip uninstall XXX	卸载库
pip show	显示安装库的信息
pip show -f XXX	查看指定库的详细信息
pip list	列出已安装的库
pip list -o	查看可升级的库
pip freeze	查看已经安装的库以及版本信息
pip install XXX -i http://pypi.mirrors.ustc.edu.cn/simple	在线安装库时指定安装路径
pip install -r requirements.txt	安装指定文件中的库，通过使用==、>= 、<= 、>、<来指定版本，不写则安装最新版，requirements.txt 内容格式为： APScheduler==2.1.2 Django==1.5.4
python2 -m pip install XXX	当 Python 2 和 Python 3 同时有 pip 时，安装在 Python 2 中
python3 -m pip install XXX	当 Python 2 和 Python 3 同时有 pip 时，安装在 Python 3 中

在安装或升级某些库（XXX）的时候，有时会出错，常见的错误及解决方法如下：

（1）Cannot uninstall 'XXX'. It is a distutils installed project and thus we cannot accurately determine which files belong to it which would lead to only a partial uninstall。

解决方法 1：找到该目录 C:\Program Files\Anaconda3\Lib\site-packages 下的 XXX.egg-info 文件删除后，正常输入 pip 命令即可。

解决方法 2：若不存在 XXX.egg-info 文件，则在正常命令中加--ignore-installed 即可。如 pip install --upgrade XXX→pip install --upgrade --ignore-installed XXX。

（2）socket.timeout: The read operation timed out。

解决方法：提示操作超时，应该输入 pip --default-timeout=1000 install XXX。

另外，如果更新 pip 提示超时，建议更换下载源（例子来源为豆瓣网）。输入 python -m pip install --upgrade pip -i http://pypi.douban.com/simple --trusted-host http://pypi.douban.com。

（3）Could not install packages due to an EnvironmentError: [WinError 5] 拒绝访问：'C:\\Users\\Administrator\\AppData\\Local\\Temp\\pip-uninstall-olx6o3zb\\pip.exe'。

解决方法：在升级 pip 时提示环境错误，应该在 pip 命令中加入--user，即修改 pip 更新命令为 pip install -U --user pip。

（4）import Error:cannot import name'tf_utils'。

解决方法：在安装 TensorFlow(1.5.0)和 Keras(2.3.1)的时候发生的报错，原因是 Keras 版本过高，即降低 Keras 的版本为 2.1.3。

（5）ERROR: XXX-modules 0.2.7 has requirement XXX<0.5.0,>=0.4.6, but you'll have XXX 0.1.9 which is incompatible。

解决方法：在安装某些库时，会出现类似上方报错，原因是 XXX 库的版本不符合要求，更新 XXX 库即可。

（6）ERROR: XXX 3.3.6 requires YYYY<5.13; python_version >="3", which is not installed.

解决方法：在安装某些库时，提示 YYYY 库版本需低于 5.13，且 Python 版本需为 Python 3，则需要将 YYYY 库降低版本至 5.12 即可。命令行参考：pip install YYYY==5.12.0。

8.4.3 虚拟环境工具——virtualenv

virtualenv 是一个创建隔绝的 Python 环境的工具。在使用时，virtualenv 会创建一个包含所有必要的可执行文件的文件夹，用来保存 Python 工程所需的包。

可以通过 pip 安装 virtualenv：

```
$ pip install virtualenv
```

可以测试安装版本：

```
$ virtualenv -version
```

可以为一个工程创建一个虚拟环境：

```
$ cd my_project_folder
$ virtualenv my_project
```

virtualenv my_project 将会在当前的目录中创建一个文件夹，包含 Python 包的可执行文件，以及 pip 库的一个副本，这样就能通过 pip 安装其他包了。虚拟环境的名字（此例中是 my_project）可以是自定义的。需要注意的一点是：如果省略了名字，virtualenv 将会把这个虚拟环境文件放在当前目录下。

可以决定选择使用一个 Python 解释器（例如 Python 3.6）：

```
$ virtualenv -p /usr/bin/python3.6 my_project
```

或者使用"~/.bashrc"的一个环境变量将解释器改为全局性的：

```
$ export VIRTUALENVWRAPPER_PYTHON=/usr/bin/python3.6
```

要开始使用虚拟环境，需要将其激活：

```
$ source my_project/bin/activate
```

当前虚拟环境的名字会显示在命令行提示符左侧，因为它是被激活的。从现在起，任何使用 pip 安装的包将会放在 my_project 文件夹中，这样就相当于创建了一个虚拟环境，与全局安装的 Python 隔绝开。

此时可以像平常一样安装包，例如：

```
$ pip install requests
```

如果在虚拟环境中暂时完成了安装包的操作，可以暂时停用这个虚拟环境：

```
$ deactivate
```

使用 deactivate 命令将会回到系统默认的 Python 解释器，包括已安装的库也回到默认的状态。

要删除一个虚拟环境，只需删除它的文件夹。不过这有一个坏处：一段时间后，可能会有很多个虚拟环境散落在系统各处，并且可能忘记它们的名字或者位置。运行带--no-site-packages 选项的 virtualenv 将不会包括全局安装的包。这可用于保持包列表干净，以防以后需要访问它（--no-site-packages 在 virtualenv 1.7 及之后是默认参数）。

为了保持环境的一致性，可以在恰当的时机把当前环境中所有包都导出。

```
$ pip freeze > requirements.txt
```

这将会创建一个 requirements.txt 文件，其中包含了当前环境中所有包及各自版本的简单列表。如果需要重新创建这样的环境，或者另一个开发者需要创建当前环境，只需要执行下面这条语句就可以了：

```
$ pip install -r requirements.txt
```

这能帮助确保安装、部署和开发者之间的一致性。最后记住，在 Git 等源代码版本控制中排除虚拟环境文件夹，可在 ignore 的列表中加上它。

8.5 实 例 精 选

【★例 8.1】Python 在闭包中绑定变量实例。

```python
def create_multipliers():
    return [lambda x : i * x for i in range(5)]
for multiplier in create_multipliers():
    print(multiplier(2))
```

也许希望获得下面的输出结果：

0
2
4
6
8

但实际的结果却是：

8
8
8
8
8

之所以会发生偏差，是由于 Python 中的"后期绑定"行为——**闭包中用到的变量只有在函数被调用时才会被赋值**。所以，在上面的代码中，任何时候当返回的函数被调用时，Python 会在该函数被调用时的作用域中查找 i 对应的值（这时，循环已经结束，所以 i 被赋上了最终的值——4）。

解决的方法如下：

```python
def create_multipliers():
```

```
    return [lambda x ,i = i: i * x for i in range(5)]
for multiplier in create_multipliers():
    print(multiplier(2))
```

运行结果是:

```
0
2
4
6
8
```

注 在这里利用了默认参数来生成一个匿名的函数以便实现想要的结果。

【★例 8.2】 创建循环依赖模块实例。

假设有 a.py 和 b.py 两个文件，它们之间相互引用，如下所示：

```
a.py:
import b
def f():
    return b.x
print (f())
```

```
b.py:
import a
x = 1
def g():
    print (a.f())
```

首先尝试引入 a.py：

```
>>> import a
 1
```

此时可以正常工作。原因是在 Python 中，仅仅引入一个循环依赖的模块是没有问题的。如果一个模块已经被引入了，Python 并不会去再次引入它。但是，根据每个模块要访问其他模块中的函数和变量位置的不同，就很可能会遇到问题。

回到这个例子，当引入 a.py 时，再引入 b.py 不会产生任何问题，因为当引入时，b.py 不需要在 a.py 中定义任何东西。b.py 中唯一引用 a.py 中的东西是调用 a.f()。但是那个调用是发生在 g() 中的，并且 a.py 和 b.py 中都没有调用 g()，因此正常。

但是，如果尝试去引入 b.py 会发生什么呢（在这之前不引入 a.py）？如下所示：

```
>>> import b
Traceback (most recent call last):
    File "<stdin>", line 1, in <module>
    File "b.py", line 1, in <module>
import a
    File "a.py", line 6, in <module>
print (f())
    File "a.py", line 4, in f
return b.x
AttributeError: 'module' object has no attribute 'x'
```

此处的问题是，在引入 b.py 的过程中，Python 尝试去引入 a.py，但是 a.py 要调用 f()，而 f() 又尝试去访问 b.x。但是**此时 b.x 还没有被定义，所以发生了 AttributeError 异常**。

解决这个问题很简单，只需修改 b.py，使其在 g()中引入 a.py：

```
x = 1
    def g():
        import a        #只有当 g()被调用的时候才会引入 a
        print (a.f())
```

现在再引入 b，没有任何问题：

```
>>> import b
>>> b.g()
 1
 1
```

【★例 8.3】 Python 2 和 Python 3 之间的差异实例。

请看下面这个 filefoo.py：

```
import sys
def bar(i):
    if i == 1:
        raise KeyError(1)
    if i == 2:
        raise ValueError(2)
def bad():
    e = None
    try:
        bar(int(sys.argv[1]))
    except KeyError as e:
        print('key error')
    except ValueError as e:
        print('value error')
    print(e)
bad()
```

在 Python 2 中运行正常：

```
$ python foo.py 1
key error
 1
$ python foo.py 2
value error
 2
```

但是，现在把它在 Python 3 中运行一下：

```
$ python3 foo.py 1
key error
Traceback (most recent call last):
 File "foo.py", line 19, in <module>
    bad()
  File "foo.py", line 17, in bad
    print(e)
UnboundLocalError: local variable 'e' referenced before assignment
```

原因是 Python 3 中异常的对象在 except 代码块之外是不可见的。这样做的原因是，它将保存一个对内存中堆栈帧的引用周期，直到垃圾回收器运行并且从内存中清除掉引用。

解决办法是在 except 代码块的外部作用域中定义一个对异常对象的引用，以便访问。

```python
import sys
def bar(i):
    if i == 1:
        raise KeyError(1)
    if i == 2:
        raise ValueError(2)
def good():
    exception = None
    try:
        bar(int(sys.argv[1]))
    except KeyError as e:
        exception = e
        print('key error')
    except ValueError as e:
        exception = e
        print('value error')
    print(exception)

good()
```

在 Python 3 中运行：

```
$ python3 foo.py 1
key error
 1
$ python3 foo.py 2
value error
 2
```

8.6 实验与习题

在 Python 中，模块、包和库的区别是什么？

第 9 章　异　　常

9.1　异 常 概 述

9.1.1　什么是异常

异常是指执行过程中出现错误导致程序无法正常运行。Python 用异常对象来表示异常情况。当 Python 试图执行无效代码时，就会抛出异常，如下面的报错。

```
>>> 8/0
Traceback (most recent call last):
  File "<pyshell#0>", line 1, in <module>
    8/0
ZeroDivisionError: integer division or module by zero
```

关于异常有以下两个步骤。

（1）异常产生：检查到错误且解释器认为是异常，抛出异常。

（2）异常处理：截获异常，忽略或者终止程序处理异常。

9.1.2　标准异常类

标准异常类是解释器内建的异常类，用交互式解释器进行分析。标准异常类可以在 exceptions 模块中找到。一些重要的标准异常类如表 9.1 所示。

表 9.1　Python 重要的标准异常类

类　名	描　　述
BaseException	所有异常的基类
SystemExit	解释器请求退出
KeyboardInterrupt	用户中断执行
IOError	试图打开不存在的文件
IndexError	在使用序列中不存在的索引时引发
StandardError	所有的内建标准异常的基类
ArithmeticError	所有数值计算错误的基类
FloatingPointError	在浮点计算错误时引发
SyntaxError	在代码为错误形式时引发

续表

类 名	描 述
OSError	操作系统错误
TypeError	在内建操作或者函数应用于错误类型的对象时引发
UserWarning	用户代码生成的警告
ZeroDivisionError	在除法或者模除操作的第二个参数为 0 时引发

9.2 异常处理

9.2.1 try…except 语句

程序发生异常可以使用 try…except 语句来实现捕捉。下面来看一个简单的例子。

```
try:
    f=open('error.txt')
    line=f.read(2)
    num=int(line)
    print ("read num=%d") % num
except IOError as e:
    print ("catch Error:",e)
```

try 后面的代码段表示可能发生异常的代码；except 就是捕获异常后，做出的相应处理。这段代码的功能是打开一个文件（文件的使用将在第 10 章学习），然后读取前两字节，把它强制转换为 int 数据类型并显示。

如果 error.txt 文件存在，交互式解释器就会显示：

```
read num=60    //这里 60 是 error.txt 存的字符串
```

如果 error.txt 不存在，except 就会对错误进行处理：

```
catch Error: [errno 2] No such file or directory: 'error.txt'
```

try 语句按照以下方式工作：

（1）执行 try 子句（在关键字 try 和关键字 except 之间的语句）；

（2）如果没有异常发生，则忽略 except 子句，执行完 try 子句后结束；

（3）如果在执行 try 子句的过程中发生了异常，则 try 子句余下部分将被忽略；如果异常和 except 后面的名称相符，那么对应的 except 子句将被执行，最后执行 try 语句后面的代码；

（4）如果一个异常没有与任何的 except 子句匹配，则这个异常将会传递到上一个 try 中。

上面的例子只是简单的 try…except 语句，其实一个 try 语句可以包含多个 except 子句，分别来处理不同的特定的异常，最多只有一个分支被执行。

9.2.2 try…except…else 语句

同理，try…except…else 也是比较简单的语句，来看一个简单的例子：

```
try:
    class test:
        def getdata(self):
            return self.data
    y=test()
    y.data=100
    y.getdata()
except AttributeError:
    print("出错了：访问对象属性出错！")
else:
    print("程序中没有发生错误")
print("程序执行完毕！")
```

从执行结果可以看到，在程序没有发生异常时，else 部分的代码被执行。

9.2.3　try…except…finally 语句

下面来看一个简单的例子：

```
try:
    class test:
        def getdata(self):
            return self.data
    y=test()
    y.data=100
    y.getdata()
except AttributeError:
    print("出错了：访问对象属性出错！")
else:
    print("程序中没有发生错误")
finally:
    print("程序执行 try 后，总会执行 finally 语句！")
```

>>> 运行结果
程序中没有发生错误
程序执行 try 后，总会执行 finally 语句！

可以看到，在执行完 try…except 语句后，程序总会执行 finally 语句。

9.3　抛出异常和自定义异常

9.3.1　抛出异常

当 Python 程序试图执行无效代码时，就会抛出异常。在 9.2 节中，已看到如何使用 try…except 语句来处理 Python 程序的异常。程序可以从预期的异常中恢复，也可以在代码中抛出异常。抛出异常相当于停止运行这个函数中的代码，将程序执行转到 except 语句。

抛出异常使用 raise 语句。在代码中，raise 语句包含以下部分：

（1）raise 关键字；
（2）对 Exception()函数的调用；

(3)传递给 Exception()函数的字符串,包含有用的出错信息。

通常是调用该函数的代码知道如何处理异常,而不是该函数本身。所以常常会看到 raise 语句在一个函数中,try…except 语句在调用该函数的代码中。例如,打开一个新的文件编辑窗口,输入以下代码:

```
def boxPrint(symbol,width,height):
    if len(symbol)!=1:
        raise Exception("Symbol must be a single. ")
    if width <= 2:
        raise Exception("With must be greater than 2. ")
    if height <= 2:
        raise Exception("Height must be greater than 2. ")
    print(symbol * width)
    for i in range(height - 2):
        print(symbol + (' ' (width - 2)) + symbol)
    print(symbol * width)
for sym, w, h in (('*',4,4),( '0',20,5),( 'x' ,1,3),( 'ZZ',3,3)):
    try:
        boxPrint(sym,w,h)
    except Exception as err:
        print("An exception happened:  "+ str(err))
```

程序中定义了一个 boxPrint()函数,它接收一个字符、一个宽度和一个高度。它按照指定的宽度和高度,用该字符创建了一个小盒子的图像。这个盒子被打印在屏幕上。

假定希望该字符宽度和高度要大于 2,添加了 if 语句,如果这些条件没有满足,就会抛出异常。稍后,当用不同的参数调用 boxPrint()时,try…except 语句就会处理无效的参数。

这个程序使用了 except 语句的 except Exception as err 形式。如果 boxPrint()返回一个 Exception 对象,这条语句就会将它保存在名为 err 的变量中。Exception 对象可以传递给 str(),将它转换为一个字符串,得到用户友好的出错信息。运行 boxprint.py,输出如下:

```
****
*  *
*  *
****
00000000000000000000
0                  0
0                  0
0                  0
00000000000000000000
An exception happened: Width must be greater than 2.
An exception happened: Symbol must be a single character string.
```

使用 try…except 语句,可以更优雅地处理错误,而不是让整个程序崩溃。

9.3.2 自定义异常

自定义异常可以提供常规异常处理之外的自定义操作,例如,将异常现象写入文件等。

前面遇到的各种异常均属于 Python 内置的预定义异常类型,所有异常类都有共同的超类:BaseException 和 Exception。这里不再对这两类说明。

如果需要在程序中使用 raise 语句引发自定义的异常，则可使用 Exception 类或其他内置的预定义异常类型作为超类来定义自己的异常类。

例如：

```
>>> class test(Exception):
    pass           #定义一个空的异常类，超类为 Exception
…
>>> raise test("测试自定义异常类")      #引发自定义异常类
  File "<stdin>",line 1,in <module>
    __main__.test: 测试自定义异常类

>>> class test (IndexError):
    pass
…
>>> raise test("测试自定义异常类")      #引发自定义异常类
Traceback (most recent call last):
  File "<stdin>",line 1,in <module>
__main__.test:测试自定义异常类
```

9.4 断言与上下文管理

9.4.1 断言

断言是一个正常的检查，确保代码没有做什么明显错误的事情。这些正常的检查由 assert 语句执行。断言（assert）用于判断一个表达式，在表达式条件为 False 时触发异常。在代码中，assert 语句包含以下部分：

（1）assert 关键字；
（2）条件（即求值为 True 或 False 的表达式）；
（3）逗号；
（4）当条件为 False 时显示的字符串。

例如，在交互式环境中输入以下代码：

```
>>> podBayDoorStatus = ' open '
>>> assert podBayDoorStatus == ' open',' The pod bay doors need to be "open".'
>>> podBayDoorStatus =' I \' m sorry,Dave. I\' m afraid I can\' t do that.'
>>> assert podBayDoorStatus == ' open',' The pod bay doors need to be
         "open".'
Traceback (most recent call last):
    File "<pyshell#10>",line 1, in <module>
        Assert podBayDoorStatus == ' open',' The pod bay doors need to be "open".'
AssertionError: The pod bay doors need to be "open".
```

程序中将 podBayDoorStatus 设置为'open'，基于这个值是'open'的假定，可能写下了大量的代码，即这些代码依赖于它是'open'才能按照期望工作。所以添加了一个断言，确保假定 podBayDoorStatus=='open'是对的，加入了信息'The pod bay doors need to be "open",'如果断言失败，就很容易看到哪里出错。在后续程序中如果 podBayDoorStatus 被重新赋值，这个断言会抓住这个错误并清楚地告诉程序员出了什么错。

断言针对的是程序员的错误，而不是用户的错误。对于那些可以恢复的错误（诸如文件没有找到，或用户输入了无效的数据等），会抛出异常，而不是用 assert 语句检测它。

9.4.2 上下文管理

在使用 Python 编程中，可能会经常碰到这种场景：有一个特殊的语句块，在执行之前需要先执行准备动作；在语句块执行完成后，需要继续执行收尾动作。

例如，当需要操作文件或数据库时，先需要获取文件句柄或者数据库连接对象，当执行完相应的操作后，需要执行释放文件句柄或者关闭数据库连接的动作；又如，多线程程序需要访问临界资源时，线程首先需要获取互斥锁，当执行完成并准备退出临界区时，需要释放互斥锁。

对于上述场景，Python 中提供了上下文管理器（context manager）的概念，可以通过上下文管理器来定义/控制代码块执行前的准备动作，以及执行后的收尾动作。

那么在 Python 中怎么实现一个上下文管理器呢？这里，又要提到两个方法：__enter__()和__exit__()。__enter__(self)：在使用 with 语句时调用，会话管理器在代码块开始前调用，返回值与 as 后的参数绑定；__exit__(self, exc_type, exc_val, exc_tb)：会话管理器在代码块执行完成后调用，在 with 语句完成时、对象销毁之前调用。

exc_type 如果抛出异常，这里获取异常的类型；

exc_val 如果抛出异常，这里显示异常内容；

exc_tb 如果抛出异常，这里显示所在位置。

也就是说，当需要创建一个上下文管理器类型时，就需要实现__enter__()和__exit__()方法，这对方法称为上下文管理协议（context manager protocol）。方法中定义了一种运行时上下文环境。

对于自定义的类型，可以通过实现__enter__()和__exit__()方法来实现上下文管理器。

看下面的代码，代码中定义了一个 MyTimer 类型，这个上下文管理器可以实现代码块的计时功能。

【例 9.1】 上下文管理器实现代码计时功能。

```
import time
class MyTimer(object):
    def __init__(self, verbose = False):
        self.verbose = verbose
    def __enter__(self):
        self.start = time.time()
        return self
    def __exit__(self, *unused):
        self.end = time.time()
        self.secs = self.end - self.start
        self.msecs = self.secs * 1000
        if self.verbose:
            print ("elapsed time: %f ms" %self.msecs)
```

下面例子结合 with 语句使用这个上下文管理器：

```
def fib(n):
    if n in [1, 2]:
```

```
            return 1
        else:
            return fib(n-1) + fib(n-2)
with MyTimer(True):
    print(fib(30))
```

代码输出结果为:

```
832040
elapsed time: 317.000151 ms
```

在使用上下文管理器时，如果代码块（with_suite）产生了异常，__exit__()方法将被调用，而__exit__()方法又会有不同的异常处理方式。

当__exit__()方法退出当前运行时的上下文时，会并返回一个布尔值，该布尔值表明了"如果代码块（with_suite）执行中产生了异常，该异常是否需要被忽略"。

当__exit__()返回 False 时，重新抛出（re-raised）异常到上层。

修改前面的例子，在 MyTimer 类型中加入一个参数 ignoreException 来表示上下文管理器是否会忽略代码块（with_suite）中产生的异常。

【例 9.2】 带参数的代码计时功能。

```
import time
class MyTimer(object):
    def __init__(self, verbose = False, ignoreException = False):
        self.verbose = verbose
        self.ignoreException = ignoreException
    def __enter__(self):
        self.start = time.time()
        return self
    def __exit__(self, *unused):
        self.end = time.time()
        self.secs = self.end - self.start
        self.msecs = self.secs * 1000
        if self.verbose:
            print ("elapsed time: %f ms" %self.msecs)
        return self.ignoreException
try:
    with MyTimer(True, False):
        raise Exception("Ex4Test")
except Exception as e:
    print ("Exception (%s) was caught" %e)
else:
    print ("No Exception happened")
```

由于__exit__()方法返回 False，所以代码块（with_suite）中的异常会被继续抛到上层代码：

运行结果：

```
elapsed time: 0.000000 ms
Exception (Ex4Test) was caught
```

当 __exit__()返回 True 时，代码块（with_suite）中的异常被忽略。将代码改为__exit__()返回为 True 的情况：

```
try:
    with MyTimer(True, True):
        raise Exception("Ex4Test")
except Exception as e:
    print ("Exception (%s) was caught" %e)
else:
    print ("No Exception happened")
```

代码块（with_suite）中的异常被忽略了，代码继续运行，运行结果如下：

```
elapsed time: 0.000000 ms
No Exception happened
```

注意，一定要小心使用__exit__()返回 True 的情况，除非很清楚为什么这么做。

9.5 两个特殊语句

9.5.1 raise 语句

raise 语句的基本语法如下：

```
raise 异常类名              #创建异常类的实例对象，并引发异常
raise 异常类实例对象         #引发异常类实例对象对应的异常
raise                      #重新引发刚刚发生的异常
```

Python 执行 raise 语句时，会引发异常并传递异常类的实例对象。

常见的引起异常的因素有以下几类。

（1）用类名引发异常。

raise 语句中指定异常类名时，创建该类的实例对象，然后引发异常。例如：

```
>>> raise IndexError            #引发异常
Traceback(most recent call last):
    File"<stdin>",line 1,in <module>
IndexError
```

（2）用异常类实例引发异常。

可以直接使用异常类实例对象来引发异常。例如：

```
>>> x=IndexError()              #创建异常类的实例对象
>>> raise x                     #引发异常
Traceback(most recent call last):
    File "<stdin>",line 1,in <module>
IndexError
```

（3）传递异常。

不带参数的 raise 语句可再次引发刚刚发生过的异常，其作用就是向外传递异常。例如：

```
>>> try:
...     raise IndexError           #引发 IndexError 异常
...  except:
...     print("出错了")
```

```
...     raise
...
出错了
Traceback (most recent call last):
  File "<stdin>",line 2, in <module>
IndexError
```

（4）异常链：异常引发异常。

可以使用 raise…from…语句，使用异常引发另一个异常。例如：

```
>>> try:                                              #引发除0异常
...     6/0
... except Exception as x:
...     raise IndexError("下标越界") from x   #引发另一个异常
...

Traceback (most recent call last):
  File "<pyshell#13>", line 2, in <module>
    6/0
ZeroDivisionError: division by zero

The above exception was the direct cause of the following exception:

Traceback (most recent call last):
  File "<pyshell#13>", line 4, in <module>
    raise IndexError("下标越界") from x
IndexError: 下标越界
```

9.5.2　with 语句

有一些任务，可能要事先设置，事后做清理工作。对于这种场景，Python 的 with 语句提供了一种非常方便的处理。一个很好的例子是文件处理，需要获取一个文件句柄，从文件中读取数据，然后关闭文件句柄。

with 工作原理如下：

（1）紧跟 with 后面的语句被求值后，返回对象的__enter__()方法被调用，这个方法的返回值将被赋值给 as 后面的变量；

（2）当 with 后面的代码块全部被执行完之后，将调用前面返回对象的__exit__()方法。

with 语句并不是必需的语句，它的替代方案就是 try…finally 语句。只不过 with 语句需要的对象比较特殊，需要自带__enter__()和__exit__()实现，与 C++的构造和析构函数很像，在对象生命周期开始和结束时自动分别调用构造和析构函数，它只是一个具备执行流程顺序的封装语句而已，只是在资源创建销毁时使用，起到精简代码的作用。

with 语句就是为了提供一个标准的 try…finally 使用方式。注意，没有 except 语句该抛出的异常还是会抛出的。它的重点在 context manager 上，满足 context manager protocol 的对象称为 context manager。这个协议对象必须实现 __enter__() 和 __exit__()方法。在标准库中，files、sockets 和 locks 对象都实现了这个协议。

open()的位置在 The Python Standard Library->Built in Functions 中。如果打开失败，那么会

抛出一个 OSError 错误，with 是捕捉不到这个异常的。

自定义 context manager 的方式有两种：一种是定义一个类并实现__enter__()和__exit__()方法；另一种是使用@contextmanager 来修饰 generator()函数，这种比较方便，只需要定义一个函数即可。

以下例子列举了 context manager 的两种创建方式。

【例 9.3】 创建 context manager。

```
import io
from contextlib import contextmanager

class transaction:
    def __init__(self, obj):
        print ("get a db handle")
        self.obj = obj
    def __enter__(self):
        print ("begin db transaction")
        return self.obj
    def __exit__(self, *exc_info):
        if exc_info is None:
            print ("rollback db transaction")
        else:
            print ("commit db transaction")

@contextmanager
def TransactionDecorator(obj):
    print("begin db transaction")
    try:
        yield None
    except Exception:
        print("do db rollback")
    else:
        print("commit db transaction")

if __name__ == '__main__':
    print ("====== transaction class ======")
    with transaction(None):
        print ("do insert into sql")
    print("====== Transaction Generator1 ======")
    with TransactionDecorator(None):
        print("do insert into sql-1")
        raise 1
    print("====== Transaction Generator2 ======")
    with TransactionDecorator(None):
        print("do insert into sql-2")
```

运行结果如下：

```
====== transaction class ======
get a db handle
begin db transaction
do insert into sql
```

```
commit db transaction
====== Transaction Generator1 ======
begin db transaction
do insert into sql-1
do db rollback
====== Transaction Generator2 ======
begin db transaction
do insert into sql-2
commit db transaction
```

with 语句用于包装带有使用上下文管理器定义的方法的代码块的执行。这允许对普通的 try…except…finally 使用模式进行封装以方便地重用，语法如下：

```
with_stmt ::= "with" with_item ("," with_item)* ":" suite
with_item ::= expression ["as" target]
```

或者

```
with EXPR as VAR:
    BLOCK
```

with 语句的执行过程如下：

（1）对上下文表达式（在 with_item 中给出的表达式）求值以获得一个上下文管理器。

（2）载入上下文管理器的 __exit__() 以便后续使用。

（3）发起调用上下文管理器的 __enter__() 方法。

（4）如果 with 语句中包含一个目标，来自 __enter__() 的返回值将被赋值给它。

with 语句会保证如果 __enter__() 方法返回时未发生错误，则 __exit__() 将总是被调用。因此，如果在对目标列表赋值期间发生错误，则会将其视为在语句体内部发生的错误。参见下面的第（6）步。

（5）执行语句体。

（6）如果语句体的退出是由异常导致的，则其类型、值和回溯信息将被作为参数传递给 __exit__()。否则，将提供 3 个 None 参数。

如果语句体的退出是由异常导致的，并且来自 __exit__() 方法的返回值为假，则该异常会被重新引发。如果返回值为真，则该异常会被抑制，并会继续执行 with 语句之后的语句。

如果语句体由于异常以外的任何原因退出，则来自 __exit__() 的返回值会被忽略，并会在该类退出正常的发生位置继续执行。

【例 9.4】with 语句的使用。

```
class Mycontextmanager(object):
    def __init__(self,name):
        self.name=name
    def __enter__(self):
        print("enter")
        return self
    def do_self(self):
        print(self.name)
    def __exit__(self,exc_type,exc_value,traceback):
```

```python
        print("exit")
        print(exc_type,exc_value,traceback)

if __name__ == '__main__':
    with Mycontextmanager('test') as var:
        var.do_self()
```

运行结果如下：

```
enter
test
exit
None None None
```

当程序出现错误时：

```python
class Mycontextmanager(object):
    def __init__(self,name):
        self.name=name
    def __enter__(self):
        print("enter")
        return self
    def do_self(self):
        print(self.name)
        print(self.state)
    def __exit__(self,exc_type,exc_value,traceback):
        print("exit")
        print(exc_type,exc_value,traceback)

if __name__ == '__main__':
    with Mycontextmanager('test') as var:
        var.do_self()
```

运行结果如下：

```
enter
test
exit
<class 'AttributeError'> 'Mycontextmanager' object has no attribute 'state'
         <traceback object at 0x00000243FD5BE048>
Traceback (most recent call last):
  File "C:\Users\xxx\Desktop\test.py", line 16, in <module>
    var.do_self()
  File "C:\Users\xxx\Desktop\test.py", line 9, in do_self
    print(self.state)
AttributeError: 'Mycontextmanager' object has no attribute 'state'
```

9.6 调试程序

9.6.1 使用 IDLE 调试程序

单击 IDLE，进入 Python 3.6.1 Shell 界面，这里选择 Debug→Debugger 命令就可以进入调试模式，如图 9.1 所示。

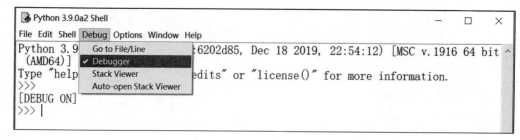

图 9.1 选择 Debugger 命令示意图

这时会弹出一个窗口,这就是要用到的调试窗口,如图 9.2 所示。

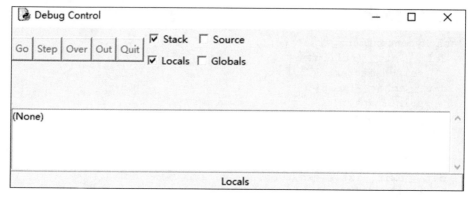

图 9.2 调试窗口界面示意图

运行要调试的代码文件,这里已经打开了一个将要调试的文件(注意选择 File→Open 命令打开,文件的操作将在第 10 章详细介绍),选择 Run→Run Module 命令,如图 9.3 所示。

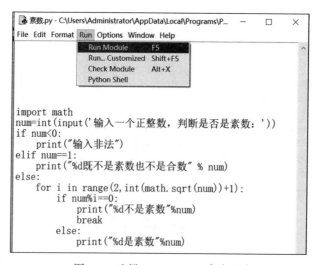

图 9.3 选择 Run Module 命令示意图

这时可以看到调试窗口显示出了数据(如果没有数据,则关闭重新打开,先打开 IDLE,然后打开代码文件,接着打开调试模式,再运行代码),如图 9.4 所示。

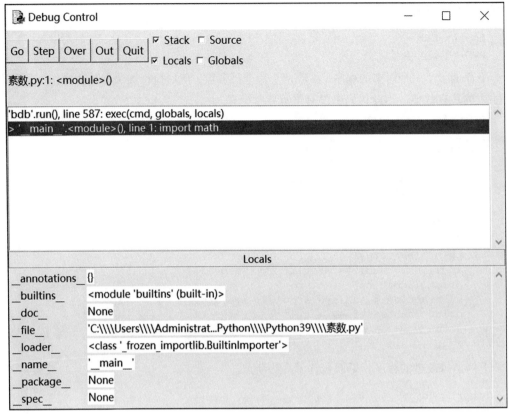

图 9.4　调试结果示意图

调试界面中各项对应的含义如表 9.2 所示。

表 9.2　调试各项对应的含义

字 段 名	含　义
Go	直接运行代码
Step	类似于 Visual Studio 的 F11，就是一层一层地进入代码
Over	类似于 Visual Studio 的 F10，就是一行一行地查看代码
Out	类似于 Go 的作用
Quit	退出调试，相当于直接结束整个调试过程
Stack	堆栈调用层次
Locals	局部变量查看
Source	跟进源代码
Globals	全局变量查看

退出调试模式的方法也很简单，关闭调试框即可。

9.6.2　使用 pdb 模块调试程序

Python 提供了一个有用的模块 pdb，它实际上是一个交互式源代码调试器。需要下面两行代码来使用此模块：

```
import pdb
pdb.set_trace()
```

下面例子是一个简单的程序，接收两个命令行参数，然后执行加法和减法操作（假设用户输入的是有效值，因此代码中没有进行异常处理）。

【例 9.5】 调试程序实例。

```
import sys
def add(num1=0, num2=0):
    return int(num1) + int(num2)
def sub(num1=0, num2=0):
    return int(num1) - int(num2)
def main():
    #假设输入的是有效数字
    print (sys.argv)
    addition = add(sys.argv[1], sys.argv[2])
    print (addition)
    subtraction = sub(sys.argv[1], sys.argv[2])
    print (subtraction)
if __name__ == '__main__':
    main()
```

下例是修改过的程序，里面包含了一些断点。

```
import pdb
import sys
def add(num1=0, num2=0):
    return int(num1) + int(num2)
def sub(num1=0, num2=0):
    return int(num1) - int(num2)
def main():
    #假设输入的是有效数字
    print (sys.argv)
    pdb.set_trace() # <-- Break point added here
    addition = add(sys.argv[1], sys.argv[2])
    print (addition)
    subtraction = sub(sys.argv[1], sys.argv[2])
    print (subtraction)
if __name__ == '__main__':
    main()
```

一旦设置好断点就可以像平时一样执行程序，程序将会在遇到的第一个断点处停止执行，运行结果如下所示。

```
['debugger.py']
> /Users/someuser/debugger.py(15)main()
-> addition = add(sys.argv[1], sys.argv[2])
(Pdb)
```

在程序第 10 行设置了一个断点，所以能看到将要执行的下一行是第 11 行，并且在执行到第 11 行之前程序已经停止。

pdb 还有很多命令，有兴趣的学者可以自行学习。另外，还有很多开发集成环境也可以调试，例如 PythonWin、Eclipse 等。

9.7 实 例 精 选

1. 重复引起异常

有时清除工作对错误处理和正确处理是不同的。例如，数据库操作错误需要回滚事务，但是没有错误需要 commit 操作。这种情况下，必须要捕获异常并且处理它。中间层的异常需要被捕获取消之前执行的部分操作，然后继续传播给上层的错误处理。

【例 9.6】 重复引起异常实例。

```python
#!/usr/bin/env python
import logging
import os
import sqlite3
import sys
DB_NAME = 'mydb.sqlite'
logging.basicConfig(level=logging.INFO)
log = logging.getLogger('db_example')
def throws():
    raise RuntimeError('this is the error message')
def create_tables(cursor):
    log.info('Creating tables')
    cursor.execute("create table module (name text, description text)")
def insert_data(cursor):
    for module, description in [('logging', 'error reporting and auditing'),
                                ('os', 'Operating system services'),
                                ('sqlite3', 'SQLite database access'),
                                ('sys', 'Runtime services'),
                                ]:
        log.info('Inserting %s (%s)', module, description)
        cursor.execute("insert into module values (?, ?)", (module,
                description))
    return
def do_database_work(do_create):
    db = sqlite3.connect(DB_NAME)
    try:
        cursor = db.cursor()
        if do_create:
            create_tables(cursor)
        insert_data(cursor)
        throws()
    except:
        db.rollback()
        log.error('Rolling back transaction')
        raise
    else:
        log.info('Committing transaction')
        db.commit()
    return
def main():
```

```
            do_create = not os.path.exists(DB_NAME)
            try:
                do_database_work(do_create)
            except Exception as err:
                log.exception('Error while doing database work')
                return 1
            else:
                return 0
    if __name__ == '__main__':
        sys.exit(main())    #取消缩进
```

这个例子在 do_database_work()中使用了一个分离的异常处理,取消之前的数据库操作,然后全局的异常处理器会打印出错误信息:

运行结果:

```
$ python sqlite_error.py
INFO:db_example:Creating tables
INFO:db_example:Inserting logging (error reporting and auditing)
INFO:db_example:Inserting os (Operating system services)
INFO:db_example:Inserting sqlite3 (SQLite database access)
INFO:db_example:Inserting sys (Runtime services)
ERROR:db_example:Rolling back transaction
ERROR:db_example:Error while doing database work
Traceback (most recent call last):
    File "sqlite_error.py", line 51, in main
        do_database_work(do_create)
    File "sqlite_error.py", line 38, in do_database_work
        throws()
    File "sqlite_error.py", line 15, in throws
        raise RuntimeError('this is the error message')
RuntimeError: this is the error message
```

2. 保留错误跟踪信息

很多时候在程序中,清理异常又引起了其他异常。这种情况一般发生在系统资源(内存、硬盘资源等)不足时。在异常处理中引起的异常可能会覆盖原先根本的异常,导致有些异常未被处理。

【**例 9.7**】 保留错误跟踪信息实例 1。

```
#!/usr/bin/env python
import sys
import traceback
def throws():
    raise RuntimeError('error from throws')
def nested():
    try:
        throws()
    except:
        cleanup()
        raise
def cleanup():
    raise RuntimeError('error from cleanup')
def main():
    try:
```

```
            nested()
            return 0
    except Exception as err:
        traceback.print_exc()
        return 1
if __name__ == '__main__':
    sys.exit(main())
```

程序原本在处理 throws()错误时，cleanup()方法又引起一个异常，那么异常处理机制就会重置去处理新的错误。

```
$ python masking_exceptions.py

Traceback (most recent call last):
  File " masking_exceptions.py ", line 8, in nested
    throws()
  File "masking_exceptions.py", line 5, in throws
    raise RuntimeError('error from throws')
RuntimeError: error from throws

During handling of the above exception, another exception occurred:

Traceback (most recent call last):
  File "masking_exceptions.py", line 17, in main
    nested()
  File "masking_exceptions.py", line 10, in nested
    cleanup()
  File "masking_exceptions.py", line 13, in cleanup
    raise RuntimeError('error from cleanup')
RuntimeError: error from cleanup
```

【例 9.8】 保留错误跟踪信息实例 2。

```
#!/usr/bin/env python
import sys
import traceback
def throws():
    raise RuntimeError('error from throws')
def nested():
    try:
        throws()
    except:
        try:
            cleanup()
        except:
            pass
        raise
def cleanup():
    raise RuntimeError('error from cleanup')
def main():
    try:
        nested()
        return 0
    except Exception as err:
        traceback.print_exc()
        return 1
```

```
if __name__ == '__main__':
    sys.exit(main())
```

在这里，即使把 cleanup() 的调用封装在一个忽略异常的异常处理块中，cleanup() 引起的错误也会覆盖原本的错误，因为上下文中只有一个异常被保存。

运行结果：

```
$ python masking_exceptions_catch.py

    Traceback (most recent call last):
      File "masking_exceptions_catch.py", line 20, in main
        nested()
      File "masking_exceptions_catch.py", line 8, in nested
        throws()
      File "masking_exceptions_catch.py", line 5, in throws
        raise RuntimeError('error from throws')
    RuntimeError: error from throws
```

这种做法是捕获原本的异常，保存在一个变量中，然后明确地再次引起这个异常。

【例 9.9】 保留错误跟踪信息实例 3。

```
#!/usr/bin/env python
import sys
import traceback
def throws():
    raise RuntimeError('error from throws')
def nested():
    try:
        throws()
    except Exception as original_error:
        try:
            cleanup()
        except:
            pass # ignore errors in cleanup
        raise original_error
def cleanup():
    raise RuntimeError('error from cleanup')
def main():
    try:
        nested()
        return 0
    except Exception as err:
        traceback.print_exc()
        return 1
if __name__ == '__main__':
    sys.exit(main())
```

正如看到的，这种方式不能保存所有的错误跟踪。

运行结果：

```
$ python masking_exceptions_reraise.py

Traceback (most recent call last):
  File "masking_exceptions_reraise.py", line 19, in main
    nested()
```

```
File "masking_exceptions_reraise.py", line 14, in nested
    raise original_error
File "masking_exceptions_reraise.py", line 8, in nested
    throws()
File "masking_exceptions_reraise.py", line 5, in throws
    raise RuntimeError('error from throws')
RuntimeError: error from throws
```

更好的做法是先重新引起一个原始的异常,然后在 try…finally 中进行清除。

【例 9.10】 保留错误跟踪信息实例 4。

```
#!/usr/bin/env python
import sys
import traceback
def throws():
    raise RuntimeError('error from throws')
def nested():
    try:
        throws()
    except Exception as original_error:
        try:
            raise
        finally:
            try:
                cleanup()
            except:
                pass # ignore errors in cleanup
def cleanup():
    raise RuntimeError('error from cleanup')
def main():
    try:
        nested()
        return 0
    except Exception as  err:
        traceback.print_exc()
        return 1
if __name__ == '__main__':
    sys.exit(main())
```

这种结构防止了原始的异常被后来的异常覆盖的情况,并且把所有的错误信息保存到错误跟踪栈中。

运行结果:

```
$ python masking_exceptions_finally.py
    Traceback (most recent call last):
      File "masking_exceptions_finally.py", line 26, in main
        nested()
      File "masking_exceptions_finally.py", line 11, in nested
        throws()
      File "masking_exceptions_finally.py", line 7, in throws
        raise RuntimeError('error from throws')
    RuntimeError: error from throws
```

这种特别的缩进可能不是很好看,但是输出了所有想要的信息。原始的错误信息被打印出来,其中也包括了所有的错误跟踪。

【★例 9.11】 为 except 指定错误的参数。

有如下一段代码:

```
>>> try:
        l = ["a", "b"]
        int(l[2])
    except ValueError, IndexError:
        pass
Traceback (most recent call last):
  File "<stdin>", line 3, in <module>
IndexError: list index out of range
```

这里的问题在于 except 语句并不接收以这种方式指定的异常列表。相反，在 Python 2.x 中，使用语法 except Exception, e 是将一个异常对象绑定到第二个可选参数（在这个例子中是 e）上，以便在后面使用。所以，在上面这个例子中，**IndexError** 这个异常并不是被 **except** 语句捕捉到的，而是被绑定到一个名叫 IndexError 的参数上时引发的。

在一个 except 语句中捕获多个异常的正确做法是**将第一个参数指定为一个含有所有要捕获异常的元组**。并且，为了代码的可移植性，要使用 as 关键词，因为 Python 2 和 Python 3 都支持这种语法:

```
>>> try:
        l = ["a", "b"]
        int(l[2])
    except (ValueError, IndexError) as e:
        pass
>>>
```

【★例 9.12】 误用__del__()方法。

假设有一个名为 mod.py 的文件:

```
import foo
class Bar(object):
    def __del__(self):
        foo.cleanup(self.myhandle)
```

并且有一个名为 another_mod.py 的文件，内容如下:

```
import mod
mybar = mod.Bar()
```

会得到一个 AttributeError 的异常。

因为当解释器退出时，模块中的全局变量都被设置成了 None，所以在上面这个例子中，当__del__()被调用时，foo 已经被设置成了 None。

解决方法是使用 atexit.register()代替。用这种方式，当程序结束执行时（意思是正常退出），注册的处理程序会在解释器退出之前执行。

因此，可以将上面 mod.py 的代码修改为:

```
import foo
import atexit
def cleanup(handle):
```

```
        foo.cleanup(handle)
class Bar(object):
    def __init__(self):
        atexit.register(cleanup, self.myhandle)
```

这种实现方式提供了一个整洁并且可信赖的方法，在程序退出之前做一些清理工作。很显然，它是由 foo.cleanup()来决定对绑定在 self.myhandle 上的对象做些什么处理工作的，但这就是想要的。

【★例 9.13】异常处理中的 return。

```
def some_func():
    try:
        return  from_try
    finally:
        return  from_finally
output:
>>> some_func()
 from_finally
```

说明：

（1）当 try…finally 语句的 try 中执行 return、break 或 continue 后，finally 子句依然会执行。

（2）函数的返回值由最后执行的 return 语句决定。由于 finally 子句一定会执行，所以 finally 子句中的 return 将始终是最后执行的语句。

9.8　实验与习题

1. 简单说明 Python 异常处理结构 try…except…else…finally 各个部分的基本作用。
2. 下面的代码捕捉处理下标超出范围时引发的异常，请在空白位置补充正确的代码。

```
x=[1,2,3]
try:
    print(x[3])
except_____:
    print('程序出错，错误信息如下：')
    print(err)
_____
print('程序运行结束')
```

程序运行时的输出结果如下：

```
程序出错，错误信息如下：
List index out of range
程序运行结束
```

3. 如何在 Python 程序中引发除法异常？
4. 能否捕捉处理程序中所有可能发生的异常？用什么方法？给出基本代码结构。
5. Python 异常处理结构有哪几种形式？
6. 异常和错误有什么区别？

7. 使用 pdb 模块进行 Python 程序调试主要有哪几种用法？
8. Python 内建异常类的基类是_____。
9. 断言语句的语法为_____。
10. Python 上下文管理语句是_____。

第 10 章　文　件

10.1　文件的描述

文件读写是最常见的 I/O 操作。Python 内置了读写文件的函数，用法和 C 语言是兼容的。

文件读写前先必须了解，在磁盘上读写文件的功能都是由操作系统提供的，操作系统不允许普通的程序直接操作磁盘。因此，读写文件就是请求操作系统打开一个文件对象（通常称为文件描述符），然后，通过操作系统提供的接口从这个文件对象中读取数据（读文件），或者把数据写入这个文件对象（写文件）。

10.2　文件的打开与关闭

10.2.1　文件的打开

Python 用内置的 open() 函数来打开文件，并创建一个文件对象。open() 函数基本格式如下：

myfile = open(filename,[,mode])

其中，myfile 为引用文件对象的变量，filename 为文件名字符串，mode 为文件的读写模式。文件读写模式如表 10.1 所示，常用的文件操作方法如表 10.2 所示。

表 10.1　文件读写模式

文件类型	打开方式	读写模式	文件不存在时	是否覆盖写
文本文件	'r'	只可读文件	报错	-
	'r+'	可读可写	报错	是
	'w'	只可写文件	新建文件	是
	'w+'	可读可写	新建文件	是
	'a'	只可写文件	新建文件	否，从 EOF 处开始追加写
	'a+'	可读可写	新建文件	否，从 EOF 处开始追加写
二进制文件	'rb'	只可读文件	报错	-
	'rb+'	可读可写	报错	是
	'wb'	只可写文件	新建文件	是
	'wb+'	可读可写	新建文件	是
	'ab'	只可写文件	新建文件	否，从 EOF 处开始追加写
	'ab+'	可读可写	新建文件	否，从 EOF 处开始追加写

表 10.2 常用的文件操作方法

方 法	含 义
f.close()	关闭文件，记住用 open()打开文件后一定要记得关闭它，否则会占用系统的可打开文件句柄数
f.fileno()	获得文件描述符，是一个数字
f.flush()	刷新输出缓存
f.isatty()	如果文件是一个交互终端，则返回 True，否则返回 False
f.read([count])	读出文件，如果有 count，则读出 count 字节
f.readline()	读出一行信息
f.readlines()	读出所有行，也就是读出整个文件的信息
f.seek(offset[,where])	把文件指针移动到相对于 where 的 offset 位置。where 为 0 表示文件开始处，这是默认值；where 为 1 表示当前位置；where 为 2 表示文件结尾
f.tell()	获得文件指针位置
f.truncate([size])	截取文件，使文件的大小为 size
f.write(string)	把 string 字符串写入文件
f.writelines(list)	把 list 中的字符串一行一行地写入文件，是连续写入文件，没有换行

提示 文本文件存储的是字符的 ASCII 码，二进制文件存储的是数据的二进制代码。文本文件读写的是字符串，二进制文件读写的是比特字符串。文件读写模式中使用 b 表示访问二进制文件，否则为文本文件。

打开文件后，Python 用一个文件指针指示当前读写位置。以 w 或 a 方式打开文件时，文件指针指向文件末尾；以 r 打开文件时，文件指针指向文件开头。

例如，下面的代码用各种方式打开文件：

```
>>> myfile=open(fn,'r')
>>> myfile=open(fn,'w')
>>> myfile=open(fn,'w+')
>>> myfile=open(fn,'r+')
```

10.2.2 文件的关闭

同文件的打开一样，文件的关闭也是用内置的 close()方法。通常，Python 会使用内存缓冲区缓存文件数据。关闭文件时，Python 将缓冲的数据写入文件，然后关闭文件，释放对文件的引用。当然，Python 可自动关闭未使用的文件。

文件关闭语句：

```
myfile.close()
```

flush()方法可将缓冲区的内容写入文件，但不关闭文件。语句如下：

```
myfile.flush()
```

10.3　文件的读写

10.3.1　文件的读取

文件读取方式如下：

read([size])：读取文件。如果设置了 size，则读取 size 字节；如果没有设置 size，则默认读取文件的全部内容。这里新建一个文本文档做例子，文件放在 Python 解释器默认的当前工作目录：

```
>>> f=open('file.txt', 'r')
>>> f.read()
'hello,world!\nhello,python!\nhello,file!'
```

readline([size])：读取一行。如果设置了 size，size 字节小于该行的总字节，那么读取该行的 size 字节，下次还要读取 size 字节，在第一次的基础上再读取 size 字节，如果 size 字节大于该行总字节，那么读取该行的所有内容；如果没有设置 size，那么默认读取该行的所有内容。

```
>>> f=open('file.txt', 'r')
>>> f.readline(5)
'hello'
>>> f.readline(100)
',world!\n'
```

readlines([size]): 读取完文件，返回每行组成的列表。

```
>>> f=open('file.txt', 'r')
>>> f.readlines()
['hello,world!\n', 'hello,python!\n', 'hello,file!']
```

iter()：使用迭代器读取文件。在这里就不详细阐述，在交互式命令环境中动手尝试吧。

10.3.2　文件的写入

掌握了文件的读取方式后，下面学习文件的写入方式。

write(str)：将字符串写入文件。操作如下所示。

```
>>> f=open('write.txt','w')
>>> f.write('hello,file')
10
>>> f.close()
>>> f=open('write.txt', 'r')
>>> f.read()
'hello,file'
```

这样就简单创建了一个新的文本文件，写入了想要写入的内容。

writelines(sequence of strings)：写多行到文件，参数为可迭代的对象。操作如下所示。

```
>>> f=open('write.txt','w')
>>> f.writelines('write writelines')
16
```

```
>>> f.close()
>>> f=open(r'write.txt')
>>> f.read()
'write writelines'
```

writelines()函数的参数还可以是列表,但是参数是其他类型会报错,有兴趣可以尝试一下,这里就不举例了。

10.4 文件的定位

10.4.1 seek()和tell()函数

file.seek(n):将文件指针移动到第 n 字节。0 表示指向文件开头。
file.tell():返回文件指针当前位置。
for line in file:用迭代的方式读文件,每次读一行。

提示 文本文件读写以字符为对象,如果文件包含 Unicode 字符,Python 会自动进行转换。文本文件中每行结尾以回车换行符结束,在读出的字符串中,Python 用"\n"代替回车换行符。以二进制文件读出的回车换行符是"\r\n"。

10.4.2 以 r+方式打开文件

以 r+方式打开文件时,可从文件读取数据或向文件写入数据。在写入数据前,应先使用 seek()方法设置数据写入位置。tell()方法能查看文件指针当前位置。如果在 read()等方法读出数据后执行写入操作,数据会写入文件末尾。

如下所示,code.txt 操作栈为空文件,r+操作前文件必须存在,若不存在则会报错。

```
>>> file=open('e:\pytemp\code.txt', 'r+')
>>> file.write('oneline')
7
>>> file.seek(0)                    #定位文件指针到文件开头
0
>>> file.read()
'oneline'
>>> file.seek(7)                    #将文件指针指向第 8 字节
7
>>> file.tell()
7
>>> file.write('123')
3
>>> file.seek(0)
0
>>> file.read()
'oneline123'
>>> file.seek(0)
0
>>> file.read(5)
'oneli'
>>> file.write('xxx')               #写入数据,读出数据后立即写入,数据写入文件尾部
```

```
3
>>> file.seek(0)
0
>>> file.read()
'oneline123 xxx'
>>> file.close()
```

10.4.3 以 w+方式打开文件

w+与 w 方式的唯一区别是前者除了允许写文件,还可以读文件。例如:

```
>>> file=open('e:\pytemp\code2.txt', ' w+')
>>> file.read()          #新建文件,所以其中没有数据,返回空字符串
' '
>>> file.write(' one\n ')
4
>>> file.write(' abc ')
>>> file.seek(0)
0
>>> file.readline()      #读下一行
' one\n '
>>> file.readline()      #读下一行
' abc '
>>> file.readline()      #下一行为空,返回空字符串
' '
>>> file.seek(4)
4
>>> file.write(' xxxxxxx ')
7
>>> file.seek(0)
0
>>> file.read()          #读出全部数据
' one\nxxxxxxx '
>>> file.close()
```

10.5 文件的备份和删除

10.5.1 文件和文件夹的备份

shutil 模块(或称为 Shell 工具)中包含一些函数,用于复制、移动、改名和删除文件。

shutil.copy(source,destination)方法:将路径 source 处的文件复制到路径 destination 处的文件夹(source 和 destination 都是字符串)。如果 destination 是一个文件名,它将作为被复制文件的新名字。该函数返回一个字符串,表示被复制文件的路径。

在交互式环境中输入以下代码,看看 shutil.copy()的效果:

```
>>> import shutil, os
>>> os.chdir('c:\\')
>>> shutil.copy('c:\\spam.txt', 'c:\\delicious')
'c:\\delicious\\spam.txt'
```

```
>>> shutil.copy('eggs.txt', 'c:\\delicious\\egg2.txt')
'c:\\delicious\\eggs2.txt'
```

第一次调用 shutil.copy()将文件 c:\pam.txt 复制到文件夹 c:\delicious，返回值是刚刚复制生成的新文件的路径。注意，因为指定了一个文件夹作为目的地，原来的文件名 spam.txt 就被用作新复制的文件名。第二次调用 shutil.copy()也将文件 c:\eggs.txt 复制到文件夹 c:\delicious，但为新文件提供了一个名字 eggs2.txt。

shutil.copytree(source,destination)方法：将路径 source 处的文件夹，包括它的所有文件和子文件夹，复制到路径 destination 处的文件夹，source 和 destination 都是字符串。该函数返回一个字符串，是新复制生成的文件夹的路径。

在交互式环境下输入以下代码：

```
>>> import shutil,os
>>> os.chdir('c:\\')
>>> shutil.copytree('c:\\bacon', 'c:bacon_backup')
'c:\\bacon_backup'
```

上述程序中，调用 shutil.copytree()创建了一个新文件夹，名为 bacon_backup，其中的内容与原来的 bacon 文件夹一样。shutil.copy()复制一个文件，shutil.copytree()则是复制整个文件夹，以及包含的文件夹和文件。

10.5.2　文件的删除

os 模块中的函数可以删除一个文件或文件夹，shutil 模块中的函数可以删除一个文件夹及其所有的内容。

（1）os.unlink(path)方法：删除 path 处的文件。

（2）os.rmdir(path)方法：删除 path 处的文件夹。该文件夹必须为空。

（3）shutil.rmtree(path)方法：删除 path 处的文件夹，包含的所有文件和文件都会被删除。

程序员在程序中使用文件删除函数时一定要小心。可以在第一次运行程序时，注释删除函数，加上 print()打印被删除的文件名，确认删除的文件无误后再调用删除函数。下列 Python 程序例子，本来打算删除具有.txt 扩展名的文件，但有一处录入错误，结果导致它删除了.rxt 文件。

```
import os
for filename in os.listdir():
  if filename.endswith('.rxt'):
     os.unlink(filename)
```

上述程序中，如果有重要的文件以.rxt 结尾，它们就会被不小心删除。作为替代，应该先运行像这样的程序：

```
import os
for filename in os.listdir():
  if filename.endswith('.rxt'):
     #os.unlink(filename)
     print(filename)
```

现在 os.unlink()调用被注释了，会打印出将被删除的文件，确认好后再删除文件。

因为 shutil.rmtree() 函数不可恢复地删除文件和文件夹。删除文件和文件夹最好的方法是使用第三方的 send2trash 模块。send2trash 模块需要通过 pip 命令进行安装。

send2trash 模块：会将要删除的文件夹和文件发送到计算机的回收站，而不是永久删除它们。如果想找回删除的文件，从回收站恢复就行了，比 Python 常规的删除函数要安全得多。例如：

```
>>> import send2trash
>>> baconfile=open('bacon.txt', 'a')
>>> baconfile.write('Bacon is not a vegetable.')
25
>>> baconfile.close()
>>> send2trash.send2trash('bacon.txt')
```

send2trash() 函数将文件送到回收站，以便能恢复它们，但是这不像永远删除文件，不会释放磁盘空间。如果要释放磁盘空间，就要用 os 和 shutil 来删除文件和文件夹。

10.6 实 例 精 选

【例 10.1】 文件夹操作。

查找文件夹（包括子文件夹）下所有文件的名字，找出名字中含有中文或者空格的文件，并打印到 txt 中。

背景：在 Android 环境下，有些图片或者文件资源如果命名不规范，会引起系统崩溃，如果有中文的话，直接编译不过去，所以需要找出它们。

代码如下：

```
#coding=utf-8
# Windows 和 Mac OS
#查找所有含有空格或中文的文件名
#去除文件名中的空格使用 replace(" ","")
#将程序文件放到要查找的目录下
#使用 RootDir = os.getcwd()取得当前路径，直接双击程序文件，或者在 cmd 命令提示符下
#进入当前目录下再执行 Python 脚本检查空格和中文
# -*- coding: utf-8 -*-
import os,sys
import os.path
import re
RootDir = os.getcwd()
zhPattern = re.compile(u'[\u4e00-\u9fa5]+')
def start(rootDir):
    for f in os.listdir(rootDir):
        sourceF = os.path.join(rootDir,f)
        if os.path.isfile(sourceF):
            a, b = os.path.splitext(f) #去除扩展名
            checkName(a)
        if os.path.isdir(sourceF):
            checkName(f)
            start(sourceF)
```

```python
#文件数组
"""
注意这地方的编码格式。Windows 文件名字的编码格式为 GBK。
"""
def checkName(f):
    # ff = f.decode(' gbk ').encode(' utf-8 ')
                                        #转码程序在 Python 3.7 下运行报错
    #ff = f.decode(' utf-8 ')        #Mac os 版
    #ff = f.decode(' gbk ')          #Windows
    match = zhPattern.search(f)      #匹配中文,如 f 为乱码,需要先做转码
    if match:
        print(f)
        Chinese.append(f)
    for i in f:
        if i.isspace():              #检查空格
            print(f)
            name.append(f)
            break                    #遇到空格添加后结束,确保只添加一次
                                     #输出到 txt
def write():
    f = open(RootDir+"/checkResult.txt", "w+")
    f.write("space :\n")
    for i in range(0, len(name)):
        f.write(name[i] + "\n")
    f.write("\nChinese :\n")
    for i in range(0, len(Chinese)):
        f.write(Chinese[i] + "\n")
    f.close()
if __name__=="__main__":
    name = []
    Chinese = []
    start(RootDir)
    write()
    #os.system("pause")                # Windows 版本
```

【例 10.2】 在文件中查找字符串或者替换。

背景:UI 工程,图片资源重复,同样地,可能起了不同的名字,或者在不同模块都使用了,需要把它们放到一个公共的地方,可以找出来修改。

```
#coding=utf-8
#在文件中查找字符串
#可以直接替换
#Mac os 版
#SearchNameArray 想要查找的文件、数组
# 1.手动写
# 2.对于想要查找的文件,可以放到一个文件夹下,然后程序直接读取文件名字
#扩展
#1.可以将结果写到 txt 中
#2.直接替换
```

```
import string
import os
import struct
import re
import fileinput
import fnmatch
RootDir = os.getcwd()
TargetType = '*.csd'     #要查找的文件类型 '.' (所有文件) ' *.txt'
#(所有的 txt) 等
SearchNameArray = {'ggsc_b_004_1.png', 'ggsc_b_004_2.png', 'ggsc_b_
   004_3.png' }
def walkDir(directory, ext=' *.* ', topdown=True):
    fileArray = []
    for root, dirs, files in os.walk(directory, topdown):
        for name in files:
            #print name
            if fnmatch.fnmatch(name, ext):
                fileArray.append(os.path.abspath(os.path.join(root, name)))
    return fileArray
#查找
def searchStr(filename, strFrom):
    for line in fileinput.input(filename, inplace=False):
        isFind = False
        if re.search(strFrom, line):
            print (line)
            isFind = True
        if isFind == True:
            print (os.path.basename(filename))
            #print filename
#print os.path.basename(filename)
#替换
def replaceInFile(filename, strFrom, strTo):
    for line in fileinput.input(filename, inplace=False):
        if re.search(strFrom, line):
            line = line.replace(strFrom, strTo)
        print (line)
def main():
    for filename in walkDir(RootDir, TargetType):
        for img in SearchNameArray:
            searchStr(filename, img)
if __name__ == ' __main__ ':
    main()
```

【例 10.3】 Python 读写 Excel 文件。

具体步骤如下。

(1) 安装 xlrd 模块。

到 Python 官方网站下载 http://pypi.python.org/pypi/xlrd 模块安装, 或者直接执行 pip install xlrd 命令进行安装。

(2) 导入模块。

```
import xlrd
```

（3）打开 Excel 文件读取数据。

```
data = xlrd.open_workbook('excelFile.xls')
```

（4）使用技巧。

```
table = data.sheets()[0]              #通过索引顺序获取
table = data.sheet_by_index(0)        #通过索引顺序获取
table = data.sheet_by_name(u'Sheet1') #通过名称获取
```

获取整行和整列的值（数组）：

```
table.row_values(i)
table.col_values(i)
```

获取行数和列数：

```
nrows = table.nrows
ncols = table.ncols
```

循环行列表数据：

```
for i in range(nrows):
    print (table.row_values(i))
```

单元格：

```
cell_A1 = table.cell(0,0).value
cell_C4 = table.cell(2,3).value
```

使用行列索引：

```
cell_A1 = table.row(0)[0].value
cell_A2 = table.col(1)[0].value
```

简单地写入：

```
row = 0
col = 0
#类型: 0, empty; 1, string; 2, number; 3, date; 4, boolean; 5, error
ctype = 1 value = '单元格的值'
xf = 0                                 #扩展的格式化
table.put_cell(row, col, ctype, value, xf)
table.cell(0,0)                        #单元格的值
table.cell(0,0).value                  #单元格的值
```

具体例子如下，该例子是读取 Excel 数据。

```
# -*- coding: utf-8 -*-
import xdrlib ,sys
import xlrd
def open_excel(file= 'file.xls'):
    try:
        data = xlrd.open_workbook(file)
        return data
    except Exception as e:
        print (str(e))
```

```python
#根据索引获取Excel表格中的数据。参数有file, Excel文件路径
# colnameindex, 表头列名所在行的索引; by_index, 表的索引
def excel_table_byindex(file= 'file.xls',colnameindex=0,by_index=0):
    data = open_excel(file)
    table = data.sheets()[by_index]
    nrows = table.nrows #行数
    ncols = table.ncols #列数
    colnames = table.row_values(colnameindex)    #某一行数据
    list =[]
    for rownum in range(1,nrows):
        row = table.row_values(rownum)
        if row:
            app = {}
            for i in range(len(colnames)):
                app[colnames[i]] = row[i]
                list.append(app)
    return list
#根据名称获取Excel表格中的数据。参数有file, Excel文件路径
# colnameindex, 表头列名所在行的索引; by_name, Sheet1名称
def excel_table_byname(file= 'file.xls',colnameindex=0,by_name=u'Sheet1'):
    data = open_excel(file)
    table = data.sheet_by_name(by_name)
    nrows = table.nrows                          #行数
    colnames = table.row_values(colnameindex)    #某一行数据
    list =[]
    for rownum in range(1,nrows):
        row = table.row_values(rownum)
        if row:
            app = {}
            for i in range(len(colnames)):
                app[colnames[i]] = row[i]
                list.append(app)
    return list
def main():
    tables = excel_table_byindex()
    for row in tables:
        print (row)
    tables = excel_table_byname()
    for row in tables:
        print (row)
if __name__=="__main__":
    main()
```

【例10.4】将PDF文件转换为Word文件。

现在网上有很多文档是PDF格式，虽然这个格式阅读起来很方便，并且里面内容的版式不会改变，但无法修改里面的内容，将PDF文件转换为Word文件就可以修改文档的内容。

```python
import os
from configparser import ConfigParser
from io import StringIO
from io import open
from concurrent.futures import ProcessPoolExecutor
```

```python
from pdfminer.pdfinterp import PDFResourceManager
from pdfminer.pdfinterp import process_pdf
from pdfminer.converter import TextConverter
from pdfminer.layout import LAParams
from docx import Document

def read_from_pdf(file_path):
    with open(file_path, 'rb') as file:
        resource_manager = PDFResourceManager()
        return_str = StringIO()
        lap_params = LAParams()

        device = TextConverter(
            resource_manager, return_str, laparams=lap_params)
        process_pdf(resource_manager, device, file)
        device.close()

        content = return_str.getvalue()
        return_str.close()
        return content

def save_text_to_word(content, file_path):
    doc = Document()
    for line in content.split('\n'):
        paragraph = doc.add_paragraph()
        paragraph.add_run(remove_control_characters(line))
    doc.save(file_path)

def remove_control_characters(content):
    mpa = dict.fromkeys(range(32))
    return content.translate(mpa)

def pdf_to_word(pdf_file_path, word_file_path):
    content = read_from_pdf(pdf_file_path)
    save_text_to_word(content, word_file_path)

def main():
    config_parser = ConfigParser()
    config_parser.read('config.cfg')
    config = config_parser['default']

    tasks = []
    with ProcessPoolExecutor(max_workers=int(config['max_worker'])) as executor:
        for file in os.listdir(config['pdf_folder']):
            extension_name = os.path.splitext(file)[1]
            if extension_name != '.pdf':
                continue
            file_name = os.path.splitext(file)[0]
            pdf_file = config['pdf_folder'] + '/' + file
            word_file = config['word_folder'] + '/' + file_name + '.docx'
            print('正在处理: ', file)
            result = executor.submit(pdf_to_word, pdf_file, word_file)
            tasks.append(result)
    while True:
```

```
            exit_flag = True
            for task in tasks:
                if not task.done():
                    exit_flag = False
            if exit_flag:
                print('完成')
                exit(0)
if __name__ == '__main__':
    main()
```

【例 10.5】 Word 文件转换为 PDF 文件。

Word 文件有个缺点,就是同一个文档在不同的计算机上使用时其格式可能会发生变化,要避免这个问题发生,可以将 Word 文件转换为 PDF 文件。

```
import os
from win32com import client
#pip install win32com
def doc2pdf(doc_name, pdf_name):
    """
    :Word 文件转换为 PDF
    :param doc_name Word 文件名称
    :param pdf_name 转换后 PDF 文件名称
    """
    try:
        word = client.DispatchEx("Word.Application")
        if os.path.exists(pdf_name):
            os.remove(pdf_name)
        worddoc = word.Documents.Open(doc_name,ReadOnly = 1)
        worddoc.SaveAs(pdf_name, FileFormat = 17)
        worddoc.Close()
        return pdf_name
    except:
        return 1
if __name__=='__main__':
    doc_name = "f:/test.doc"
    ftp_name = "f:/test.pdf"
    doc2pdf(doc_name, ftp_name)
```

【例 10.6】 批量将 PPT 文件转换为 PDF 文件。

这是一个 Python 脚本,能够批量地将微软 PowerPoint 文件(.ppt 或者.pptx)转换为 PDF 文件。注意,需要将这个脚本跟 PPT 文件放置在同一个文件夹下。本实例需安装 comtypes 模块。

```
import comtypes.client
import os
def init_powerpoint():
    powerpoint = comtypes.client.CreateObject("Powerpoint.Application")
    powerpoint.Visible = 1
    return powerpoint
def ppt_to_pdf(powerpoint, inputFileName, outputFileName, formatType = 32):
    if outputFileName[-3:] != 'pdf':
```

```python
            outputFileName = outputFileName + ".pdf"
        deck = powerpoint.Presentations.Open(inputFileName)
        deck.SaveAs(outputFileName, formatType) # formatType = 32 for PPT to PDF
        deck.Close()
    def convert_files_in_folder(powerpoint, folder):
        files = os.listdir(folder)
        pptfiles = [f for f in files if f.endswith((".ppt", ".pptx"))]
        for pptfile in pptfiles:
            fullpath = os.path.join(cwd, pptfile)
            ppt_to_pdf(powerpoint, fullpath, fullpath)
    if __name__ == "__main__":
        powerpoint = init_powerpoint()
        cwd = os.getcwd()
        convert_files_in_folder(powerpoint, cwd)
        powerpoint.Quit()
```

【例 10.7】 批量将 PPT 文件转换为 PPTX 文件。

把 PowerPoint 2003 以及更低版本的 PPT 文件批量转换为 PowerPoint 2007 及更高版本的 PPTX 文件，本例要求已安装 MS Office 2007 及以上版本和 Python 扩展库 pywin32。

```python
import os
import os.path
import win32com
import win32com.client

def ppt_to_pptx(path):
    for subPath in os.listdir(path):
        subPath = os.path.join(path,subPath)
        if subPath.endswith('.ppt'):
            print(subPath)
            powerpoint=win32com.client.Dispatch('PowerPoint.Application')
            win32com.client.gencache.EnsureDispatch('PowerPoint.Application')
            powerpoint.Visible = 1
            ppt = powerpoint.Presentations.Open(subPath)
            ppt.SaveAs(subPath[:-4]+'.pptx')
            powerpoint.Quit()
def main():
    path =os.getcwd()
    print(path)
    ppt_to_pptx(path)

if __name__=="__main__":
    main()
```

【例 10.8】 DOC 文件转换为 DOCX 文件。

```python
from win32comp import client
def doc2docx(doc_name,docx_name):
    try:
        # 首先将 DOC 文件转换为 Docx 文件
        word = client.Dispatch("Word.Application")
        doc = word.Documents.Open(doc_name)
        #使用参数 16 表示将 DOC 文件转换为 DOCX 文件
        doc.SaveAs(docx_name,16)
```

```
            doc.Close()
            word.Quit()
    except:
        pass
if __name__ == '__main__':
    doc2docx('f:test.doc','f:/test.docx')
```

【例 10.9】 DOCX 文件转换为 HTML 文件。

```
import docx
from docx2html import convert
import HTMLParser
def docx2html(docx_name,new_name):
    try:
        #读取 Word 内容
        doc = docx.Document(docx_name,new_name)
        data = doc.paragraphs[0].text
        #转换为 HTML 文件
        html_parser = HTMLParser.HTMLParser()
        #使用 docx2html 模块将 DOCX 文件转换为 HTML 串
        html = convert(new_name)
        #docx2html 模块将中文进行了转义，需要将生成的字符串重新转义
        return html_parser.enescape(html)
    except:
        pass
if __name__ == '__main__':
    docx2html('f:/test.docx','f:/test1.docx')
```

【例 10.10】 文件合并操作。

有两个磁盘文件 A 和 B，各存放一行字母，要求把这两个文件中的信息合并（按字母顺序排列），输出到一个新文件 C 中。

```
#!/usr/bin/python
# -*- coding: utf-8 -*-
if __name__ == '__main__':
    import string
    fp = open('test1.txt')
    a = fp.read()
    fp.close()
    fp = open('test2.txt')
    b = fp.read()
    fp.close()
    fp = open('test3.txt','w')
    l = list(a + b)
    l.sort()
    s = ''
    s = s.join(l)
    fp.write(s)
    fp.close()
```

运行以上程序前需要在脚本执行的目录下创建 test1.txt、test2.txt 文件。

【例 10.11】 新建文件输入操作。

从键盘输入一些字符，逐个把它们写到磁盘文件上，直到输入一个#为止。

```
#!/usr/bin/python
# -*- coding: utf-8 -*-
if __name__ == '__main__':
    from sys import stdout
    filename = input('输入文件名:\n')
    fp = open(filename,"w")
    ch = input('输入字符串（以#号为结束符）:\n')
    while ch != '#':
        fp.write(ch)
        stdout.write(ch)
        ch = input('')
    fp.close()
```

【例 10.12】 从键盘输入字母，并转换为大写字母保存。

从键盘输入一个字符串，将小写字母全部转换为大写字母，然后输出到一个磁盘文件 test、txt 中保存。

```
#!/usr/bin/python
# -*- coding: utf-8 -*-
if __name__ == '__main__':
    fp = open('test.txt','w')
    string = input('please input a string:\n')
    string = string.upper()
    fp.write(string)
    fp = open('test.txt','r')
    print(fp.read())
    fp.close()
```

【★例 10.13】 捕获异常实例。

不够优雅的代码：

```
if os.path.isfile(file_path):
    file = open(file_path)
else:
    #do something
```

比较好的做法：

```
try:
    file = open(file_path)
except OSError as e:
    #do something
```

因为前者需要判断 file_path 是不是 None，如果不判断，就又要捕捉异常，如果判断，代码又要多写。

【★例 10.14】 在没有装 Python 环境的计算机上运行 Python 编写的程序实例。

如果用 Python 写出一个 GUI，这个程序只能在安装有 Python 环境和计算机上运行，如何让普通计算机上可以运行用 Python 写的程序呢？方案之一便是用 py2.exe。

但当开始命令行模式打包.exe 文件时，出现下面的提示：

```
error: [Errno 2] No such file or directory: 'MSVCP90.dll'
```

解决方法是到 Windows 目录下找个 MSVCP90.dll 文件放到 C:\Python27\DLLs 下重新打包。注意，如果操作系统是 64 位的，Python 是 32 位的，在 C 盘搜索 MSVCP90.dll 可能会找到多个文件，应选择 X86 包下面的那个文件。

然而成功生成 exe 文件后，把生成的 exe 文件复制到其他没有 Python 环境的计算机上运行，却出现如图 10.1 所示的错误。

图 10.1　py2.exe 运行出错示意图

出现这样的问题的原因是单独的 exe 文件并不能执行，需要把生成 exe 文件的目录 dist 一块复制才能运行。

【★例 10.15】 Boa constructor 可视化编程实例。

Boa constructor 是一个可视化、可拖曳的 wxpython IDE，但是当用它拖曳出一个 GUI 后关闭，在 pycharm 编辑器中添加一句"print 单击了按钮"，保存后再用 Boa constructor 打开，发现 Boa constructor 运行不了，报错对话框如图 10.2 所示。

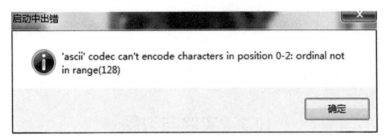

图 10.2　Boa constructor 出错示意图

原因是 Boa constructor 的编辑器中不支持中文，要显示中文需要将中文转换为 Unicode 编码，解决办法是在.py 文件开头添加下列语句：

```
#coding:utf-8
```

【★例 10.16】 networkx 中的函数 add_node()与 add_nodes_from()实例。

```
import networkx as nx
G = nx.Graph()
G.add_node(12,13)        #显示"TypeError: add_node() takes 2 positional
                         #arguments but 3 were given"
G.add_node([12, 13])     #显示 "TypeError: unhashable type: 'list'"
G.add_node((12,13))      #成功加入一个编号为(12,13)的结点
G.add_nodes_from([12,13]) #成功加入两个编号为 12、13 的结点
```

```
G.add_edge([(1,2),(3,4)])        #显示"TypeError:add_edge() missing 1 required
                                 #positional argument: 'v'"
G.add_edges_from([(1,2),(3,4)])  #成功加入边
```

【★例 10.17】 超文字传输安全协议实例。

```
#coding: utf-8
import urllib.request
#ssl._create_default_https_context = ssl._create_unverified_context
response = urllib.request.urlopen('https://www.douban.com/')
print(response.read().decode('utf-8'))
```

该程序运行时会出错，解决方案是用下面的方法引入一个 ssl 模块：

```
import ssl
```

引入 ssl 模块再次运行又出现下面的错误：

```
Could not fetch URL https://pypi.python.org/simple/nltk/: There was a
problem confirming the ssl certificate: [SSL: CERTIFICATE_VERIFY_FAILED]
certificate verify failed (_ssl.c:749) - skipping
Could not find a version that satisfies the requirement nltk (from versions: )
No matching distribution found for nltk
```

下面的方法可解决该问题：

```
pip --trusted-host pypi.python.org install
```

但是会出现新的问题：

```
<urlopen error [SSL: CERTIFICATE_VERIFY_FAILED] certificate verify failed
(_ssl.c:645
```

这个问题可通过下面的方法解决：

```
pip3 install certify
```

10.7　实验与习题

1. 在 Excel 中录入学生的学号、姓名、籍贯、电话号码，并另存为"学生表.csv"（另存为时，保存类型选择 CSV）。并按以下步骤进行操作：

（1）从 CSV 文件中读取数据，去掉内容中的逗号并打印到屏幕；

（2）将数据['17010002', '赵四', '重庆', '13366668888']追加到"学生表.csv"文件；

（3）将"学生表.csv"由 CSV 格式转换为 JSON 格式。

2. 编写程序将电子邮件 EmailAddressBook.txt 和电话簿 TeleAddressBook.txt 合并为一个完整的通讯录 AddressBook.txt。

3. 假设有一个英文文本文件，编写程序读取其内容，并将其中的大写字母变为小写字母，小写字母变为大写字母。

4. 编写程序，有两个磁盘文件 A 和 B，各存放一行字母，要求把这两个文件中的信息合并（按字母顺序排列）输出到一个新文件 C 中。

5. 编写程序，输入一个目录和一个文件名，搜索该目录及其子目录中是否存在该文件。

第 11 章　可视化编程

11.1　用 matplotlib 模块绘制图形

在工作和生活中会经常遇到很多数据，如果单纯地看数字会显得很不直观，可以用 Python 所提供的 matplotlib 绘图库来绘制图表。

11.1.1　绘制单个图表

【例 11.1】 matplotlib 绘图库绘制图表。

```
import numpy as np
import matplotlib.pyplot as plt
x = np.linspace(0, 10,500)     #生成从0开始到10结束的含有500个元素的等差数列
y = np.sin(x)                  #对x中每个元素取正弦值
z = np.cos(x)                  #对x中每个元素取余弦值
plt.plot(x, y, label="$sin(x)$", color="red",linewidth=2)
                               #x, y作为一个x, y向量对
#label: 该曲线的标签名称, color: 曲线颜色, linewidth: 曲线的宽度
plt.plot(x, z, "k--", label="$sin(x)$")
                               #x, y作为另一个x, y向量对
#--表示这是一条黑色虚线, -或无符号表示实线, 例如k, k-是黑色实线
#也可以使用其他字符代表不同绘制图形
#这里的两种plot()函数形式都是合法的
plt.xlabel("x")                # x轴的标签
plt.ylabel("y")                # y轴的标签
plt.title("$sin(x)$,$cos(x)$")
#图的名称用一对$括起来, 表示这是一个公式, 会按公式样式显示
plt.ylim(-1.1, 1.1)            #限制y轴的范围
plt.legend()                   #显示图例, 即每条曲线的标签名和样式
plt.show()                     #图像显示
#plt.savefig("example.jpg", dpi=120)   #保存图片, dpi为分辨率
```

运行结果如图 11.1 所示。

matplotlib 模块中常用类为包含关系，Figure 类包含 Axes 类，Axes 类包含其他一些类，如 Text 类。Figure 对象为整个窗口，而 Axes 则是其中的子图。没有创建 Figure 对象时，matplotlib 会自动创建一个 Figure 对象。接下来调用 plot()在当前的 Figure 对象中绘图。实际上 plot()是在 Axes（子图）对象上绘图，如果当前的 Figure 对象中没有 Axes 对象，将会为该 Figure 对

象创建一个几乎充满整个图表的 Axes 对象，并且使此 Axes 对象成为当前的 Axes 对象。plot() 的前两个参数是分别表示 x、y 轴数据的对象，在上面的例子中使用的是 numpy 数组。

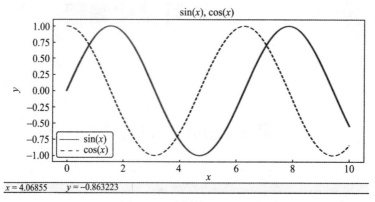

图 11.1　绘制单个图表示意图

11.1.2　绘制多个图表

创建多个子图需要用到 subplot(numRows, numCols, plotNum)函数，表示整个绘图区域被分为 numRows 行 numClos 列，然后按照从左到右、从上到下的顺序对每个区域进行编号，左上区域的编号为 1。plotNum 表示当前 Axes 对象即子图的区域，当这 3 个参数的值都小于 10 时，可以将其合写为一个整数，例如 subplot(111)和 subplot(1, 1, 1)是一样的。

【例 11.2】绘制两个图表。

```
import numpy as np
import matplotlib.pyplot as plt
x = np.linspace(0, 10, 1000)
y = np.sin(x)
z = np.cos(x)
m = np.cos(x**2)
plt.figure("example1",figsize=(10,8), dpi=80)
#创建 Figure 对象 example1，并指定该对象大小和分辨率
plt.figure("example2",figsize=(8,6), dpi=100)
#当前 Figure 对象为 example2
axes2_1 = plt.subplot(212)
#为 example 这个 Figure 对象创建一个 Axes 对象，放在下方子图
#当前的操作子图为 Axes2_1
axes2_2 = plt.subplot(211)
#为 example 这个 Figure 对象创建一个 Axes 对象，放在上方子图
#当前的操作子图为 Axes2_2
plt.sca(axes2_1)   # 选择子图 axes2_1
#设置参数
plt.plot(x, y, label="$sin(x)$", color="red",linewidth=2)
plt.xlabel("x")
plt.ylabel("y")
plt.title("$sin(x)$")
plt.ylim(-1.1, 1.1)
```

```
plt.legend()
plt.sca(axes2_2)                              #选择子图 axes2_2
#设置参数
plt.plot(x, z, "k-.", label="$cos(x)$")  #用点线绘制图像
plt.xlabel("x")
plt.ylabel("y")
plt.title("$cos(x)$")
plt.ylim(-1.1, 1.1)
plt.legend()
plt.figure("example1")                        #选择 Figure 对象 example1
plt.plot(x, m, "m:", label="$cos(x^2)$")   #用点虚线绘制
# ^表示公式中的上标,_表示下标
plt.xlabel("x")
plt.ylabel("y")
plt.title("$cos(x^2)$")
plt.ylim(-1.1, 1.1)
plt.legend()
plt.show()
```

运行结果如图 11.2 和图 11.3 所示。

在上面的例子中,线条样式和颜色是由组合在一个单一格式的字符串进行表示,如 ' ko ' 表示蓝色圆圈,其中,k 表示蓝色,o 表示圆形。不同的字母所代表的颜色如表 11.1 所示,不同字符所代表的线条样式如表 11.2 所示。

除了上面表格中的字母外,也可以用完整名称(如 red)、十六进制数、RGB、RGBA 元组以及灰度值来描述颜色。

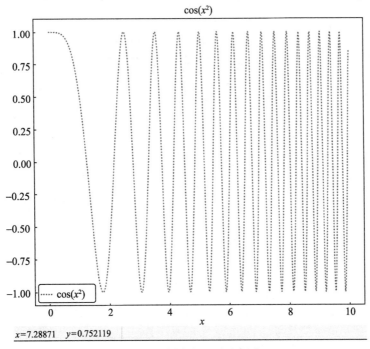

图 11.2　绘制多个子图示意图 1

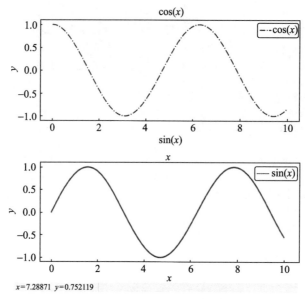

图 11.3 绘制多个子图示意图 2

表 11.1 颜色与表示字符匹配

字　母	颜　色	字　母	颜　色	字　母	颜　色
b	蓝色	c	青色	k	黑色
g	绿色	m	品红	w	白色
r	红色	y	黄色		

表 11.2 字符与绘制的图形

字　符	图　形	字　符	图　形
-	实线	v	朝下的三角形
--	虚线	^	朝上的三角形
-.	点线	<	朝左的三角形
:	点虚线	>	朝右的三角形
.	点	1	tri_down marker
,	像素	2	tri_up marker
o	圆形	3	tri_left marker
s	正方形	4	tri_right marker
p	五边形	*	五边形标记
h	1 号六角形	+	+号标记
H	2 号六角形	x	x 号标记
D	砖石形	|	垂直线形
d	小版砖石形	_	水平线形

11.2 用 Tkinter 模块绘制图形

Tkinter 是 Python 的标准 GUI 库。Python 使用 Tkinter 可以快速地创建 GUI 应用程序。由于 Tkinter 是内置到 Python 安装包中的，只要安装好 Python 之后就能导入 Tkinter 库，而且 IDLE 也是用 Tkinter 编写而成的。对于简单的图形界面，Tkinter 能应付自如。

Tkinter 模块画图主要用到 Canvas（画布）组件。Canvas 是一个高度灵活的组件，可以用它绘制图形和图表，创建图形编辑器，并实现各种自定义的小部件，如线段、圆形、多边形等。在 Canvas 组件上绘制对象，可以用 create_xxx() 的方法（xxx 表示对象类型，例如线段 line、矩形 rectangle、文本 text 等）。

11.2.1 绘制圆形

【例 11.3】用 Canvas 的 create_oval() 方法画圆。

```
if __name__ == '__main__':
    from tkinter import *
    root = Tk()
    canvas = Canvas(width=900, height=650, bg='white')
    canvas.pack(expand=YES, fill=BOTH)
    k = 1
    j = 1
    for i in range(0, 26):
        canvas.create_oval(310 - k, 250 - k, 310 + k, 250 + k, width=1)
        k += j
        j += 0.3
    root.mainloop()
```

运行结果如图 11.4 所示。

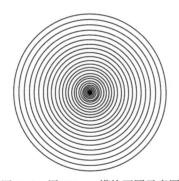

图 11.4 用 Tkinter 模块画圆示意图

11.2.2 绘制直线

【例 11.4】用 Canvas 的 create_line() 方法绘制直线。

```
if __name__ == '__main__':
    from tkinter import *
    root = Tk()
```

```
canvas = Canvas(width=400, height=400, bg='white')
canvas.pack(expand=YES, fill=BOTH)
x0 = 263
y0 = 263
y1 = 275
x1 = 275
for i in range(19):
    canvas.create_line(x0, y0, x0, y1, width=1, fill='black')
    x0 = x0 - 5
    y0 = y0 - 5
    x1 = x1 + 5
    y1 = y1 + 5
x0 = 263
y1 = 275
y0 = 263
for i in range(21):
    canvas.create_line(x0, y0, x0, y1, fill='black')
    x0 += 5
    y0 += 5
    y1 += 5
root.mainloop()
```

运行结果如图 11.5 所示。

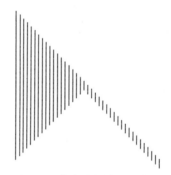

图 11.5 直线绘制结果示意图

11.2.3 绘制方形

【例 11.5】用 Canvas 的 create_rectangle()方法绘制矩形。

```
if __name__ == '__main__':
    from tkinter import *
    root = Tk()
    root.title('Canvas')
    canvas = Canvas(root, width=500, height=500, bg='white')
    x0 = 263
    y0 = 263
    y1 = 275
    x1 = 275
    for i in range(19):
        canvas.create_rectangle(x0, y0, x1, y1)
        x0 -= 5
        y0 -= 5
        x1 += 5
        y1 += 5
```

```
    canvas.pack()
root.mainloop()
```

运行结果如图 11.6 所示。

图 11.6　方形绘制结果示意图

11.2.4　绘制椭圆

【例 11.6】 用 Canvas 的 create_oval()方法绘制椭圆。

```
#!/usr/bin/python
# -*- coding: utf-8 -*-
if __name__ == '__main__':
    from tkinter import *
    root = Tk()
    x = 360
    y = 160
    top = y - 30
    bottom = y - 30
    canvas = Canvas(width = 600,height = 900,bg = 'white')
    for i in range(20):
        canvas.create_oval(250 - top,250 - bottom,250 + top,250 + bottom)
        top -= 5
        bottom += 5
    canvas.pack()
root.mainloop()
```

运行结果如图 11.7 所示。

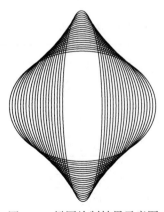

图 11.7　椭圆绘制结果示意图

11.3 用 Tkinter 模块设计交互式界面

11.3.1 标签组件

标签组件（即 Label 组件）常用参数如表 11.3 所示。

表 11.3 标签组件常用参数

参　数	含　义
height	组件的高度（所占行数）
width	组件的宽度（所占字符个数）
fg	前景字体颜色
bg	背景颜色
justify	多行文本的对齐方式，可选参数为 LEFT、CENTER、RIGHT
padx	文本左右两侧的空格数（默认为 1）
pady	文本上下两侧的空格数（默认为 1）

【例 11.7】创建标签组件。

```
import tkinter as tk
#建立Tkinter窗口，设置窗口标题
top = tk.Tk()
top.title("Hello Test")
labelHello = tk.Label(top, text = "Hello Tkinter!")
labelHello.pack()
top.mainloop()
```

图 11.8 标签组件实例效果图

运行结果如图 11.8 所示。

11.3.2 按钮组件

按钮组件（即 Button 组件）是 Tkinter 最常用的图形组件之一，通过按钮组件可以方便地与用户进行交互。按钮组件常用参数如表 11.4 所示。

表 11.4 按钮组件常用参数

参　数	描　述
height	组件的高度（所占行数）
width	组件的宽度（所占字符个数）
fg	前景字体颜色
bg	背景颜色
activebackground	按钮按下时的背景颜色
activeforeground	按钮按下时的前景颜色
justify	多行文本的对齐方式，可选参数为 LEFT、CENTER、RIGHT
padx	文本左右两侧的空格数（默认为 1）
pady	文本上下两侧的空格数（默认为 1）

【例 11.8】 创建按钮组件。

```
import tkinter as tk
def btnHelloClicked():
    labelHello.config(text = "Hello Tkinter!")
top = tk.Tk()
top.title("Button Test")
labelHello = tk.Label(top, text = "Press the button...", height = 5, width = 20, fg = "blue")
labelHello.pack()
btn = tk.Button(top, text = "Hello", command = btnHelloClicked)
btn.pack()
top.mainloop()
```

本例代码中定义了 btnHelloClicked() 函数，并通过给按钮组件的 command 属性赋值来指定按钮按下时执行 btnHelloClicked() 函数中的代码的功能。在该函数中，通过 labelHello.config() 更改了标签组件的 text 参数，即更改了标签的内容，运行结果如图 11.9 所示。

图 11.9　按钮组件实例图

11.3.3　输入框组件

输入框组件（即 Entry 组件）用来输入单行内容，可以方便地向程序传递用户参数。这里通过一个摄氏度和华氏度转换的小程序来演示该组件的使用。输入框组件常用参数如表 11.5 所示。

表 11.5　输入框组件常用参数

参数	描述
height	组件的高度（所占行数）
width	组件的宽度（所占字符个数）
fg	前景字体颜色
bg	背景颜色
show	将输入框中的文本替换为指定字符，用于输入密码等，如设置 show="*"
state	设置组件状态，默认为 normal，可设置为：disabled——禁用组件；readonly——只读

【例 11.9】 创建输入框组件。

```
import tkinter as tk
def btnHelloClicked():
    cd = float(entryCd.get())
    labelHello.config(text = "%.2f°C = %.2f°F" %(cd, cd*1.8+32))
top = tk.Tk()
top.title("Entry Test")
```

```
    labelHello = tk.Label(top, text = "Convert °C to °F...", height = 5, width
= 20, fg = "blue")
    labelHello.pack()
    entryCd = tk.Entry(top, text = "0")
    entryCd.pack()
    btnCal = tk.Button(top, text = "Calculate", command = btnHelloClicked)
    btnCal.pack()
    top.mainloop()
```

本例的代码新建了一个输入框组件 entryCd，text 参数设置输入框的默认值为"0"。当按钮按下后，通过 entryCd.get()获取输入框中的文本内容，该内容为字符串类型，需要通过 float()函数转换为数字，之后再进行换算并更新标签组件显示内容，运行结果如图 11.10 所示。

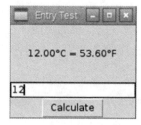

图 11.10　输入框组件实例效果图

11.3.4　单选框组件和复选框组件

单选框组件（即 Radiobutton 组件）和复选框组件（即 Checkbutton 组件）分别用于实现选项的单选和复选功能。本例中的代码实现了通过单选框、复选框设置文字样式的功能。单选框组件常用参数如表 11.6 所示，复选框组件常用参数如表 11.7 所示。

表 11.6　单选框组件常用参数

参　数	描　　述
variable	单选框索引变量，通过变量的值确定哪个单选框被选中。一组单选框使用同一个索引变量
value	单选框选中时变量的值
command	单选框选中时执行的命令（函数）

表 11.7　复选框组件常用参数

参　数	描　　述
variable	复选框索引变量，通过变量的值确定哪些复选框被选中。每个复选框使用不同的变量，使复选框之间相互独立
onvalue	复选框选中（有效）时变量的值
offvalue	复选框未选中（无效）时变量的值
command	复选框选中时执行的命令（函数）

【例 11.10】　创建单选框组件和复选框组件。

```
import tkinter as tk
```

```python
    def colorChecked():
        labelHello.config(fg = color.get())
    def typeChecked():
        textType = typeBlod.get() + typeItalic.get()
        if textType == 1:
            labelHello.config(font = ("Arial", 12, "bold"))
        elif textType == 2:
            labelHello.config(font = ("Arial", 12, "italic"))
        elif textType == 3:
            labelHello.config(font = ("Arial", 12, "bold italic"))
        else:
            labelHello.config(font = ("Arial", 12))
    top = tk.Tk()
    top.title("Radio & Check Test")
    labelHello = tk.Label(top, text = "Check the format of text.", height = 3, font=("Arial", 12))
    labelHello.pack()
    color = tk.StringVar()
    tk.Radiobutton(top, text = "Red", variable = color, value = "red", command = colorChecked).pack(side = tk.LEFT)
    tk.Radiobutton(top, text = "Blue", variable = color, value = "blue", command = colorChecked).pack(side = tk.LEFT)
    tk.Radiobutton(top, text = "Green", variable = color, value = "green", command = colorChecked).pack(side = tk.LEFT)
    typeBlod = tk.IntVar()
    typeItalic = tk.IntVar()
    tk.Checkbutton(top, text = "Blod", variable = typeBlod, onvalue = 1, offvalue = 0, command = typeChecked).pack(side = tk.LEFT)
    tk.Checkbutton(top, text = "Italic", variable = typeItalic, onvalue = 2, offvalue = 0, command = typeChecked).pack(side = tk.LEFT)
    top.mainloop()
```

在代码中，文字的颜色通过单选框组件来选择，同一时间只能选择一种颜色。在 Red、Blue 和 Green 三个单选框中，定义了同样的变量参数 color，选择不同的单选框会为该变量赋予不同的字符串值，内容即为对应的颜色，任何单选框被选中都会触发 colorChecked()函数，将标签修改为对应单选框表示的颜色。文字的粗体、斜体样式则由复选框组件实现，分别定义了 typeBlod 和 typeItalic 变量来表示文字是否为粗体和斜体，当某个复选框的状态改变时会触发 typeChecked()函数，该函数负责判断当前那些复选框被选中，并将字体设置为对应的样式，运行结果如图 11.11 所示。

图 11.11　单选框组件和复选框组件实例效果图

11.3.5　消息窗口组件

消息窗口组件（即 MessageBox 组件）用于弹出提示框向用户进行警告，或让用户选择下一步如何操作。消息框包括很多类型，常用的有 info、warning、error、yesno、okcancel 等，包含不同的图标、按钮以及弹出提示音。

【例 11.11】 创建消息窗口组件。

```python
import tkinter as tk
from tkinter import messagebox as msgbox
def btn1_clicked():
    msgbox.showinfo("Info", "Showinfo test.")
def btn2_clicked():
    msgbox.showwarning("Warning", "Showwarning test.")
def btn3_clicked():
    msgbox.showerror("Error", "Showerror test.")
def btn4_clicked():
    msgbox.askquestion("Question", "Askquestion test.")
def btn5_clicked():
    msgbox.askokcancel("OkCancel", "Askokcancel test.")
def btn6_clicked():
    msgbox.askyesno("YesNo", "Askyesno test.")
def btn7_clicked():
    msgbox.askretrycancel("Retry", "Askretrycancel test.")
top = tk.Tk()
top.title("MsgBox Test")
btn1 = tk.Button(top, text = "showinfo", command = btn1_clicked)
btn1.pack(fill = tk.X)
btn2 = tk.Button(top, text = "showwarning", command = btn2_clicked)
btn2.pack(fill = tk.X)
btn3 = tk.Button(top, text = "showerror", command = btn3_clicked)
btn3.pack(fill = tk.X)
btn4 = tk.Button(top, text = "askquestion", command = btn4_clicked)
btn4.pack(fill = tk.X)
btn5 = tk.Button(top, text = "askokcancel", command = btn5_clicked)
btn5.pack(fill = tk.X)
btn6 = tk.Button(top, text = "askyesno", command = btn6_clicked)
btn6.pack(fill = tk.X)
btn7 = tk.Button(top, text = "askretrycancel", command = btn7_clicked)
btn7.pack(fill = tk.X)
top.mainloop()
```

运行结果如图 11.12 所示。

图 11.12 消息窗口组件实例效果图

11.4 用 turtle 库绘制图形

turtle 库是 Python 语言中一个很流行的绘制图像的函数库,运用 turtle 绘图需了解以下基础知识。

1. 画布

画布就是 turtle 展开用于绘图区域，可以设置它的大小和初始位置。

设置画布大小：turtle.screensize(canvwidth=None, canvheight=None, bg=None)，参数分别为画布的宽（单位为像素）、高、背景颜色。如：

```
turtle.screensize(800,600, "green")
turtle.screensize()   #返回默认大小(400, 300)
```

设置画布位置：turtle.setup(width=0.5, height=0.75, startx=None, starty=None)，参数为 width, height，当输入宽和高为整数时，表示像素，当为小数时，表示占据计算机屏幕的比例；参数 (startx, starty)这一坐标表示矩形窗口左上角顶点的位置，如果为空，则窗口位于屏幕中心。如：

```
turtle.setup(width=0.6,height=0.6)
turtle.setup(width=800,height=800, startx=100, starty=100)
```

2. 画笔

1）画笔的状态

在画布上，默认有一个坐标原点为画布中心的坐标轴，坐标原点上有一只面朝 x 轴正方向的小乌龟。这里描述小乌龟时使用了两个词语：坐标原点（位置）和面朝 x 轴正方向（方向）。turtle 绘图中，就是使用位置方向描述小乌龟（画笔）的状态。

2）画笔的属性

turtle.pensize()：设置画笔的宽度。

turtle.pencolor()：没有参数传入，返回当前画笔颜色；传入参数设置画笔颜色。可以是字符串，如"green" "red"，也可以是 RGB 三元组。

turtle.speed(speed)：设置画笔移动速度，其范围是[0,10]的整数，数字越大速度越快。

3）绘图命令

有许多命令可以操纵小乌龟绘图，包括表 11.8 所示的运动命令、表 11.9 所示的控制命令、表 11.10 所示的全局控制命令和表 11.11 所示的其他相关命令。

表 11.8　turtle 的运动命令

命 令	说 明
turtle.forward(distance)	向当前画笔方向移动 distance 像素长度
turtle.backward(distance)	向当前画笔相反方向移动 distance 像素长度
turtle.right(degree)	顺时针移动 degree°
turtle.left(degree)	逆时针移动 degree°
turtle.pendown()	移动时绘制图形，默认时也为绘制
turtle.goto(x,y)	将画笔移动到坐标为 x,y 的位置
turtle.penup()	提起笔移动，不绘制图形，用于在另起一个地方绘制
turtle.circle(radius, extent = None, steps = None)	画圆。radius（半径）：半径为正（负），表示圆心在画笔的左边（右边）画圆；extent（弧度，optional）；steps（optional，做半径为 radius 的圆的内接正多边形；多边形边数为 steps）。 circle(50) # 整圆 circle(50,steps=3) #三角形 circle(120, 180) #半圆

续表

命　令	说　明
setx( )	将当前 x 轴移动到指定位置
sety( )	将当前 y 轴移动到指定位置
setheading(angle)	设置当前朝向为 angle°
home()	设置当前画笔位置为原点，朝向东
dot(r)	绘制一个指定直径和颜色的圆点

表 11.9　turtle 的控制命令

命　令	说　明
turtle.fillcolor(colorstring)	绘制图形的填充颜色
turtle.color(color1, color2)	同时设置 pencolor=color1, fillcolor=color2
turtle.filling()	返回当前是否在填充状态
turtle.begin_fill()	准备开始填充图形
turtle.end_fill()	填充完成
turtle.hideturtle()	隐藏画笔的 turtle 形状
turtle.showturtle()	显示画笔的 turtle 形状

表 11.10　turtle 的全局控制命令

命　令	说　明
turtle.clear()	清空 turtle 窗口，但是 turtle 的位置和状态不会改变
turtle.reset()	清空窗口，重置 turtle 状态为起始状态
turtle.undo()	撤销上一个 turtle 动作
turtle.isvisible()	返回当前 turtle 是否可见
stamp()	复制当前图形
turtle.write(s [,font=("font-name",font_size,"font_type")])	写文本。s 为文本内容；font 是字体的参数，分别为字体名称、大小和类型；font 为可选项，font 参数也是可选项

表 11.11　turtle 的其他相关命令

命　令	说　明		
turtle.mainloop()或 turtle.done()	启动事件循环，调用 Tkinter 的 mainloop 函数。必须是小乌龟图形程序中的最后一个语句		
turtle.mode(mode=None)	设置小乌龟模式（"standard"、"logo" 或 "world"）并执行重置。如果没有给出模式，则返回当前模式		
	模式	初始标题	正角度
	standard	向右（东）	逆时针
	logo	向上（北）	顺时针
turtle.delay(delay=None)	设置或返回以毫秒为单位的绘图延迟		
turtle.begin_poly()	开始记录多边形的顶点。当前的小乌龟位置是多边形的第一个顶点		
turtle.end_poly()	停止记录多边形的顶点。当前的小乌龟位置是多边形的最后一个顶点，将与第一个顶点相连		
turtle.get_poly()	返回最后记录的多边形		

turtle 的 circle()方法可以根据设置的不同步数绘制不同的图形,步数为 3 时绘制三角形,步数为 4 时绘制正方形,当步数默认为空时绘制圆形。

【例 11.12】 用 Turtle 的 circle()方法绘制图形。

```python
# TurtleTest.py
import turtle
def main():
    turtle.speed(2)
    turtle.pensize(3)
    turtle.penup()
    turtle.goto(-200,-50)
    turtle.pendown()
    turtle.begin_fill()                           #表示开始做图形填充
    turtle.color('red')
    turtle.circle(40,steps= 3)
    turtle.end_fill()                             #填充结束
    turtle.penup()
    turtle.goto(-100,-50)
    turtle.pendown()
    turtle.begin_fill()
    turtle.color("blue")
    turtle.circle(40, steps=4)
    turtle.end_fill()
    turtle.penup()
    turtle.goto(0,-50)
    turtle.pendown()
    turtle.begin_fill()
    turtle.color("green")
    turtle.circle(40, steps=5)
    turtle.end_fill()
    turtle.penup()
    turtle.goto(100,-50)
    turtle.pendown()
    turtle.begin_fill()
    turtle.color("yellow")
    turtle.circle(40, steps=6)
    turtle.end_fill()
    turtle.penup()
    turtle.goto(200,-50)
    turtle.pendown()
    turtle.begin_fill()
    turtle.color("purple")
    turtle.circle(40)                             #未设置步数则认为是绘制圆形
    turtle.end_fill()
    turtle.color("green")
    turtle.penup()
    turtle.goto(-100,50)
    turtle.pendown()
    turtle.write(("Cool Colorful shapes"),        #添加文字
        font = ("Times", 18, "bold"))             #设置文字格式
    turtle.hideturtle()                           #隐藏画笔形状
    turtle.done()
if __name__ == '__main__':
```

```
main()
```

运行结果如图 11.13 所示。

图 11.13　turtle 绘制不同形状

11.5　实 例 精 选

【例 11.13】 利用 oval()和 rectangle()绘图。

```
#!/usr/bin/python
# -*- coding: utf-8 -*-
if __name__ == '__main__':
    from tkinter import *
    root = Tk()
    canvas = Canvas(width = 600,height =900,bg = 'white')
    left = 20
    right = 50
    top = 50
    num = 15
    for i in range(num):
        canvas.create_oval(250-right,250-left,250+right,250+left)
        canvas.create_oval(250-20,250-top,250+20,250+top)
        canvas.create_rectangle(20-2*i,20-2*i,10*(i+2),10*(i+2))
        right += 5
        left += 5
        top += 10
    canvas.pack()
root.mainloop()
```

运行结果如图 11.14 所示。

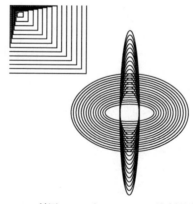

图 11.14　利用 oval()和 rectangle()绘制的结果

【例 11.14】 绘制一个优美的图案。

```python
#!/usr/bin/python
# -*- coding: utf-8 -*-
import math
from tkinter import *
class PTS:
    def __init__(self):
        self.x = 0
        self.y = 0
points = []
def LineToDemo():
    screenx = 400
    screeny = 400
    canvas = Canvas(width = screenx,height = screeny,bg = 'white')
    AspectRatio = 0.85
    MAXPTS = 15
    h = screeny
    w = screenx
    xcenter = w / 2
    ycenter = h / 2
    radius = (h - 30) / (AspectRatio * 2) - 20
    step = 360 / MAXPTS
    angle = 0.0
    for i in range(MAXPTS):
        rads = angle * math.pi / 180.0
        p = PTS()
        p.x = xcenter + int(math.cos(rads) * radius)
        p.y = ycenter - int(math.sin(rads) * radius * AspectRatio)
        angle += step
        points.append(p)
        canvas.create_oval(xcenter - radius,ycenter - radius,xcenter + radius,ycenter + radius)
    for i in range(MAXPTS):
        for j in range(i,MAXPTS):
            canvas.create_line(points[i].x,points[i].y,points[j].x,points[j].y)
    canvas.pack()
    mainloop()
if __name__ == '__main__':
    LineToDemo()
```

运行结果如图 11.15 所示。

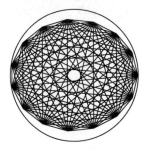

图 11.15　优美图案绘制结果示意图

【例 11.15】 综合绘图。

```python
if __name__ == '__main__':
    from tkinter import *
    root = Tk()
    canvas = Canvas(width=400, height=400, bg='white')
    canvas.pack(expand=YES, fill=BOTH)
    x0 = 150
    y0 = 100
    canvas.create_oval(x0 - 10, y0 - 10, x0 + 10, y0 + 10)
    canvas.create_oval(x0 - 20, y0 - 20, x0 + 20, y0 + 20)
    canvas.create_oval(x0 - 50, y0 - 50, x0 + 50, y0 + 50)
    import math
    B = 0.809
    for i in range(16):
        a = 2 * math.pi / 16 * i
        x = math.ceil(x0 + 48 * math.cos(a))
        y = math.ceil(y0 + 48 * math.sin(a) * B)
        canvas.create_line(x0, y0, x, y, fill='black')
    canvas.create_oval(x0 - 60, y0 - 60, x0 + 60, y0 + 60)
    for k in range(501):
        for i in range(17):
            a = (2 * math.pi / 16) * i + (2 * math.pi / 180) * k
            x = math.ceil(x0 + 48 * math.cos(a))
            y = math.ceil(y0 + 48 + math.sin(a) * B)
            canvas.create_line(x0, y0, x, y, fill='black')
        for j in range(51):
            a = (2 * math.pi / 16) * j + (2 * math.pi / 180) * k - 1
            x = math.ceil(x0 + 48 * math.cos(a))
            y = math.ceil(y0 + 48 * math.sin(a) * B)
            canvas.create_line(x0, y0, x, y, fill='black')
    root.mainloop()
```

运行结果如图 11.16 所示。

图 11.16 综合绘图结果示意图

【例 11.16】 绘制太阳花。

```python
# coding=utf-8
import turtle
import time
#同时设置pencolor=color1, fillcolor=color2
```

```python
turtle.color("red", "yellow")
turtle.begin_fill()
for i in range(50):
    turtle.forward(200)
    turtle.left(170)
turtle.end_fill()
```

【例 11.17】 绘制五角形。

```python
# coding=utf-8
import turtle
import time
turtle.pensize(5)
turtle.pencolor("yellow")
turtle.fillcolor("red")
turtle.begin_fill()
for i in range(5):
    turtle.forward(200)
    turtle.right(144)
turtle.end_fill()
time.sleep(2)
turtle.penup()
turtle.goto(-150,-120)
turtle.color("violet")
turtle.write("Done", font=('Arial', 40, 'normal'))
```

【例 11.18】 绘制树叶。

```python
from numpy import *
from random import random
import turtle
turtle.reset()
x=array([[.5],[.5]])
p=[0.85,0.92,0.99,1.00]
A1=array([[.85, 0.04],[-0.04,.85]])
b1=array([[0],[1.6]])
A2=array([[0.20,-0.26],[0.23,0.22]])
b2=array([[0],[1.6]])
A3=array([[-0.15,0.28],[0.26,0.24]])
b3=array([[0],[0.44]])
A4=array([[0,0],[0,0.16]])
turtle.color("blue")
cnt=1
while True:
    cnt+=1
    if cnt==2000:
        break
    r=random()
    if r<p[0]:
        x=dot(A1, x)+b1
    elif r<p[1]:
        x=dot(A2, x)+b2
    elif r<p[2]:
        x=dot(A3, x)+b3
    else:
        x=dot(A4, x)
```

```
        #print (x[1])
        turtle.up()
        turtle.goto(x[0][0] * 50,x[1][0] * 40 - 240)
        turtle.down()
        turtle.dot()
```

【例 11.19】 绘制时钟。

```
#coding=utf-8
import turtle
from datetime import *
#抬起画笔,向前运动一段距离后放下
def Skip(step):
    turtle.penup()
    turtle.forward(step)
    turtle.pendown()
def mkHand(name, length):
    turtle.reset()                          #注册 turtle 形状,建立表针 turtle
    Skip(-length * 0.1)
    #开始记录多边形的顶点。当前的小乌龟位置是多边形的第一个顶点
    turtle.begin_poly()
    turtle.forward(length * 1.1)
    #停止记录多边形的顶点。当前的小乌龟位置是多边形的最后一个顶点,将与第一个顶点相连
    turtle.end_poly()
    handForm = turtle.get_poly()            #返回最后记录的多边形
    turtle.register_shape(name, handForm)
def Init():
    global secHand, minHand, hurHand, printer
    turtle.mode("logo")                     #重置 turtle 指向北
    #建立3个表针 turtle 并初始化
    mkHand("secHand", 135)
    mkHand("minHand", 125)
    mkHand("hurHand", 90)
    secHand = turtle.Turtle()
    secHand.shape("secHand")
    minHand = turtle.Turtle()
    minHand.shape("minHand")
    hurHand = turtle.Turtle()
    hurHand.shape("hurHand")
    for hand in secHand, minHand, hurHand:
        hand.shapesize(1, 1, 3)
        hand.speed(0)
    printer = turtle.Turtle()               #建立输出文字 turtle
    printer.hideturtle()                    #隐藏画笔的 turtle 形状
    printer.penup()
def SetupClock(radius):
    turtle.reset()                          #建立表的外框
    turtle.pensize(7)
    for i in range(60):
        Skip(radius)
        if i % 5 == 0:
            turtle.forward(20)
            Skip(-radius - 20)
```

```python
            Skip(radius + 20)
            if i == 0:
                turtle.write(int(12), align="center", font=("Courier", 14,
                    "bold"))
            elif i == 30:
                Skip(25)
                turtle.write(int(i/5), align="center", font=("Courier", 14,
                    "bold"))
                Skip(-25)
            elif (i == 25 or i == 35):
                Skip(20)
                turtle.write(int(i/5), align="center", font=("Courier", 14,
                    "bold"))
                Skip(-20)
            else:
                turtle.write(int(i/5), align="center", font=("Courier", 14,
                    "bold"))
            Skip(-radius - 20)
        else:
            turtle.dot(5)
            Skip(-radius)
        turtle.right(6)
def Week(t):
    week=["星期一","星期二","星期三","星期四","星期五","星期六","星期日"]
    return week[t.weekday()]
def Date(t):
    y = t.year
    m = t.month
    d = t.day
    return "%s %d%d" % (y, m, d)
def Tick():
    t = datetime.today()  #绘制表针的动态显示
    second = t.second + t.microsecond * 0.000001
    minute = t.minute + second / 60.0
    hour = t.hour + minute / 60.0
    secHand.setheading(6 * second)
    minHand.setheading(6 * minute)
    hurHand.setheading(30 * hour)
    turtle.tracer(False)
    printer.forward(65)
    printer.write(Week(t), align="center",font=("Courier", 14, "bold"))
    printer.back(130)
    printer.write(Date(t), align="center",font=("Courier", 14, "bold"))
    printer.home()
    turtle.tracer(True)
    #100ms 后继续调用 Tick()
    turtle.ontimer(Tick, 100)
def main():
    #打开/关闭乌龟动画,并为更新图纸设置延迟
    turtle.tracer(False)
    Init()
    SetupClock(160)
    turtle.tracer(True)
    Tick()
```

```
        turtle.mainloop()

if __name__ == "__main__":
    main()
```

运行结果如图 11.17 所示。

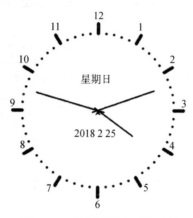

图 11.17　绘制时钟实例效果图

11.6　实验与习题

1. 利用 turtle 库绘制正方形螺旋线。
2. 利用 turtle 库绘制彩色斜螺旋线。
3. 绘制奥运五环图，其中 5 种颜色分别为蓝色、黑色、红色、黄色和绿色。
4. 设计一个窗体，并放置一个按钮，单击按钮后弹出"颜色"对话框，关闭"颜色"对话框后提示选中的颜色。
5. 设计一个窗体，并放置一个按钮，按钮默认文本为"开始"，单击按钮后文本变为"结束"，再次单击按钮后变为"开始"，循环切换。
6. 设计一个窗体，模拟 QQ 登录界面，当用户输入号码 123456 和密码 654321 时提示正确，否则提示错误。

第 12 章　数据库操作

本章以访问 MySQL 数据库为例，介绍 Python 访问 MySQL 数据库的操作方法。Python 3.x 版本中使用 PyMySQL 库连接 MySQL 数据库，而 Python 2 中则使用 MySQL DB。PyMySQL 遵循 Python 数据库 API v2.0 规范，并包含了 pure-Python MySQL 客户端库。

在使用 PyMySQL 之前，需要确保 PyMySQL 已安装。PyMySQL 下载地址为 https://github.com/PyMySQL/PyMySQL。

如果还未安装，可以使用以下命令安装最新版的 PyMySQL：

```
$ pip install PyMySQL
```

如果系统不支持 pip 命令，可以使用以下方式安装。

（1）使用 git 命令下载安装包安装（也可以手动下载）。

```
$ git clone https://github.com/PyMySQL/PyMySQL
$ cd PyMySQL/
$ python3 setup.py install
```

（2）如果需要制定版本号，可以使用 curl 命令来安装。

```
$ # X.X 为 PyMySQL 的版本号
$ curl -L https://github.com/PyMySQL/PyMySQL/tarball/pymysql-X.X | tar xz
$ cd PyMySQL*
$ python3 setup.py install
$ # 现在可以删除 PyMySQL*目录
```

注意　确保有 root 权限来安装上述模块。安装的过程中可能会出现 ImportError: No module named setuptools 的错误提示，意思是没有安装 setuptools，可以访问 https://pypi.python.org/pypi/setuptools 找到各个系统的安装方法。

Linux 系统安装实例如下：

```
$ wget https://bootstrap.pypa.io/ez_setup.py
$ python3 ez_setup.py
```

12.1　数据库中的事务

事务机制可以确保数据一致性。事务有 4 个属性：原子性、一致性、隔离性和持久性，这 4 个属性通常称为 ACID 特性。

原子性（atomicity）：一个事务是一个不可分割的工作单位，事务中包括的诸操作要么都做，要么都不做。

一致性（consistency）：事务必须是使数据库从一个一致性状态变到另一个一致性状态。一致性与原子性是密切相关的。

隔离性（isolation）：一个事务的执行不能被其他事务干扰。即一个事务内部的操作及使用的数据对并发的其他事务是隔离的，并发执行的各个事务之间不能互相干扰。

持久性（durability）：也称永久性（permanence），指一个事务一旦提交，它对数据库中数据的改变就应该是永久性的。接下来的其他操作或故障不应该对其有任何影响。

Python DB API 2.0 的事务提供了两个方法 commit()、rollback()。方法使用如下所示。

```
# SQL 删除记录语句
sql = "DELETE FROM EMPLOYEE WHERE AGE > '%d'" % (20)
try:
    cursor.execute(sql)             #执行 SQL 语句
    db.commit()                     #提交到数据库执行
except:
    db.rollback()                   #如果发生错误则回滚
```

对于支持事务的数据库，在 Python 数据库编程中，当游标建立时，就自动开始了一个隐形的数据库事务。

commit()方法提交当前游标的所有更新操作，rollback()方法回滚当前游标的所有操作。每种方法都开始一个新的事务。

12.2　数据库连接

连接数据库前，先确认以下事项：

（1）本地计算机安装了 MySQL 数据库。

（2）已经创建了数据库 TESTDB。

（3）在 TESTDB 数据库中已经创建了表 EMPLOYEE。

（4）EMPLOYEE 表字段为 FIRST_NAME、LAST_NAME、AGE、SEX 和 INCOME。

（5）连接数据库 TESTDB 使用的用户名为 testuser，密码为 test123，可以自己设定或者直接使用 root 用户名及其密码，MySQL 数据库用户授权请使用 grant 命令。

（6）在计算机上已经安装了 Python MySQLdb 模块。

连接 MySQL 的 TESTDB 数据库实例的操作如下所示。

【例 12.1】 数据库连接。

```
#!/usr/bin/python3
import pymysql
db = pymysql.connect("localhost","testuser","test123","TESTDB" )
                                  #打开数据库连接
cursor = db.cursor()              #使用 cursor()方法创建一个游标对象 cursor
cursor.execute("SELECT VERSION()")#使用 execute()方法执行 SQL 查询
data = cursor.fetchone()          #使用 fetchone()方法获取单条数据
print ("Database version : %s " % data)
db.close()                        #关闭数据库连接
```

12.3 创建数据表

数据库连接成功后，可以使用 execute() 方法来为数据库创建表。创建表 EMPLOYEE 实例如下所示。

【例 12.2】 创建数据表。

```
#!/usr/bin/python3
import pymysql
db = pymysql.connect("localhost","testuser","test123","TESTDB" )
#打开数据库连接
cursor = db.cursor()                    #使用 cursor()方法创建一个游标对象 cursor
#使用 execute()方法执行 SQL，如果表存在则删除
cursor.execute("DROP TABLE IF EXISTS EMPLOYEE")
#使用预处理语句创建表
sql = """CREATE TABLE EMPLOYEE (
         FIRST_NAME  CHAR(20) NOT NULL,
         LAST_NAME   CHAR(20),
         AGE INT,
         SEX CHAR(1),
         INCOME FLOAT )"""
cursor.execute(sql)
db.close()                              #关闭数据库连接
```

12.4 表的插入操作

向表 EMPLOYEE 中插入记录，如例 12.3 所示。

【例 12.3】 向表中插入数据。

```
#!/usr/bin/python3
import pymysql
db = pymysql.connect("localhost","testuser","test123","TESTDB")
                                    #打开数据库连接
cursor = db.cursor()                #使用 cursor()方法获取操作游标
# SQL 插入语句
sql = """INSERT INTO EMPLOYEE(FIRST_NAME,
       LAST_NAME, AGE, SEX, INCOME)
       VALUES ('Mac', 'Mohan', 20, 'M', 2000)"""
try:
   cursor.execute(sql)              #执行 SQL 语句
   db.commit()                      #提交到数据库执行
except:
   db.rollback()                    #如果发生错误则回滚
db.close()                          #关闭数据库连接
```

以上例子也可以写成如下形式：

```python
#!/usr/bin/python3
import pymysql
db = pymysql.connect("localhost","testuser","test123","TESTDB" )
                                        #打开数据库连接
cursor = db.cursor                      #使用cursor()方法获取操作游标
# SQL 插入语句
sql = "INSERT INTO EMPLOYEE(FIRST_NAME, \
       LAST_NAME, AGE, SEX, INCOME) \
       VALUES ('%s', '%s', '%d', '%c', '%d' )" % \
       ('Mac', 'Mohan', 20, 'M', 2000)
try:
    cursor.execute(sql)                 #执行SQL语句
    db.commit()                         #提交到数据库执行
except:
    db.rollback()                       #如果发生错误则回滚
db.close()                              #关闭数据库连接
```

以下代码使用变量向 SQL 语句中传递参数：

```
user_id = "test123"
password = "password"
con.execute('insert into Login values("%s", "%s")' %\
 (user_id, password))
```

12.5 表的查询操作

Python 查询 MySQL 使用 fetchone()方法获取单条数据，使用 fetchall()方法获取多条数据。

fetchone()：该方法获取下一个查询结果集。结果集是一个对象。

fetchall()：接收全部的返回结果行。

Rowcount：一个只读属性，并返回执行 execute()方法后影响的行数。

查询 EMPLOYEE 表中 salary（工资）字段大于 1000 元的所有数据，如例 12.4 所示。

【例 12.4】 表的查询操作。

```python
#!/usr/bin/python3
import pymysql
db = pymysql.connect("localhost","testuser","test123","TESTDB" )
                                        #打开数据库连接
cursor = db.cursor()                    #使用cursor()方法获取操作游标
# SQL 查询语句
sql = "SELECT * FROM EMPLOYEE \
       WHERE INCOME > '%d'" % (1000)
try:
   cursor.execute(sql)                  #执行SQL语句
   results = cursor.fetchall()          #获取所有记录列表
   for row in results:
      fname = row[0]
      lname = row[1]
      age = row[2]
```

```
      sex = row[3]
      income = row[4]
      print ("fname=%s,lname=%s,age=%d,sex=%s,income=%d" % \    #打印结果
             (fname, lname, age, sex, income ))
except:
  print ("Error: unable to fetch data")
db.close()                                                      #关闭数据库连接
```

12.6 表的更新操作

数据库更新操作用于更新数据表的数据。将 TESTDB 表中的 SEX 字段值为 'M' 的人员的 AGE 字段递增，如例 12.5 所示。

【例 12.5】表的更新操作。

```
#!/usr/bin/python3
import pymysql
db = pymysql.connect("localhost","testuser","test123","TESTDB" )
                                                #打开数据库连接
# 使用 cursor()方法获取操作游标
cursor = db.cursor()
#SQL 更新语句
sql = "UPDATE EMPLOYEE SET AGE = AGE + 1 WHERE SEX = '%c'" % ('M')
try:
    cursor.execute(sql)              #执行 SQL 语句
    db.commit()                      #提交到数据库执行
except:
    db.rollback()                    #如果发生错误则回滚
db.close()                           #关闭数据库连接
```

12.7 表的删除操作

删除操作用于删除数据表中的数据。删除数据表 EMPLOYEE 中 AGE 大于 20 岁的所有数据，如例 12.6 所示。

【例 12.6】删除数据表中的数据。

```
#!/usr/bin/python3
import pymysql
db = pymysql.connect("localhost","testuser","test123","TESTDB" )
                                                #打开数据库连接
#使用 cursor()方法获取操作游标
cursor = db.cursor()
#SQL 删除语句
sql = "DELETE FROM EMPLOYEE WHERE AGE > '%d'" % (20)
try:
    cursor.execute(sql)              #执行 SQL 语句
    db.commit()                      #提交到数据库执行
```

```
except:
    db.rollback()              #如果发生错误则回滚
db.close()                     #关闭数据库连接
```

12.8 错误处理

DB API 中定义了一些数据库操作的错误,如表 12.1 所示。

表 12.1 数据库操作错误

错 误	描 述
Warning	当有严重警告时触发,例如插入数据时被截断等。必须是 StandardError 的子类
Error	警告以外所有其他错误类。必须是 StandardError 的子类
InterfaceError	当有数据库接口模块本身的错误(而不是数据库的错误)发生时触发。必须是 Error 的子类
DatabaseError	和数据库有关的错误发生时触发。必须是 Error 的子类
DataError	当有数据处理时的错误发生时触发,例如除零错误、数据超范围等。必须是 DatabaseError 的子类
OperationalError	指非用户控制的而是操作数据库时发生的错误。例如,连接意外断开、数据库名未找到、事务处理失败、内存分配错误等操作数据库时发生的错误。必须是 DatabaseError 的子类
IntegrityError	完整性相关的错误,例如外键检查失败等。必须是 DatabaseError 子类
InternalError	数据库的内部错误,例如游标(cursor)失效了、事务同步失败等。必须是 DatabaseError 子类
ProgrammingError	程序错误,例如数据表(table)没找到或已存在、SQL 语句语法错误、参数数量错误等。必须是 DatabaseError 的子类
NotSupportedError	不支持错误,指使用了数据库不支持的函数或 API 等。例如在连接对象上使用 .rollback() 函数,然而数据库并不支持事务或者事务已关闭。必须是 DatabaseError 的子类

12.9 实 例 精 选

【例 12.7】数据库中的事务处理。

```
import MySQLdb as mdb
import sys

try:
    conn = mdb.connect('localhost', 'root', 'root', 'test')
                        #连接 MySQL,获取连接的对象
    cursor = conn.cursor()
    #如果某个数据库支持事务,会自动开启
    #这里用的是 MySQL,所以会自动开启事务(若是 MyISAM 引擎则不会)
    cursor.execute("UPDATE Writers SET Name = %s WHERE Id = %s",
```

```
    ("Leo Tolstoy", "1"))
    cursor.execute("UPDATE Writers SET Name = %s WHERE Id = %s",
    ("Boris Pasternak", "2"))
    cursor.execute("UPDATE Writer SET Name = %s WHERE Id = %s",
    ("Leonid Leonov", "3"))
    conn.commit()                    #事务的特性：原子性的手动提交
    cursor.close()
    conn.close()
except mdb.Error as e:
#如果出现了错误，那么可以回滚，就是上面的3条语句要么都执行，要么都不执行
    conn.rollback()
    print ("Error %d: %s" % (e.args[0],e.args[1]))
```

本程序的结果如下：

1、因为不存在 writer 表（ SQL 第3条语句），所以出现错误：Error 1146: Table 'test.writer' doesn't exist

2、出现错误，出发异常处理，3 条语句的前两条会自动变成了没有执行，结果不变

3、如果本代码放到一个 MyISAM 引擎表，前两句会执行，第 3 句不会；如果是 INNDB 引擎，则都不会执行。

【例 12.8】 把图片以二进制形式存入 MySQL。

有人喜欢把图片存入 MySQL。大部分程序中图片都是存放在服务器上的，数据库中存放的只是图片的地址而已，不过 MySQL 是支持把图片存入数据库的，也相应地有一个专门的字段 BLOB (Binary Large Object)，即较大的二进制对象字段。请查看如下程序，注意，测试图片可以任意一个图，地址要正确。

首先，在数据库中创建一个表，用于存放图片：

```
CREATE TABLE Images(Id INT PRIMARY KEY AUTO_INCREMENT, Data MEDIUMBLOB);
```

然后运行如下 Python 代码：

```
import MySQLdb as mdb
import sys
try:
    fin = open("../web.jpg")         #用读文件模式打开图片
    img = fin.read()                 #将文本读入 img 对象中
    fin.close()                      #关闭文件
except IOError as e:
    print ("Error %d: %s" % (e.args[0],e.args[1]))   #如果出错,打印错误信息
    sys.exit(1)
try:
#连接MySQL，获取对象
    conn = mdb.connect(host='localhost',user='root',passwd='root',
        db='test')
    cursor = conn.cursor()#获取执行 cursor
#直接将数据作为字符串，插入数据库
    cursor.execute("INSERT INTO Images SET Data='%s'" %mdb.escape_string
        (img))
    conn.commit()                    #提交数据
```

```
        cursor.close()              #提交之后，再关闭 cursor 和连接
        conn.close()
    except mdb.Error as e:
        print ("Error %d: %s" % (e.args[0],e.args[1])) #若出现异常，打印信息
        sys.exit(1)
```

【例 12.9】 从数据库中把图片读出来。

```
import MySQLdb as mdb
import sys
try:
    conn = mdb.connect('localhost', 'root', 'root', 'test')
    cursor = conn.cursor()
    cursor.execute("SELECT Data FROM Images LIMIT 1")
    #执行查询该图片字段的 SQL 使用二进制写文件的方法，打开一个图片文件
    #若不存在则自动创建
    fout = open('image.png','wb')
    fout.write(cursor.fetchone()[0])
    fout.close()                    #关闭写入的文件
    cursor.close()                  #释放查询数据的资源
    conn.close()
except IOError as e:
    print ("Error %d: %s" % (e.args[0],e.args[1]))
                                    #捕获 IO 异常，文件写入会发生错误
    sys.exit(1)
```

12.10 实验与习题

1. 通过 Python 使用数据库的过程是什么？

2. 首先建一个数据库，存储自己的通讯录，然后编写程序，通过程序实现通讯录的查找、删除、插入和修改等功能。

第 13 章　Python 应用案例

13.1　Python 爬虫开发实战

13.1.1　Requests：让 HTTP 服务人类

Requests 是由 Kenneth Reitz 开发的一个方便用户使用的包。Requests 可以让用户方便地发送 HTTP 请求，抓取网页的内容。通过在命令行中使用以下命令进行安装：

```
pip install requests
```

在安装完成后，可以使用 import 语句导入该包：

```
import requests
```

然后可以尝试获取一个网页的内容。在下例中，将对 httpbin.org 这个网站进行抓取，并通过 r.text 或 r.json 等方式获取其内容。

```
>>> import requests
>>> r = requests.get('http://httpbin.org/get')
>>> r.text
'{\n "args": {}, \n "headers": {\n "Accept": "*/*", \n "Accept-Encoding":
"gzip, deflate", \n "Connection": "close", \n "Host": "httpbin.org", \n
"User-Agent": "python-requests/2.18.4"\n }, \n "origin":"223.104.248.6", \n
"url": "http://httpbin.org/get"\n}\n'
>>> r.json
<bound method Response.json of <Response [200]>>
>>> r.json()
{'args': {}, 'headers': {'Accept': '*/*', 'Accept-Encoding': 'gzip, de-
flate', 'Connection': 'close', 'Host': 'httpbin.org', 'User-Agent': 'py-
thon-requests/ 2.18.4'}, 'origin': '223.104.248.6', 'url': 'http://httpbin.
org/get'}
```

与此同时，可以传递一些 URL 参数过去，这在爬虫脚本程序中非常有用。

```
>>> import requests
>>> params = {'key1': 'value1', 'key2': 'value2'}
>>> r = requests.get("http://httpbin.org/get", params=params)
>>> r.url
'http://httpbin.org/get?key1=value1&key2=value2'
```

当然，有一些网站会在后台检测用户所使用的浏览器类型，可以定制 HTTP 请求头部来将 Python 脚本发送的 HTTP 请求伪装成一个由浏览器发送的请求。在下例中，HTTP 请求伪装成一个由苹果计算机上的 Chrome 浏览器发送的请求。

```
>>> url = 'http://httpbin.org/get'
>>> headers = {'user-agent': 'Mozilla/5.0 (Macintosh; Intel Mac OS X 10_12_2) AppleWebKit/537.36 (KHTML, like Gecko) Chrome/55.0.2883.95 Safari/537.36'}
>>> r = requests.get(url, headers=headers)
```

一般来说，掌握这些关于 Requests 包的基本用法就够了。爬取下来的网页，可以使用 r.text 获得内容，此时使用另外一个包进行解析处理——Beautiful Soup。

13.1.2　Beautiful Soup：解析 HTML 利器

Beautiful Soup 是一个可以从 HTML 或 XML 文件中提取数据的 Python 库，可以对爬取下来的网页进行解析，十分方便快捷。在命令行中通过以下命令安装此包：

```
pip install beautifulsoup4
```

然后使用下面语句导入 BeautifulSoup 模块：

```
from bs4 import BeautifulSoup
```

导入 BeautifulSoup 模块后，就可以解析并处理一些 HTML 文档了。

```
>>> import requests
>>> url = 'http://httpbin.org/get'
>>> r = requests.get(url, headers=headers)
>>> from bs4 import BeautifulSoup
>>> soup = BeautifulSoup(r.text, 'html.parser')
>>> print(soup.prettify())
{
  "args": {},
  "headers": {
    "Accept": "*/*",
    "Accept-Encoding": "gzip, deflate",
    "Connection": "close",
    "Host": "httpbin.org",
    "User-Agent": "Mozilla/5.0 (Macintosh; Intel Mac OS X 10_12_2) AppleWebKit/537.36 (KHTML, like Gecko) Chrome/55.0.2883.95 Safari/537.36"
  },
  "origin": "223.104.248.6",
  "url": "http://httpbin.org/get"
}
```

在上例中使用 BeautifulSoup() 方法对 HTML 文档进行了解析。soup = BeautifulSoup(r.text, 'html.parser') 是一种 Python 支持的 HTML 解析器。BeautifulSoup() 除了支持这个 Python 标准库自带的 HTML 解析器外，还支持一些第三方解析器。BeautifulSoup() 常用的解析器如表 13.1 所示。

表 13.1　BeautifulSoup() 常用的解析器

解析器	使用方法	优势	劣势
Python 标准库	BeautifulSoup(markup, "html.parser")	Python 的内置标准库，执行速度适中，HTML 文档容错能力强	Python 2.7.3 或 Python 3.2.2 之前的版本，中文 HTML 文档容错差，有时难以解析

续表

解析器	使用方法	优 势	劣 势
lxml HTML 解析器	BeautifulSoup(markup, "lxml")	（1）速度快； （2）文档容错能力强	需要安装 C 语言库
lxml XML 解析器	BeautifulSoup(markup, ["lxml-xml"]) BeautifulSoup(markup, "xml")	（1）速度快； （2）支持 XML 解析	需要安装 C 语言库
html5lib	BeautifulSoup(markup, "html5lib")	（1）最好的容错性； （2）以浏览器的方式解析文档； （3）生成 HTML5 格式的文档	解析速度慢，需要使用 pip 命令安装

BeautifulSoup 官方推荐使用 lxml 作为 HTML 文档解析器，因为其速度快、容错能力强。需要注意的是，解析的 HTML 文档本身存在某些语法错误时，不同解析器返回的结果也是不一样的。

在使用爬虫时，最常用的操作是搜索 HTML 文档树。通过这个操作可以在大量 HTML 代码中找到想要的内容。在 BeautifulSoup()中，通过 find_all()方法获取某种特定类型的标签。例如想要获得所有的<a>标签，就可以使用 soup.find_all('a')来获取所有<a>标签。BeautifulSoup()还有很多非常实用的方法，由于篇幅限制，本书在此不做过多介绍，相关方法可查阅官方文档。

13.1.3 教务系统课程表爬虫

某高校的教务系统导出的课表形式如图 13.1 所示，由于不是通用日历格式，学生和老师在使用过程中非常不方便，每周上课前都要检查当前周是第几周等信息。下面以课表信息爬取来进行举例，如例 13.1 所示。

图 13.1 某高校的教务系统导出的课表形式

【例 13.1】 爬取课表，生成日历。

开始之前需要安装下列库：

```
pip install beautifulsoup4
pip install icalendar
```

（1）导入本脚本程序需要使用的模块。

```python
# Python自带模块
import os                                    #用于切换目录
import re                                    #用于正则匹配
import sys                                   #用于检查传入参数
import getopt                                #用于获得操作符
import logging                               #用于记录日志文件
from uuid import uuid1                       #用于生产唯一UID
from pprint import pprint
from dateutil.relativedelta import relativedelta   #用于日期的加、减运算
from datetime import date, datetime, time, timedelta, timezone
#用于日期处理外部依赖
import requests                              #用于发送网络请求
from bs4 import BeautifulSoup                #用于解析HTML文本
from icalendar import Calendar, Event        #用于转换为日历文件
```

（2）定义 CssGetter 类，用于获取课表信息。

```python
class CssGetter(object):
    Headers = {'user-agent': 'Mozilla/5.0 (Macintosh; Intel Mac OS X 10_12_2) '
                             'AppleWebKit/537.36 (KHTML, like Gecko) '
                             'Chrome/55.0.2883.95 Safari/537.36'}
    URL = {
        'login': 'http://i.cqut.edu.cn/zfca/login?service=http%3A%2F%2Fi.cqut.edu.cn%2Fportal.do',
        'schedule': 'http://i.cqut.edu.cn/zfca?yhlx=student&login=0122579031373493728&url=xskbcx.aspx'
    }
    def __init__(self):
        self.argv = sys.argv                           #传入的参数
        os.chdir(str(self.argv[0]).rsplit('/', maxsplit=1)[0])
                                                        #修改当前工作目录
        self.logger = self.logger_creator()            #创建一个日志文件生成器
        self.username, self.password = '', ''
                                                        #用于保存传来的参数（用户名和密码）
        self.session = requests.Session()              #建立HTTP会话链接
        self.lt = None                                  #保存随机值lt
        self.schedule = []                              #记录课表信息
        self.date_start = None                          #记录开学日期
```

（3）为了方便查看和检测爬虫程序的运行状况，封装了一个日志模块。该日志模块不仅可以在脚本程序爬取信息时打印输入程序当前的运行状况，还可以将这些日志信息保存在文件中，方便日后检查。

```python
    @staticmethod
    def logger_creator():
        #脚本日志处理
        logger_ = logging.getLogger('cqut.py')
        logger_.setLevel(logging.DEBUG)
        file_handler = logging.FileHandler('cqut.log', 'w', 'utf-8')
        file_handler.setLevel(logging.DEBUG)
        file_handler.setFormatter(logging.Formatter('%(asctime)s %(name)-12s %(levelname)-8s %(message)s'))
        logger_.addHandler(file_handler)
        console_handler = logging.StreamHandler()
        console_handler.setLevel(logging.INFO)
        console_handler.setFormatter(logging.Formatter('%(name)-12s: %(levelname)-8s %(message)s'))
        logger_.addHandler(console_handler)
        logger_.info('正在执行脚本...')
        return logger_
```

（4）获取账号信息。

```python
    def get_username_password(self):
        #解析命令行参数，得到用户名和密码
        try:
            opts, args = getopt.getopt(self.argv[1:], 'hu:p:', ['username=', 'password='])
        except getopt.GetoptError:
            self.logger.info('你的打开方式不对！请重新输入命令')
            self.logger.info('cqut.py -u <username> -p <password>')
            sys.exit(-1)
        for opt, arg in opts:
            if opt in ('-u', '--username'):
                self.username = arg
            elif opt in ('-p', '--password'):
                self.password = arg
        if self.username is None:
            self.username = input('请输入你的学号：')
        if self.password is None:
            self.password = input('请输入你的密码：')
```

（5）模拟登录数字化校园。通过爬虫脚本，模拟登录数字化校园系统，方便下一步获取学生课表。

```python
    def user_login(self):
        #模拟登录数字化校园
        r = self.session.get('http://ip.cn')
        soup = BeautifulSoup(r.text, 'html5lib')
        self.logger.debug(r.text.replace('\n', ''))
        self.logger.debug(' '.join(re.split('[ \n]+', soup.text)).strip())
        self.logger.info('正在准备登录数字化校园...')
        try:
            self.logger.info('正在尝试打开数字化校园...')
            self.session.headers = CssGetter.Headers
            r = self.session.get(url=CssGetter.URL['login'])
            value_lt = re.findall(r'name="lt" value="(.*?)"', r.text)[0]
```

```python
            self.lt = value_lt  #获取 lt 的值
            data = {'useValidateCode': '0',
                    'isremenberme': '0',
                    'ip': '',
                    'username': self.username,
                    'password': self.password,
                    'losetime': '30',
                    'lt': value_lt,
                    '_eventId': 'submit',
                    'submit1': ''}
            r = self.session.post(url=CssGetter.URL['login'], data=data)
            soup = BeautifulSoup(r.text, 'html5lib')
            self.logger.info('正在获取用户信息...')
            name = soup.select('div > em')[0].text
            self.logger.info('登录成功! ' + name)
        except IndexError:
            self.logger.error('登录失败！请检查账号和密码是否有误，网络连接及代理配置是否正常。')
            self.logger.debug('下面是登录页信息:')
            self.logger.debug(r.text.replace('\n', ''))
```

（6）爬取课程表信息。由于上一步已经登录，此时就可以直接爬取课表信息，并用正则表达式进行提取。

```python
    def get_schedule(self):
        """爬取课程表信息"""
        self.logger.info('正在准备爬取课程表信息...')
        r = self.session.get(url=CssGetter.URL['schedule'])
        soup = BeautifulSoup(r.text, 'html.parser')
        self.logger.debug(' '.join(re.split('[ \n]+', soup.text)).strip())
        i = soup.find_all('td', {'align': 'Center', 'rowspan': re.compile('\d+')})
        """
        i = [
            '<td align="Center" rowspan="2" width="7%">算法分析与设计<br/>周五第1,2节{第13-17周}<br/>刘老师(刘老师)<br/>5教0402<br/><br/>算法分析与设计<br/>周五第1,2节{第9-11周}<br/>刘老师(刘老师)<br/>5教0402</td>',
            '<td align="Center" class="noprint" rowspan="2" width="7%">数字图像处理技术<br/>周六第1,2节{第3-10周}<br/>傅由甲(傅老师)<br/>4教0207(0208)</td>',
            '<td align="Center" rowspan="2">数据库原理及应用<br/>周一第3,4节{第6-11周}<br/>刘老师(刘老师)<br/>4教0303(0305)<br/><br/>大学体育[5]<br/>周一第3,4节{第2-5周}<br/>赵老师<br/>操场1</td>',
            '<td align="Center" rowspan="2">操作系统原理及应用<br/>周二第3,4节{第10-11周}<br/>杨老师(杨老师)<br/>4教0303(0305)<br/><br/>操作系统原理及应用<br/>周二第3,4节{第13-17周}<br/>杨老师(杨老师)<br/>4教0303(0305)<br/><br/>计算机网络【计算机】<br/>周二第3,4节{第2-9周}<br/>李老师<br/>6教0411</td>',
            '<td align="Center" rowspan="2">操作系统原理及应用<br/>周三第3,4节{第17-17周|单周}<br/>杨老师(杨老师)<br/>4教0303(0305)<br/><br/>数据库原理及应用<br/>周三第3,4节{第6-11周}<br/>刘老师(刘老师)<br/>4教0303(0305)</td>',
```

```
            '<td align="Center" rowspan="2">操作系统原理及应用<br/>周四第3,4节{第
11-11周|单周}<br/>杨老师(杨老师)<br/>3教0307<br/><br/>操作系统原理及应用<br/>周四
第3,4节{第13-17周}<br/>杨老师(杨老师)<br/>3教0307</td>',
            '<td align="Center" rowspan="2">算法分析与设计<br/>周五第 3,4 节{第
13-17 周}<br/>刘老师(刘老师)<br/>4 教 0313<br/><br/>算法分析与设计<br/>周五第 3,4 节
{第 9-11 周}<br/>刘老师(刘老师)<br/>4 教 0313</td>',
            '<td align="Center" class="noprint" rowspan="2">操作系统原理及应用
<br/>周六第3,4节{第10-11周}<br/>杨老师(杨老师)<br/>3教0307<br/><br/>操作系统原
理及应用<br/>周六第3,4节{第13-16周}<br/>杨老师(杨老师)<br/>3教0307</td>',
            '<td align="Center" rowspan="4">经济学原理<br/>周一第 5,6,7,8 节{第
13-20 周}<br/>霍老师<br/>5 教 0309<br/><br/>数据库原理及应用<br/>周一第 5,6 节{第
2-11周}<br/>刘老师(刘老师)<br/>6教0411</td>',
            '<td align="Center" rowspan="2">算法分析与设计<br/>周二第 5,6 节{第
13-17 周}<br/>刘老师(刘老师)<br/>5 教 0402<br/><br/>算法分析与设计<br/>周二第 5,6 节
{第 9-11 周}<br/>刘老师(刘老师)<br/>5 教 0402</td>',
            '<td align="Center" rowspan="2">数据库原理及应用<br/>周三第 5,6 节{第
2-11 周}<br/>刘老师(刘老师)<br/>6 教 0411</td>',
            '<td align="Center" rowspan="2">计算机网络【计算机】<br/>周四第5,6节{第
2-9周}<br/>李老师<br/>6教0411</td>',
            '<td align="Center" rowspan="2">管理学概论<br/>周五第 5,6 节{第 2-9
周}<br/>崔老师<br/>5教0102</td>',
            '<td align="Center" rowspan="2">操作系统原理及应用<br/>周二第7,8节{第
9-11 周}<br/>杨老师(杨老师)<br/>3 教0307<br/><br/>操作系统原理及应用<br/>周二第 7,8
节{第 13-17 周}<br/>杨老师(杨老师)<br/>3 教 0307</td>',
            '<td align="Center" rowspan="2">管理学概论<br/>周三第 7,8 节{第 2-9
周}<br/>崔老师<br/>5 教 0102</td>',
            '<td align="Center" rowspan="2">计算机网络实验【独立实验】<br/>周四第
7,8节{第 3-10 周}<br/>邹老师/崔老师<br/>4 教 0304</td>',
            '<td align="Center" rowspan="2">数字图像处理技术<br/>周四第9,10节{第
2-9 周}<br/>傅老师(傅老师)<br/>6 教 0105</td>',
            '<td align="Center" rowspan="2">数字图像处理技术<br/>周五第9,10节{第
2-9 周}<br/>傅老师(傅老师)<br/>6 教 0105</td>']
        """
        j = []
        for x in i:
            j.extend(re.sub(r'<td(.*?)>', r'', str(x)).replace('</td>', '').split('<br/><br/>'))
        for x in j:
            try:
                this = {
                    '课程名': re.sub(r'【(.*?)】', r'', x.split('<br/>')[0]),
                    '星期几': re.findall(r'周(.?)第', x)[0],
                    '第几节': re.findall(r'第(.?)', x)[0],
                    '起始周': re.findall(r'{第(.*?)周', x)[0].split('-')[0],
                    '结课周': re.findall(r'{第(.*?)周', x)[0].split('-')[1],
                    '单周?': True if '单' in x.split('<br/>')[1] else False,
```

```python
                '双周?': True if '双' in x.split('<br/>')[1] else False,
                '教师名': re.sub(r'\((.*?)\)', r'', x.split('<br/>')[2]),
                '教室': x.split('<br/>')[3]
            }
            self.logger.info(this)
            self.schedule.extend([this])
            '''拆课 - 我们对连续的两节大课进行拆分'''
            t = re.findall(r'第(.*?)节', x)[0].split(',')
            if len(t) > 2:
                that = dict(this)
                that['第几节'] = t[2]
                self.logger.warning(that)
                self.schedule.extend([that])
        except IndexError:
            self.logger.warning(x)

def get_date_start(self):
    pass
```

（7）转换为通用日历格式。把用 Python 字典格式存储的学生上课事件转换为日历软件可以导入的通用日历格式（ICS），方便师生导入。

```python
def to_ics(self):
    self.logger.warning('拆分后的课程总数：' + str(len(self.schedule)))
    cal = Calendar()
    cal['version'] = '2.0'
    cal['prodid'] = '-//CQUT//Syllabus//CN'
    self.date_start = date(2018, 2, 26)   # 开学第一周星期一的时间
    self.logger.info('开学第一周星期一的时间为：' + str(self.date_start))
    # datetime.now()
    #TODO: 从 http://cale.dc.cqut.edu.cn/Index.aspx?term=201x-201x 抓取开
    #学时间
    dict_week = {'一': 0, '二': 1, '三': 2, '四': 3, '五': 4, '六': 5, '日': 6}
    # dict_time = {1: relativedelta(hours=8, minutes=20),
    #3: relativedelta(hours=10, minutes=20), 5: relativedelta(hours=14, minutes=0),
    #7: relativedelta(hours=16, minutes=0),9: relativedelta(hours=19, minutes=0)}
    dict_time = {1: time(8, 20), 3: time(10, 20), 5: time(14, 0), 7: time(16, 0), 9: time(19, 0)}
    self.logger.info('正在导出日程文件...')
    for i in self.schedule:
        #print(i)
        event = Event()
        ev_start_date = self.date_start + relativedelta(weeks=int(i['起始周']) - 1, weekday=dict_week[i['星期几']])
        ev_start_datetime = datetime.combine(ev_start_date, dict_time[int(i['第几节'])])上课时间
        #课持续一小时四十分钟（中间有十分钟课间时间）
        ev_last_relative_delta = relativedelta(hours=1, minutes=40) \
```

```python
            if int(i['第几节']) != 9 \
                else relativedelta(hours=1, minutes=35)#晚上的课要少五分钟课间时间
            ev_end_datetime = ev_start_datetime + ev_last_relative_delta
                    #下课时间
            ev_interval = 1 if not i['单周?'] | i['双周?'] else 2
                    #如果有单双周的课，那么这些课隔一周上一次
            ev_count = int(i['结课周']) - int(i['起始周']) + 1 \
                if not i['单周?'] | i['双周?'] else (int(i['结课周']) - int
                    (i['起始周'])) // 2 + 1

            #添加事件
            event.add('uid', str(uuid1()) + '@CQUT')
            event.add('summary', i['课程名'])
            event.add('dtstamp', datetime.now())
            event.add('dtstart', ev_start_datetime)
            event.add('dtend', ev_end_datetime)
            event.add('location', i['教师名'] + '@' + i['教室'])
            event.add('rrule', {'freq': 'weekly', 'interval': ev_interval,
'count': ev_count})
            cal.add_component(event)
        with open('output.ics', 'w+', encoding='utf-8') as file:
            file.write(cal.to_ical().decode('utf-8').replace('\r\n',
'\n').strip())
        self.logger.info('导出成功！')
```

（8）在 __main__()中对以上代码进行调用即可完成。

```python
if __name__ == '__main__':
    cg = CssGetter()                    #创建类
    cg.get_username_password()          #获取用户名和密码
    cg.user_login()                     #用户登录
    cg.get_schedule()                   #获取课程表
    cg.to_ics()                         #导出至当前目录下的 output.ics 文件
```

将爬取的个人课表添加到 iOS 系统的日历中，效果如图 13.2 所示。

图 13.2 爬取的个人课表添加到 iOS 系统日历

13.1.4 常见文档的爬取方法

HTML 文档是互联网上的主要文档类型，但还存在如 TXT、Word、Excel、PDF、CSV 等类型的文档。网络爬虫不仅需要能够爬取 HTML 中的敏感信息，也需要能爬取其他类型的文档，下面介绍一下相关文档的爬取方法。

【例 13.2】 爬取 TXT 文档。

在 Python 3 下，常用方法是使用 urllib.request.urlopen()方法直接获取，之后利用正则表达式等方式进行敏感词检索。

```
#读取文本文件
from urllib.request import urlopen
from urllib.error import URLError,HTTPError
import re

try:
    textPage = urlopen("http://www.pythonscraping.com/pages/warandpeace/chapter1.txt")
except (URLError,HTTPError) as e:
    print("Errors:\n")
    print(e)
#print(textPage.read())
text = str(textPage.read())

#下面方法用正则表达式匹配含 1805 的句子
pattern = re.compile("\..*1805(\w|,|\s|-)*(\.)")#不完美，简单示例
match = pattern.search(text)
if match is not None:
    print(match.group())

#下面方法不用正则表达式。先用.将句集分片，之后就可以遍历
ss = text.split('.')
key_words = "1805"
words_list = [x.lower() for x in key_words.split()]
for item in ss:
    if all([word in item.lower() and True or False for word in words_list]):
        print(item)
```

上面的方法是已知目标网页为 TXT 文档时的抓取。事实上，在自动抓取网页时，必须考虑目标网页是否为纯文本、用何种编码等问题。

如果只是编码问题，可以简单使用 print(textPage.read()，' utf-8 ')等 Python 字符处理方法来解决，如果爬取的是某个 HTML 文档，最好先分析，例如：

```
from urllib.request import urlopen
from urllib.error import URLError,HTTPError
from bs4 import BeautifulSoup
try:
    html = urlopen("https://en.wikipedia.org/wiki/Python_(programming_language)")
except (URLError,HTTPError) as e:
    print(e)
try:
    bsObj = BeautifulSoup(html,"html.parser")
```

```
        content = bsObj.find("div",{"id":"mw-content-text"}).get_text()
except AttributeError as e:
    print(e)

meta = bsObj.find("meta")
#print(bsObj)
if meta.attrs['charset'] == 'utf-8':
    content = bytes(content,"utf-8")
    print("-----------------utf-8--------------")
    print(content.decode("utf-8"))
if meta.attrs['charset'] == 'iso-8859-1':
    content = bytes(content,"iso-8859-1")
    print("--------------iso-8859-1------------")
    print(content.decode("iso-8859-1"))
```

【例 13.3】 爬取 CSV 文档。

CSV 文档与 TXT 文档基本类似,但在内容组织上有一定格式,文件的首行为标题行,之后的每行表示一个数据记录,就像一个二维数据表或 Excel 表格一样。 Python 3 中包含一个 CSV 解析库,可用于读写 CSV 文件,但其读取目标一般要求是在本地,要读取远程网络上的 CSV 文件,需要先用 urllib.request.urlopen()获取。

```
#CSV 远程获取,内存加载读取
from urllib.request import urlopen
import csv

from io import StringIO
                    #在内存中读写字符串,如果要操作二进制数据,就需要使用 BytesIO
try:
    data = urlopen("http://pythonscraping.com/files/MontyPythonAlbums.csv").read().decode("ascii","ignore")
except (URLError,HTTPError) as e:
    print("Errors:\n")
    print(e)

dataFile = StringIO(data)
csvReader = csv.reader(dataFile)
count = 0
for row in csvReader:
    if count < 10:
        print(row)
    else:
        print("...\n...")
        break
    count += 1

#将数据写入本地 CSV 文件
with open("./localtmp.csv","wt",newline='',encoding='utf-8') as localcsvfile:
    writer = csv.writer(localcsvfile)
    count = 0
    try:
        for row in csvReader:
            if count < 10:
                writer.writerow(row)
```

```
        else:
            break
        count += 1
finally:
    localcsvfile.close()
```

csv 文档的标题行（首行）需要特殊处理，csv.DictReader()可以很好地解决这个问题。csv.DictReader()将读取的行转换为 Python 字典对象，而不是列表；标题行的各列名即为字典的键名。

```
#csv.DictReader 读取 CSV 文件，可以有效处理标题行等问题
from urllib.request import urlopen
import csv
from io import StringIO
                 #在内存中读写字符串，如果要操作二进制数据，就需要使用 BytesIO

try:
    data = urlopen("http://pythonscraping.com/files/MontyPythonAlbums.csv").read().decode("ascii","ignore")
except (URLError,HTTPError) as e:
    print("Errors:\n")
    print(e)

dataFile = StringIO(data)
csvReader = csv.reader(dataFile)
dictReader = csv.DictReader(dataFile)
print(dictReader.fieldnames)
count = 0
for row in dictReader:
    if count < 10:
        print(row)
    else:
        print("...\n...")
        break
    count += 1
```

【例 13.4】 爬取 PDF 文档。

PDF 文档的远程爬取与操作可借助比较流行的 pdfminer3k 库来完成。

```
#爬取并操作 PDF
#pdf READ operation
from urllib.request import urlopen
from pdfminer.pdfinterp import PDFResourceManager,process_pdf
from pdfminer.converter import TextConverter
from pdfminer.layout import LAParams
from io import StringIO,open

def readPDF(filename):
    resmgr = PDFResourceManager()
    retstr = StringIO()
    laparams = LAParams()
    device = TextConverter(resmgr,retstr,laparams=laparams)
    process_pdf(resmgr,device,filename)
    device.close()
```

```
        content = retstr.getvalue()
        retstr.close()
        return content

    try:
        pdffile =
urlopen("http://www.fit.vutbr.cz/research/groups/speech/servite/2010/
rnnlm_mikolov.pdf")

    except (URLError,HTTPError) as e:
        print("Errors:\n")
        print(e)

    outputString = readPDF(pdffile)
                #也可以读取由pdffile=open("../../readme.pdf")语句打开的本地文件
    print(outputString)
    pdffile.close()
```

【例 13.5】 爬取 Word 文档。

老版 Word 文档使用二进制格式,扩展名为.doc,Word 2007 后的版本出现了与 OPEN Office 类似的类 XML 格式文档,扩展名为.docx。Python 对 Word 文档的支持不够,似乎没有完美解决方案。为读取.docx 文档的内容,可以使用以下方法:

（1）利用 urlopen 爬取远程 Word.docx 文件;

（2）将其转换为内存字节流;

（3）解压缩（.docx 是压缩后文件）;

（4）将解压后文件作为 XML 读取;

（5）寻找 XML 中的标签（正文内容）并处理。

```
#读取.docx文档内容
from zipfile import ZipFile
from urllib.request import urlopen
from io import BytesIO
from bs4 import BeautifulSoup

wordFile = ur-
lopen("http://pythonscraping.com/pages/AWordDocument.docx").read()
wordFile = BytesIO(wordFile)
document = ZipFile(wordFile)#
xml_content = document.read("word/document.xml")
#print(xml_content.decode("utf-8"))

wordObj = BeautifulSoup(xml_content.decode("utf-8"),"lxml")
textStrings = wordObj.findAll("w:t")
for textElem in textStrings:
    print(textElem.text)
```

13.2 Tromino 谜题

Tromino 谜题是指一个由棋盘上的 3 个方块组成的 L 型骨牌,如图 13.3 所示。如何用 Tromino 覆盖一个缺少了一个方块（可以在棋盘上任何位置）的棋盘。除了这个缺失的方块外,

Tromino 应该覆盖棋盘上的所有方块，Tromino 可以任意转向但不能有重叠。

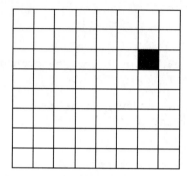

图 13.3 Tromino 谜题

13.2.1 案例分析与算法设计

考虑大小为 2×2 的棋盘，很明显它就是 L 型覆盖 3 个格子，那对于规模更大的棋盘呢？可以采用分而治之的思想。

（1）将棋盘分为 4 部分，确定缺失方格的位置；

（2）用 Tromino 覆盖当前最中心区域除了缺失方块所在区域；

（3）此时 4 部分区域都为典型的 Tromino 棋盘，按照次序来重复（2）直到覆盖完整个棋盘。

对于棋盘，使用了二维数组（列表）来存放，其伪代码如下：

```
If 规模为 1:
    填充剩余区域
Else:
    对于规模不为 1 的情况，使用分而治之的思想进行划分
    If 缺失点在第一象限:
        对子问题在第一或第二、三、四象限分别进行 Tromino 处理
    Else If 缺失点在第二象限:
        对子问题在第一或第二、三、四象限分别进行 Tromino 处理
    Else If…
        以此类推
```

此算法的时间复杂度为 $T(n) = 4T(n/2) +1=\cdots= O(4^n)$（其中 $T(1) = 1$），空间复杂度为 $O(n^2)$。

13.2.2 程序实现及运行结果

【例 13.6】Tromino 谜题。

```python
import platform
import random
import pprint
import matplotlib.pyplot as plt
import os
```

```python
def add(a_origin: dict, a_missing: int):
    """填充 L 型骨牌,使其朝向缺失点的一方
    Args:
        a_origin: 填充原点,左上方第一象限
        a_missing: 缺失点的象限
    """
    global matrix, flag
    flag += 1
    row, col = a_origin['x'], a_origin['y']
    if a_missing == 1:              #缺失点在第一象限
        matrix[row][col + 1] = matrix[row + 1][col] = matrix[row + 1][col + 1] = flag
    elif a_missing == 2:            #缺失点在第二象限
        matrix[row][col] = matrix[row + 1][col] = matrix[row + 1][col + 1] = flag
    elif a_missing == 3:            #缺失点在第三象限
        matrix[row][col] = matrix[row][col + 1] = matrix[row + 1][col + 1] = flag
    else:                           # 缺失点在第四象限
        matrix[row][col] = matrix[row][col + 1] = matrix[row + 1][col] = flag
def tromino(t_o: dict, t_m: dict, t_n):
    """使用分而治之的思想,把一个大问题划分成 4 个子问题
Tromino 是指一个由棋盘上的三个 1×1 方块组成的 L 型骨牌。
如何用 Tromino 覆盖一个缺少了一个方块(可以在棋盘上任何位置)的 2^n × 2^n 棋盘。
除了这个缺失的方块,Tromino 应该覆盖棋盘上的所有方块,Tromino 可以任意转向但不能有重叠。
本程序所使用的坐标轴定义为以左上角为原点,如下所示:
        0 1 2 3
      |--------------> y
    0 | 1 1 2 2
    1 | 1 m 0 2
    2 | 3 0 0 4
    3 | 3 3 4 4
      v
      x
其实为了方便理解,可以将 x 替换为 row, y 替换为 col Args:
t_o: 每个分块的原点坐标,是 t_origin 的缩写
t_n: 每个分块的 n 值
t_shape: 每个分块的长度
    """
    global n, shape, matrix, flag
    fig, ax = plt.subplots()
    ax.imshow(matrix, interpolation='nearest')
    if 1 < n <= 3:
        ax.grid(color='w', linestyle='-', linewidth=0.8, alpha=0.5)
    plt.title('Tromino N = %d' % n)
    # plt.axis("off")
    plt.show()
```

```python
        if t_n == 1:    #规模为1
            if t_m['x'] == t_o['x'] and t_m['y'] == t_o['y']:
                                        #缺失点在第一象限
                add(t_o, 1)
            elif t_m['x'] == t_o['x'] and t_m['y'] == t_o['y'] + 1:
                                        #缺失点在第二象限
                add(t_o, 2)
            elif t_m['x'] == t_o['x'] + 1 and t_m['y'] == t_o['y']:
                                        #缺失点在第三象限
                add(t_o, 3)
            else:                       #缺失点在第四象限
                add(t_o, 4)
        elif t_n > 1:   #对于规模不为1的情况，使用分而治之的思想进行划分
            t_shape = 2 ** t_n
            t_c = {
                #当前大分块中心点的坐标，是t_center的缩写
                #在当前坐标区域内，o为原点t_origin,此点应该位于点c
                #     0 1 2 3
                #    |--------------> y
                # 0  | o x x x
                # 1  | x c x x
                # 2  | x x x x
                # 3  | x x x x
                #    v
                #    x
                'x': t_o['x'] + t_shape // 2 - 1,
                'y': t_o['y'] + t_shape // 2 - 1
            }
            if t_m['x'] <= t_c['x'] and t_m['y'] <= t_c['y']: #缺失点在第一象限
                add(t_c, 1)
                tromino(t_o=t_o, t_m=t_m, t_n=t_n - 1)        #子问题在第一象限
                tromino(t_o={'x': t_o['x'], 'y': t_c['y'] + 1},
                        t_m={'x': t_c['x'], 'y': t_c['y'] + 1},
                        t_n=t_n - 1)                          #子问题在第二象限
                tromino(t_o={'x': t_c['x'] + 1, 'y': t_o['y']},
                        t_m={'x': t_c['x'] + 1, 'y': t_c['y']},
                        t_n=t_n - 1)                          #子问题在第三象限
                tromino(t_o={'x': t_c['x'] + 1, 'y': t_c['y'] + 1},
                        t_m={'x': t_c['x'] + 1, 'y': t_c['y'] + 1},
                        t_n=t_n - 1)                          #子问题在第四象限
            elif t_m['x'] <= t_c['x'] and t_m['y'] > t_c['y']:#缺失点在第二象限
                add(t_c, 2)
                tromino(t_o=t_o, t_m=t_c, t_n=t_n - 1)
                tromino(t_o={'x': t_o['x'], 'y': t_c['y'] + 1},
                        t_m=t_m,
                        t_n=t_n - 1)
                tromino(t_o={'x': t_c['x'] + 1, 'y': t_o['y']},
                        t_m={'x': t_c['x'] + 1, 'y': t_c['y']},
                        t_n=t_n - 1)
                tromino(t_o={'x': t_c['x'] + 1, 'y': t_c['y'] + 1},
```

```python
                    t_m={'x': t_c['x'] + 1, 'y': t_c['y'] + 1},
                    t_n=t_n - 1)
        elif t_m['x'] > t_c['x'] and t_m['y'] <= t_c['y']:   #缺失点在第三象限
            add(t_c, 3)
            tromino(t_o=t_o, t_m=t_c, t_n=t_n - 1)
            tromino(t_o={'x': t_o['x'], 'y': t_c['y'] + 1},
                    t_m={'x': t_c['x'], 'y': t_c['y'] + 1},
                    t_n=t_n - 1)
            tromino(t_o={'x': t_c['x'] + 1, 'y': t_o['y']},
                    t_m=t_m,
                    t_n=t_n - 1)
            tromino(t_o={'x': t_c['x'] + 1, 'y': t_c['y'] + 1},
                    t_m={'x': t_c['x'] + 1, 'y': t_c['y'] + 1},
                    t_n=t_n - 1)
        else:                                                #缺失点在第四象限
            add(t_c, 4)
            tromino(t_o=t_o, t_m=t_c, t_n=t_n - 1)
            tromino(t_o={'x': t_o['x'], 'y': t_c['y'] + 1},
                    t_m={'x': t_c['x'], 'y': t_c['y'] + 1},
                    t_n=t_n - 1)
            tromino(t_o={'x': t_c['x'] + 1, 'y': t_o['y']},
                    t_m={'x': t_c['x'] + 1, 'y': t_c['y']},
                    t_n=t_n - 1)
            tromino(t_o={'x': t_c['x'] + 1, 'y': t_c['y'] + 1},
                    t_m=t_m,
                    t_n=t_n - 1)
    if n < 4:
        pprint.pprint(matrix, width=20)
        print(flag)
if __name__ == '__main__':
    n = 3
    shape = 2 ** n
    start_missing_point = {
        #随机生成缺失点
        'x': random.randint(0, shape - 1),
        'y': random.randint(0, shape - 1)
    }
    matrix = [[10 for x in range(shape)] for y in range(shape)]
    matrix[start_missing_point['x']][start_missing_point['y']] = 0
    flag = 0
    tromino(t_o={'x': 0, 'y': 0}, t_m=start_missing_point, t_n=n)
    fig, ax = plt.subplots()
    ax.imshow(matrix, interpolation='nearest')
    if 1 < n <= 3:
        ax.grid(color='w', linestyle='-', linewidth=0.8, alpha=0.5)
    plt.title('Tromino N = %d' % n)
    # plt.axis("off")
    plt.show()
```

运行结果如图 13.4 所示。

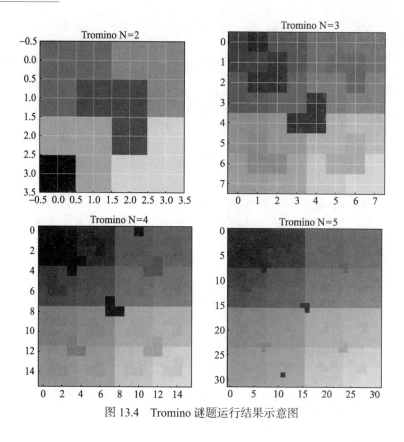

图 13.4　Tromino 谜题运行结果示意图

13.3　最大总和问题

将正整数排成等边三角形（也叫数塔），三角形的底边有个数，图 13.5 给出了一个例子。从三角形顶点出发通过一系列相邻整数（在图中用正方形表示），如何使得到达底边时的总和最大？

对于图 13.5 所示的数塔，从顶部出发，在每个结点可以选择向左走或是向右走，一直走到底层。设计动态规划算法寻找从顶部到底的路径，使路径经过结点的值的总和最大。

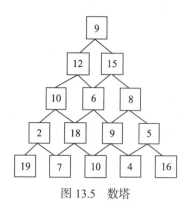

图 13.5　数塔

13.3.1 案例问题分析与算法设计

这道题如果用枚举法，在数塔层数稍大的情况下（如 60），则需要列举出的路径条数将是一个非常庞大的数目；如果用贪心法又往往得不到最优解。

在用动态规划考虑数塔问题时可以自顶向下分析，自底向上计算。每层的走向都要取决于下一层上的最大值是否已经求出才能决策。这样一层一层推下去。例如倒数第二层的数字 2，只要选择它下面较大值的结点 19 前进就可以了。所以实际求解时，可从底层开始，层层递进，获取累加和数塔，最后遍历得到最大值。

数塔问题的算法设计如下：
（1）随机生成数塔；
（2）生成累加和（结果）数塔；
（3）遍历结果数塔，获得路径。
时间复杂度为 $O(n^2)$，因为涉及 n 的累加，所以是 n 的平方，而空间复杂度为 $O(2n^2)$。

13.3.2 程序实现及运行结果分析

【例 13.7】最大总和问题。

```
import time
import random
import platform
from graphics import *
def tower_walk():
    #随机生成数塔
    tower_random = []
    depth = 6
    radius = win.getWidth() / (5 * depth)
    for i in range(0, depth):
        tower_random.append([random.randrange(1, 15) for _ in range(0, i +
                    1)])
    print(tower_random)
    #把随机生成的数塔画在图中
    tower_graph_circle, tower_graph_number = [], []
    for i in range(0, depth):
        temp_circle, temp_number = [], []
        x = (depth - i) * radius + 50
        y = 2 * (i + 1) * radius
        print(y)
        for num in tower_random[i]:
            cr = Circle(Point(x=x, y=y), radius=(radius - 5))
            te = Text(Point(x=x, y=y), str(num))
            temp_circle.append(cr)
            temp_number.append(te)
            cr.draw(win)
            te.draw(win)
            x += 2 * radius
        tower_graph_circle.append(temp_circle)
```

```
            tower_graph_number.append(temp_number)
            del temp_circle
            del temp_number
    #生成结果数塔
    tower_result = tower_random[:]
    for i in range(depth - 2, -1, -1):
        for j in range(0, len(tower_result[i])):
            tower_result[i][j] += max(tower_result[i + 1][j], tower_result
                [i + 1][j + 1])
    print(tower_result)
    #把结果数塔画在图中
    tower_result_circle, tower_result_number = [], []
    for i in range(0, depth):
        temp_circle, temp_number = [], []
        for j in range(0, i + 1):
            cr = tower_graph_circle[i][j].clone()
            te = tower_graph_number[i][j].clone()
            cr.move(win.getWidth() / 2, 0)
            te.move(win.getWidth() / 2, 0)
            cr.draw(win)
            te.draw(win)
            temp_circle.append(cr)
            temp_number.append(te)
        tower_result_circle.append(temp_circle)
        tower_result_number.append(temp_number)
        del temp_circle
        del temp_number
    for i in range(depth - 1, -1, -1):
        for j in range(0, i + 1):
            tower_result_number[i][j].setText(str(tower_result[i][j]))
    #寻找路径。简单地说,核心思想是找两个子结点中最小的数
    key = 0
    for i in range(0, depth):
        if i != 0:
            key = key if tower_result[i][key] > tower_result[i][key + 1] else
                key + 1
        time.sleep(1)
        tower_result_circle[i][key].setFill('yellow')
        tower_graph_circle[i][key].setFill('red')

if __name__ == '__main__':
    win = GraphWin('Tower Walk', 1200, 600)
    if platform.system() == "Darwin":
        os.system('''/usr/bin/osascript -e 'tell app "Finder" to set
frontmost of process "Python" to true' ''')
    tower_walk()
    win.getMouse()
    win.close()
```

图 13.6 和图 13.7 分别为 depth=5 和 depth=6 的结果。

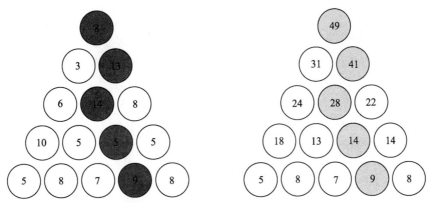

图 13.6　程序结果（depth = 5）

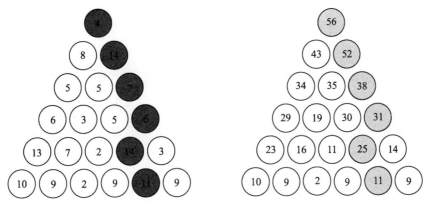

图 13.7　程序结果（depth = 6）

13.4　校园导航问题

给定校园平面图，求任意两给定场所间的最佳路径。设计学校的平面图，至少包括 10 个以上的场所，每两个场所间可以有不同的路径，且路径长度也可能不同，找出从任意场所到达另一场所的最佳路径（最短路径）。

13.4.1　案例问题分析与算法设计

该问题可以转换为单起点最短路径问题，使用戴克斯特拉算法（Dijkstra's algorithm）求解。

戴克斯特拉算法由荷兰计算机科学家艾兹赫尔·戴克斯特拉在 1956 年提出。戴克斯特拉算法使用了广度优先搜索算法解决赋权有向图的单源最短路径问题。该算法存在很多变体。戴克斯特拉算法的原始版本是找到两个顶点之间的最短路径，但是更常见的变体是固定一个顶点作为源结点，然后找到该顶点到图中所有其他结点的最短路径，产生一个最短路径树。该算法常用于路由算法或者作为其他图算法的一个子模块。举例来说，如果图中的顶点表示城市，而边上的权重表示城市间开车行经的距离，该算法可以用来找到两个城市之间的最短路径。

本题中数据结构部分主要由两个部分组成：一个是树中结点；另一个是优先队列，通过不断地把优先队列中权重最小的边加入至树中结点更新权重即可完成目标，其伪代码如下：

```
Dijkstra(G, W, s)                  //G 表示图，W 表示权值函数，s 表示源顶点
    d[s]←0                         //源点到源点最短路为 0
    for each v ∈ V - {s}           //3~8 行均为初始化操作
        do d[v]←∞
            parent[v]←NIL
    S←∅
    Q←V                            //此处 Q 为优先队列，存储未进入 S 的各顶点以及从源点
                                   //到这些顶点的估算距离，采用二叉堆（最小堆）实现，
                                   //越小越优先
    while Q≠∅
        do u←Extract-Min(Q)        //提取估算距离最小的顶点，在优先队列中位于顶部，出
                                   //队列，放入集合 S 中
        S←S∪{u}
        for each v ∈ Adj(u)        //松弛操作，对与 u 相邻的每个顶点 v，进行维持三角不
                                   //等式成立的松弛操作
            do if d[v] > d[u] + w(u, v)
                then d[v] = d[u] + w(u, v)   //这一步隐含了更新优先队列中的值，
                                             //DECREASE
                    parent[v]←u              //置 v 的前驱结点为 u
```

时间复杂度为 $O(|V|^2)$，其中 $|V|$ 为图中顶点的个数；空间复杂度为 $O(|V|)$，其中 $|V|$ 为图中顶点的个数。

13.4.2 程序实现及运行结果

【例 13.8】 校园导航。

```python
import os
import pprint
import turtle
import platform
import tkinter as tk
import tkinter.ttk as ttk
import math
data = {
    0: {'name': '十园区', 'x': -450, 'y': -200, 'to': [1]},
    1: {'name': '体育馆', 'x': -290, 'y': -230, 'to': [0, 2, 3, 4]},
    2: {'name': '足球场', 'x': -210, 'y': -80, 'to': [1, 3]},
    3: {'name': '二食堂', 'x': -130, 'y': -210, 'to': [1, 2, 4, 5, 6]},
    4: {'name': '松轩', 'x': -100, 'y': -270, 'to': [1, 3, 5, 20]},
    5: {'name': '兰轩', 'x': 80, 'y': -190, 'to': [3, 4, 6, 7]},
    6: {'name': '一食堂', 'x': 100, 'y': -110, 'to': [3, 5, 7, 13, 21]},
    7: {'name': '竹轩', 'x': 160, 'y': -160, 'to': [5, 6, 8, 20]},
    8: {'name': '快乐时间', 'x': 230, 'y': 0, 'to': [7, 9, 21]},
    9: {'name': '五教', 'x': 320, 'y': 5, 'to': [8, 10, 21]},
    10: {'name': '六教', 'x': 380, 'y': 12, 'to': [9, 11]},
    11: {'name': '中门', 'x': 440, 'y': -20, 'to': [10, 19, 20]},
    12: {'name': '一教', 'x': 0, 'y': 15, 'to': [13, 14, 15]},
```

```python
        13: {'name': '二教', 'x': 45, 'y': -60, 'to': [6, 12, 14, 21]},
        14: {'name': '三教', 'x': -60, 'y': -10, 'to': [12, 13, 15]},
        15: {'name': '四教', 'x': -30, 'y': 90, 'to': [12, 14, 16]},
        16: {'name': '三实验楼', 'x': -10, 'y': 180, 'to': [15, 17]},
        17: {'name': '一实验楼', 'x': 130, 'y': 180, 'to': [16, 18, 21]},
        18: {'name': '二实验楼', 'x': 210, 'y': 280, 'to': [17, 19]},
        19: {'name': '学校大门', 'x': 430, 'y': 210, 'to': [18, 11]},
        20: {'name': '后门', 'x': 350, 'y': -310, 'to': [4, 7, 11]},
        21: {'name': '图书馆', 'x': 160, 'y': 35, 'to': [6, 8, 9, 13, 17]}
}
matrix = []
class Application(tk.Frame):
    def __init__(self, master=None):
        super().__init__(master)
        self.from_name = None
        self.to_name = None
        self.pack()                                             #App绑定框架帧
        self.create_widgets()
        self.wake_up()
    def create_widgets(self):
        global data
        self.canvas = tk.Canvas(self, width=1100, height=700)   #画布
        self.canvas.pack(side=tk.TOP)
        # self.canvas.create_rectangle(1000, 600, 0, 0, fill="black")
        self.t = turtle.RawTurtle(self.canvas)
        self.t.screen.bgpic('cqut_1.gif')
        self.quit = tk.Label(self, text="从")          #从
        self.quit.pack(side=tk.LEFT)
        self.from_combo_box = ttk.Combobox(self, values=[data[x]['name']
for x in data], state='readonly')                    #出发点
        self.from_combo_box.bind("<<ComboboxSelected>>",
self.from_combo_box_selection)
        self.from_combo_box.pack(side=tk.LEFT)
        self.map_button = tk.Label(self, text="到") #到
        self.map_button.pack(side=tk.LEFT)
        self.to_combo_box = ttk.Combobox(self, values=[], state='disabled')
                                                                #到达点
        self.to_combo_box.bind("<<ComboboxSelected>>", self.to_combo_box_
selection)
        self.to_combo_box.pack(side=tk.LEFT)
        self.map_button = tk.Button(self, text="Dijkstra", command=self.
dijkstra)                                           #按钮
        self.map_button.pack(side=tk.LEFT)
        self.t.speed('fastest')
        self.t.penup()
        for x in data:
            item = data[x]
            self.t.setposition(x=item['x'], y=item['y'])
            self.t.pencolor('white')
            self.write_text(item['name'] + str(x))
            for i in item['to']:
```

```python
                        self.t.pencolor('red')
                        self.t.setposition(x=item['x'], y=item['y'])
                        self.t.pendown()
                        self.t.goto(data[i]['x'], data[i]['y'])
                        self.t.penup()
        def wake_up(self):
            """让主窗口唤醒"""
            root.lift()
            root.attributes('-topmost', True)
            root.after_idle(root.attributes, '-topmost', False)
            if platform.system() == "Darwin":
                os.system('''/usr/bin/osascript -e 'tell app "Finder" to set frontmost of process "Python" to true' ''')
        def maps(self):
            self.t.forward(50)
        def draw_line(self, from_, to_):
            self.t.pencolor('yellow')
            self.t.penup()
            self.t.setposition(x=data[from_]['x'], y=data[from_]['y'])
            self.t.pendown()
            self.t.goto(data[to_]['x'], data[to_]['y'])
            self.t.penup()
        def draw_lines(self):
            current = self.to_id
            while current != self.from_id:
                self.draw_line(current, self.tree[current]['from'])
                current = self.tree[current]['from']
        def dijkstra(self):
            if self.from_name is not None:
                print('起点', self.from_id, self.from_name)
                tree = {}
                left = {}
                for x in data:
                    item = data[x]
                    left[x] = {'name': item['name'], 'from': -1, 'length': 10000.0 if x != self.from_id else 0.0}
                while len(left) > 0:
                    self.route = {}
                    for x in data:
                        self.route[x] = []
                    #找到优先级最小的元素
                    temp_min = {'id': -1, 'length': 10000.0}
                    for x in left:
                        item = left[x]
                        if item['length'] < temp_min['length']:
                            temp_min['id'], temp_min['length'] = x, item['length']
                    #把结点加入树中
                    tree[temp_min['id']] = left[temp_min['id']]
                    #删除优先级最小的元素
                    del left[temp_min['id']]
                    #更新优先队列中每个元素权重
                    to = data[temp_min['id']]['to']
                    for x in to:
                        if x in left:
                            #   item = left[x]   #优先队列的每个元素
```

```python
                            if left[x]['length'] > self.get_distance(temp_min['id'], x) + temp_min['length']:
                                left[x]['from'], left[x]['length'] = temp_min['id'], self.get_distance(temp_min['id'], x) + \
temp_min['length']
                pprint.pprint(tree)
                self.tree = tree
                self.draw_lines()
        def get_distance(self, id_1, id_2):
            x_1, y_1 = data[id_1]['x'], data[id_1]['y']
            x_2, y_2 = data[id_2]['x'], data[id_2]['y']
            return math.sqrt((x_1 - x_2) ** 2 + (y_1 - y_2) ** 2)
        def from_combo_box_selection(self, event):
            self.from_name = self.from_combo_box.get()
            if self.from_name is not None:
                self.from_id = [x for x in data if data[x]['name'] == self.from_name][0]
                print(self.from_name)
                self.to_combo_box['values'] = [data[x]['name'] for x in data if x != self.from_id]
                self.to_combo_box['state'] = 'readonly'
                print([data[x]['name'] for x in data[self.from_id]['to']])
                                                                       #起点可以直接到达的点
            else:
                self.to_combo_box['state'] = 'disabled'
        def to_combo_box_selection(self, event):
            self.to_name = self.to_combo_box.get()
            if self.to_name is not None:
                self.to_id = [x for x in data if data[x]['name'] == self.to_name][0]
                print(self.to_name)
        def write_text(self, text: str):
            self.t.write(text, move=False, align="center", font=("Arial", 20, "bold"))
if __name__ == '__main__':
    root = tk.Tk()
    app = Application(master=root)
    app.mainloop()
```

运行结果如图 13.8 所示。

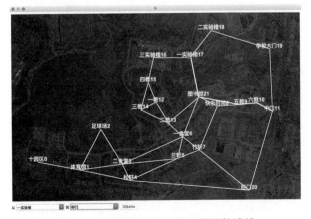

图 13.8 白粗线为最短的校园导航路线

13.5 实验与习题

爬取 https://coj.cqut.edu.cn 中的所有题目,并保存为 XML 格式的文档,文档的格式如下。

文件开始符:`<?xml version="1.0" encoding="utf-8" ?><fps>`

文件中每个题目的格式为:

```
<item>
    <title>            <![CDATA[问题的题目]]>         </title>
    <time_limit>       <![CDATA[问题的时间限制]]>      </time_limit>
    <memory_limit>     <![CDATA[问题的内存限制]]>      </memory_limit>
    <description>      <![CDATA[问题的描述]]>         </description>
    <input>            <![CDATA[问题的输入]]>         </input>
    <output>           <![CDATA[问题的输出]]>         </output>
    <sample_input>     <![CDATA[问题的输入样例]]>      </sample_input>
    <sample_output>    <![CDATA[问题的输出样例]]>      </sample_output>
    <hint>             <![CDATA[问题的提示]]>         </hint>
    <test_input>       <![CDATA[问题的测试输入]]>      </test_input>
    <test_output>      <![CDATA[问题的测试输出]]>      </test_output>
    <source>           <![CDATA[问题的题目来源]]>      </source>
</item>
```

文件结束符:`</fps>`

附录 A Python 常用的方法及函数

1. Python 数据类型转换

有时候需要对数据内置的类型进行转换,数据类型的转换只需要将数据类型作为函数名即可,表 A.1 所示内置的函数可以执行数据类型之间的转换。这些函数返回一个新的对象,表示转换的值。

表 A.1 Python 数据类型转换函数

函 数 名	函数的含义
int(x [,base])	将 x 转换为一个整数
float(x)	将 x 转换为一个浮点数
complex(real [,imag])	创建一个复数
str(x)	将对象 x 转换为字符串
repr(x)	将对象 x 转换为表达式字符串
eval(str)	用来计算在字符串中的有效 Python 表达式,并返回一个对象
tuple(s)	将序列 s 转换为一个元组
list(s)	将序列 s 转换为一个列表
set(s)	转换为可变集合
dict(d)	创建一个字典。d 必须是一个序列(key,value)元组
frozenset(s)	转换为不可变集合
chr(x)	将一个整数转换为一个字符
ord(x)	将一个字符转换为它的整数值
hex(x)	将一个整数转换为一个十六进制字符串
oct(x)	将一个整数转换为一个八进制字符串

2. 数学函数(见表 A.2)

表 A.2 Python 数学函数

函 数 名	函数的含义
abs(x)	返回数字的绝对值,如 abs(-10)返回 10
ceil(x)	返回数字的上入整数,如 math.ceil(4.1)返回 5
cmp(x,y)	如果 x<y 则返回-1;如果 x==y 则返回 0;如果 x>y 则返回 1。Python 3 已废弃。使用(x>y)-(x<y)替换
exp(x)	返回 e 的 x 次幂(e^x),如 math.exp(1)返回 2.718 281 828 459 045

续表

函 数 名	函数的含义
fabs(x)	返回数字的绝对值，如 math.fabs(-10)返回 10.0
floor(x)	返回数字的下舍整数，如 math.floor(4.9)返回 4
log(x)	如 math.log(math.e)，返回 1.0，math.log(100,10)返回 2.0
log10(x)	返回以 10 为基数的 x 的对数，如 math.log10(100)返回 2.0
max(x1,x2,…)	返回给定参数的最大值，参数可以为序列
min(x1,x2,…)	返回给定参数的最小值，参数可以为序列
modf(x)	返回 x 的整数部分与小数部分，两部分的数值符号与 x 相同，整数部分以浮点型表示
pow(x,y)	x**y 运算后的值
round(x[,n])	返回浮点数 x 的四舍五入值。如给出 n 值，则代表舍入到小数点后的位数
sqrt(x)	返回数字 x 的平方根
abs(x)	返回数字的绝对值，如 abs(-10)返回 10

3. 随机数函数（见表 A.3）

随机数可以用于数学，游戏，安全等领域中，还经常被嵌入算法中，用以提高算法效率，并提高程序的安全性。Python 包含以下常用随机数函数。

表 A.3 Python 随机函数

函 数 名	函数的含义
choice(seq)	从序列的元素中随机挑选一个元素，例如 random.choice(range(10))，从 0 到 9 中随机挑选一个整数
randrange ([start,] stop [,step])	在指定范围内按指定基数递增的集合中获取一个随机数，基数默认值为 1
random()	随机生成下一个实数，它在[0,1)范围内
seed([x])	改变随机数生成器的种子 seed。如果不了解其原理，不必特别去设定 seed，Python 会选择 seed
shuffle(lst)	将序列的所有元素随机排序
uniform(x,y)	随机生成下一个实数，它在[x,y]范围内

4. 三角函数（见表 A.4）

表 A.4 Python 三角函数

函 数 名	函数的含义
acos(x)	返回 x 的反余弦弧度值
asin(x)	返回 x 的反正弦弧度值
atan(x)	返回 x 的反正切弧度值
atan2(y,x)	返回给定的 x 及 y 坐标值的反正切值
cos(x)	返回 x 的弧度的余弦值
hypot(x,y)	返回欧几里得范数 sqrt(x*x+y*y)

续表

函 数 名	函数的含义
sin(x)	返回的 x 弧度的正弦值
tan(x)	返回 x 弧度的正切值
degrees(x)	将弧度转换为角度,如 degrees(math.pi/2),返回 90.0
radians(x)	将角度转换为弧度

5. Python 的字符串内建函数（见表 A.5）

表 A.5　Python 字符串内建函数

函 数 名	函数的含义
capitalize()	将字符串的第一个字符转换为大写
center(width,fillchar)	返回一个指定的宽度（width）居中的字符串,fillchar 为填充的字符,默认为空格
count(str,beg=0,end=len(string))	返回 str 在 string 中出现的次数,如果 beg 或者 end 指定则返回指定范围内 str 出现的次数
bytes.decode(encoding="utf-8",errors="strict")	Python 3 中没有 decode()方法,但可以使用 bytes 对象的 decode()方法来解码给定的 bytes 对象,这个 bytes 对象可以由 str.encode()来编码返回
encode(encoding='UTF-8',errors='strict')	以 encoding 指定的编码格式编码字符串,如果出错则默认报一个 ValueError 的异常,除非 errors 指定的是'ignore'或者'replace'
endswith(suffix,beg=0,end=len(string))	检查字符串是否以 obj 结束,如果 beg 或者 end 指定则检查指定的范围内是否以 obj 结束,如果是则返回 True,否则返回 False
expandtabs(tabsize=8)	把字符串 string 中的 Tab 符号转为空格,Tab 符号默认的空格数是 8
find(str,beg=0end=len(string))	检测 str 是否包含在字符串中,如果指定范围 beg 和 end,则检查是否包含在指定范围内,如果包含则返回开始的索引值,否则返回-1
index(str,beg=0,end=len(string))	跟 find()方法一样,只不过如果 str 不在字符串中则会报一个异常
isalnum()	如果字符串中至少有一个字符并且所有字符都是字母或数字则返回 True,否则返回 False
isalpha()	如果字符串至少有一个字符并且所有字符都是字母则返回 True,否则返回 False
isdigit()	如果字符串只包含数字则返回 True,否则返回 False
islower()	如果字符串中包含至少一个区分大小写的字符,并且所有这些（区分大小写）字符都是小写,则返回 True,否则返回 False
isnumeric()	如果字符串中只包含数字字符则返回 True,否则返回 False
isspace()	如果字符串中只包含空白则返回 True,否则返回 False
istitle()	如果字符串是标题化的（见 title()）则返回 True,否则返回 False
isupper()	如果字符串中包含至少一个区分大小写的字符,并且所有这些（区分大小写）字符都是大写,则返回 True,否则返回 False

续表

函 数 名	函数的含义
join(seq)	以指定字符串作为分隔符，将 seq 中所有的元素（的字符串表示）合并为一个新的字符串
len(string)	返回字符串长度
ljust(width[,fillchar])	返回一个原字符串左对齐，并使用 fillchar 填充至长度 width 的新字符串，fillchar 默认为空格
lower()	转换字符串中所有大写字符为小写
lstrip()	截掉字符串左边的空格或指定字符
maketrans()	创建字符映射的转换表，对于接收两个参数的最简单的调用方式，第一个参数是字符串，表示需要转换的字符，第二个参数也是字符串表示转换的目标
max(str)	返回字符串 str 中最大的字母
min(str)	返回字符串 str 中最小的字母
replace(old,new[,max])	将字符串中的 str1 替换成 str2，如果 max 指定，则替换不超过 max 次
rfind(str,beg=0,end=len (string))	类似于 find()函数，不过是从右边开始查找
rindex(str,beg=0,end=len(string))	类似于 index()，不过是从右边开始
rjust(width,[,fillchar])	返回一个原字符串右对齐，并使用 fillchar（默认空格）填充至长度 width 的新字符串
rstrip()	删除字符串字符串末尾的空格
split(str="",num=string.count(str))	num=string.count(str))以 str 为分隔符截取字符串，如果 num 有指定值，则仅截取 num 个子字符串
splitlines([keepends])	按照行('\r','\r\n',\n')分隔，返回一个包含各行作为元素的列表，如果参数 keepends 为 False，则不包含换行符；如果为 True，则保留换行符
startswith(str,beg=0,end=len(string))	检查字符串是否是以 obj 开头，若是则返回 True，否则返回 False。如果 beg 和 end 指定值，则在指定范围内检查
strip([chars])	在字符串上执行 lstrip()和 rstrip()
swapcase()	将字符串中大写转换为小写，小写转换为大写
title()	返回"标题化"的字符串,就是说所有单词都是以大写开始，其余字母均为小写（见 istitle）
translate(table,deletechars="")	根据 str 给出的表(包含 256 个字符)转换 string 的字符，要过滤掉的字符放到 deletechars 参数中
upper()	转换字符串中的小写字母为大写
zfill(width)	返回长度为 width 的字符串，原字符串右对齐，前面填充 0
isdecimal()	检查字符串是否只包含十进制字符，如果是则返回 True，否则返回 False

6. Python 列表函数和方法（见表 A.6 和表 A.7）

表 A.6　Python 列表函数

函 数 名	函数的含义
len(list)	列表元素个数
max(list)	返回列表元素最大值
min(list)	返回列表元素最小值
list(seq)	将元组转换为列表

表 A.7　Python 列表方法

方 法 名	方法的含义
list.append(obj)	在列表末尾添加新的对象
list.count(obj)	统计某个元素在列表中出现的次数
list.extend(seq)	在列表末尾一次性追加另一个序列中的多个值（用新列表扩展原来的列表）
list.index(obj)	从列表中找出某个值第一个匹配项的索引位置
list.insert(index,obj)	将对象插入列表
list.pop(obj=list[-1])	移除列表中的一个元素（默认最后一个元素），并且返回该元素的值
list.remove(obj)	移除列表中某个值的第一个匹配项
list.reverse()	反向列表中元素
list.sort([func])	对原列表进行排序
list.clear()	清空列表
list.copy()	复制列表

7. 元组内置函数（见表 A.8）

表 A.8　Python 元组内置函数

函 数 名	函数的含义
len(tuple)	计算元组元素个数
max(tuple)	返回元组中元素最大值
min(tuple)	返回元组中元素最小值
tuple(seq)	将列表转换为元组

8. 字典内置函数与方法（见表 A.9 和表 A.10）

表 A.9　Python 字典内置函数

函 数 名	函数的含义
len(dict)	计算字典元素个数，即键的总数
str(dict)	输出字典，以可打印的字符串表示
type(variable)	返回输入的变量类型，如果变量是字典就返回字典类型

表 A.10　Python 字典内置方法

方法名	方法的含义
radiansdict.clear()	删除字典内所有元素
radiansdict.copy()	返回一个字典的浅复制
radiansdict.fromkeys()	创建一个新字典，以序列 seq 中元素做字典的键，val 为字典所有键对应的初始值
radiansdict.get(key, default=None)	返回指定键的值，如果值不在字典中则返回 default 值
key in dict	如果键在字典 dict 中则返回 True，否则返回 False
radiansdict.items()	以列表返回可遍历的(键，值)元组数组
radiansdict.keys()	以列表返回一个字典所有的键
radiansdict.setdefault(key,default=None)	和 get()类似，但如果键不存在于字典中，将会添加键并将值设为 default
radiansdict.update(dict2)	把字典 dict2 的键值对更新到 dict 中
radiansdict.values()	以列表返回字典中的所有值
pop(key[,default])	删除字典给定键 key 所对应的值，返回值为被删除的值。key 值必须给出，否则返回 default 值
popitem()	随机返回并删除字典中的一对键和值（一般删除末尾对）

9. 文件对象方法（见表 A.11）

表 A.11　Python 文件对象方法

方法名	方法的含义
f.read()	为了读取一个文件的内容，调用 f.read(size)，这将读取一定数目的数据，然后作为字符串或字节对象返回。size 是一个可选的数字类型的参数。当 size 被忽略或者为负时，那么该文件的所有内容都将被读取并且返回
f.readline()	从文件中读取单独的一行，换行符为'\n'。如果返回一个空字符串，说明已经读取到最后一行
f.readlines()	将返回该文件中包含的所有行。如果设置可选参数 sizehint，则读取指定长度的字节，并且将这些字节按行分割
f.write()	f.write(string)将 string 写入文件中，然后返回写入的字符数
f.tell()	返回文件对象当前所处的位置，它是从文件开头开始算起的字节数
f.seek(offset,from_what)	改变文件当前的位置。from_what 的值如果是 0 表示开头，这是默认值；如果是 1 表示当前位置；如果是 2 表示文件的结尾。例如，seek(x, 0)表示从起始位置即文件首行首字符开始移动 x 个字符，seek(x, 1)表示从当前位置往后移动 x 个字符，seek(-x,2)表示从文件的结尾往前移动 x 个字符
f.close()	在文本文件中（那些打开文件的模式下是没有 b 的），只会相对于文件起始位置进行定位。当处理完一个文件后，调用 f.close()来关闭文件并释放系统的资源，如果尝试再调用该文件，则会抛出异常

10. Python OS 文件/目录内置方法

OS 模块提供了非常丰富的方法用来处理文件和目录，如表 A.12 所示。

表 A.12　Python OS 文件/目录内置方法

方法名	方法的含义
os.access(path,mode)	检验权限模式
os.chdir(path)	改变当前工作目录
os.chflags(path,flags)	设置路径的标记为数字标记
os.chmod(path,mode)	更改权限
os.chown(path,uid,gid)	更改文件所有者
os.chroot(path)	改变当前进程的根目录
os.close(fd)	关闭文件描述符 fd
os.closerange(fd_low,fd_high)	关闭所有文件描述符，从 fd_low(包含)到 fd_high(不包含)，错误会忽略
os.dup(fd)	复制文件描述符 fd
os.dup2(fd,fd2)	将一个文件描述符 fd 复制到另一个 fd2
os.fchdir(fd)	通过文件描述符改变当前工作目录
os.fchmod(fd,mode)	改变一个文件的访问权限，该文件由参数 fd 指定，参数 mode 是 UNIX 下的文件访问权限
os.fchown(fd,uid,gid)	修改一个文件的所有权，这个函数修改一个文件的用户 ID 和用户组 ID，该文件由文件描述符 fd 指定
os.fdatasync(fd)	强制将文件写入磁盘，该文件由文件描述符 fd 指定，但是不强制更新文件的状态信息
os.fdopen(fd[,mode[,bufsize]])	通过文件描述符 fd 创建一个文件对象，并返回这个文件对象
os.fpathconf(fd,name)	返回一个打开的文件的系统配置信息。name 为检索的系统配置的值，它也许是一个定义系统值的字符串，这些名字在很多标准中指定（POSIX.1,UNIX 95,UNIX 98 和其他）
os.fstat(fd)	返回文件描述符 fd 的状态，像 stat()
os.fstatvfs(fd)	返回包含文件描述符 fd 的文件系统的信息，像 statvfs()
os.fsync(fd)	强制将文件描述符为 fd 的文件写入硬盘
os.ftruncate(fd,length)	裁剪文件描述符 fd 对应的文件，它最大不能超过文件大小
os.getcwd()	返回当前工作目录
os.getcwdu()	返回一个当前工作目录的 Unicode 对象
os.isatty(fd)	如果文件描述符 fd 是打开的，同时与 tty(-like)设备相连，则返回 True，否则返回 False
os.lchflags(path,flags)	设置路径的标记为数字标记，类似 chflags()，但是没有软链接
os.lchmod(path,mode)	修改连接文件权限
os.lchown(path,uid,gid)	更改文件所有者，类似 chown()，但是不追踪链接
os.link(src,dst)	创建硬链接，名为参数 dst，指向参数 src
os.listdir(path)	返回 path 指定的文件夹包含的文件或文件夹的名字的列表

续表

方法名	方法的含义
os.lseek(fd,pos,how)	设置文件描述符 fd 当前位置为 pos。how 方式修改：SEEK_SET 或者 0 设置从文件开始的计算的 pos；SEEK_CUR 或者 1 则从当前位置计算；os.SEEK_END 或者 2 则从文件尾部开始。在 UNIX、Windows 中有效
os.lstat(path)	像 stat()，但是没有软链接
os.major(device)	从原始的设备号中提取设备 major 号码（使用 stat 中的 st_dev 或者 st_rdev field）
os.makedev(major,minor)	以 major 和 minor 设备号组成一个原始设备号
os.makedirs(path[,mode])	递归文件夹创建函数。类似于 mkdir()，但创建的所有 intermediate-level 文件夹需要包含子文件夹
os.minor(device)	从原始的设备号中提取设备 minor 号码（使用 stat 中的 st_dev 或者 st_rdev field）
os.mkdir(path[,mode])	以数字 mode 的权限模式创建一个名为 path 的文件夹。默认的 mode 是 0777（八进制）
os.mkfifo(path[,mode])	创建命名管道，mode 为数字，默认为 0666(八进制)
os.mknod(filename[,mode=0600,device])	创建一个名为 filename 的文件系统结点
os.open(file,flags[,mode])	打开一个文件，并且设置需要的打开选项，mode 参数可选
os.openpty()	打开一个新的伪终端对。返回 pty 和 tty 的文件描述符
os.pathconf(path,name)	返回相关文件的系统配置信息
os.pipe()	创建一个管道。返回一对文件描述符(r,w)分别为读和写
os.popen(command[,mode[,bufsize]])	从一个 command 打开一个管道
os.read(fd,n)	从文件描述符 fd 中读取最多 n 字节，返回包含读取字节的字符串，若 fd 对应文件已达到结尾，则返回一个空字符串
os.readlink(path)	返回软链接所指向的文件
os.remove(path)	删除路径为 path 的文件。如果 path 是一个文件夹，将抛出 OSError，查看下面的 rmdir()删除一个 directory
os.removedirs(path)	递归删除目录
os.rename(src,dst)	重命名文件或目录，从 src 到 dst
os.renames(old,new)	递归地对目录进行更名，也可以对文件进行更名
os.rmdir(path)	删除 path 指定的空目录，若目录非空则抛出 OSError 异常
os.stat(path)	获取 path 指定的路径的信息，功能同 CAPI 中 stat()系统调用
os.stat_float_times([newvalue])	决定 stat_result 是否以 float 对象显示时间戳
os.statvfs(path)	获取指定路径的文件系统统计信息
os.symlink(src,dst)	创建一个软链接
os.tcgetpgrp(fd)	返回与终端 fd（一个由 os.open()返回的打开的文件描述符）关联的进程组
os.tcsetpgrp(fd,pg)	设置与终端 fd（一个由 os.open()返回的打开的文件描述符）关联的进程组为 pg

续表

方 法 名	方法的含义
os.ttyname(fd)	返回一个字符串，它表示与文件描述符 fd 关联的终端设备。如果 fd 没有与终端设备关联，则引发一个异常
os.unlink(path)	删除文件路径
os.utime(path,times)	返回指定的 path 文件的访问和修改的时间
os.walk(top[,topdown=True [,onerror=None[, followlinks=False]]])	输出在文件夹中的文件名通过在树中游走，方向为向上或者向下
os.write(fd, str)	写入字符串到文件描述符 fd 中。返回实际写入的字符串长度

11. Socket 对象（内建）方法（见表 A.13）

表 A.13　Python Socket 对象（内建）方法

方 法 名	方法的含义
服务器端套接字	
s.bind(host,port)	绑定地址（host,port）到套接字，在 AF_INET 下，以元组（host,port）的形式表示地址
s.listen(backlog)	开始 TCP 监听。backlog 指定在拒绝连接之前，操作系统可以挂起的最大连接数量。该值至少为1，大部分应用程序设为5即可
s.accept()	被动接收 TCP 客户端连接，（阻塞式）等待连接的到来
客户端套接字	
s.connect()	主动初始化 TCP 服务器连接。一般 address 的格式为元组(hostname,port)，如果连接出错，则返回 socket.error 错误
s.connect_ex()	connect()函数的扩展版本，出错时返回出错码，而不是抛出异常
公共用途的套接字函数	
s.recv(bufsize[,flag])	接收 TCP 数据，数据以字符串形式返回。bufsize 指定要接收的最大数据量；flag 提供有关消息的其他信息，通常可以忽略
s.send()	发送 TCP 数据，将 string 中的数据发送到连接的套接字。返回值是要发送的字节数量，该数量可能小于 string 的字节大小
s.sendall()	完整发送 TCP 数据，完整发送 TCP 数据。将 string 中的数据发送到连接的套接字，但在返回之前会尝试发送所有数据。若成功则返回 None；若失败则抛出异常
s.recvfrom()	接收 UDP 数据，与 recv()类似，但返回值是（data,address）。其中，data 是包含接收数据的字符串；address 是发送数据的套接字地址
s.sendto()	发送 UDP 数据，将数据发送到套接字，address 是形式为（ipaddr，port）的元组，指定远程地址。返回值是发送的字节数
s.close()	关闭套接字
s.getpeername()	返回连接套接字的远程地址。返回值通常是一个元组（ipaddr,port）
s.getsockname()	返回套接字自己的地址。返回值通常是一个元组(ipaddr,port)

续表

方 法 名	方法的含义
公共用途的套接字函数	
s.setsockopt(level, optname,value)	设置给定套接字选项的值
s.getsockopt(level, optname[.buflen])	返回套接字选项的值
s.settimeout(timeout)	设置套接字操作的超时期，timeout 是一个浮点数，单位是秒。值为 None 表示没有超时期。一般地，超时期应该在刚创建套接字时设置，因为它们可能用于连接的操作（如 connect()）
s.gettimeout()	返回当前超时期的值，单位是秒，如果没有设置超时期，则返回 None
s.fileno()	返回套接字的文件描述符
s.setblocking(flag)	如果 flag 为 0，则将套接字设为非阻塞模式，否则将套接字设为阻塞模式（默认值）。非阻塞模式下，如果调用 recv()没有发现任何数据，或 send()调用无法立即发送数据，那么将引起 socket.error 异常
s.makefile()	创建一个与该套接字相关联的文件

12. 时间相关的类及对象的属性、方法和函数（见表 A.14）

表 A.14 时间相关的类及对象的属性、方法和函数

属性、方法和函数名	含 义
time.min、time.max	time 类所能表示的最小、最大时间。其中，time.min = time(0, 0, 0, 0)，time.max = time(23, 59, 59, 999999)
time.resolution	时间的最小单位，这里是 1μs
time.hour、time.minute、time.second、time.microsecond	时、分、秒、微秒
time.tzinfo	时区信息
time.replace([hour[, minute[, second[,microsecond [, tzinfo]]]])	创建一个新的时间对象，用参数指定的时、分、秒、微秒代替原有对象中的属性（原有对象仍保持不变）
time.isoformat()	返回型如 HH:MM:SS 格式的字符串表示
time.altzone	返回格林尼治西部的夏令时地区的偏移秒数。如果该地区在格林尼治东部则会返回负值（如西欧，包括英国）。对夏令时启用地区才能使用
time.asctime([tupletime])	接收时间元组并返回一个可读的形式为 Tue Dec 11 18:07:14 2008（2008 年 12 月 11 日 周二 18 时 07 分 14 秒）的 24 个字符的字符串
time.clock( )	用以浮点数计算的秒数返回当前的 CPU 时间。用来衡量不同程序的耗时，比 time.time()更有用
time.ctime([secs])	作用相当于 asctime(localtime(secs))，未给参数相当于 asctime()
time.gmtime([secs])	接收时间戳（1970 纪元后经过的浮点秒数）并返回格林尼治天文时间下的时间元组 t。注：t.tm_isdst 始终为 0

续表

属性、方法和函数名	含 义
time.localtime([secs])	接收时间戳（1970纪元后经过的浮点秒数）并返回当地时间下的时间元组 t（t.tm_isdst 可取 0 或 1，取决于当地当时是不是夏令时）
time.mktime(tupletime)	接收时间元组并返回时间戳（1970纪元后经过的浮点秒数）
time.sleep(secs)	推迟调用线程的运行，secs 指秒数
time.strftime(fmt[,tupletime])	接收以时间元组，并返回以可读字符串表示的当地时间，格式由 fmt 决定
time.strptime(str,fmt='%a %b %d %H:%M:%S %Y')	根据 fmt 的格式把一个时间字符串解析为时间元组
time.time( )	返回当前时间的时间戳（1970纪元后经过的浮点秒数）
time.tzset()	根据环境变量 tz 重新初始化时间相关设置
datetime.MINYEAR	表示 datetime 所能表示的最小年份，MINYEAR = 1
datetime.MAXYEAR	表示 datetime 所能表示的最大年份，MAXYEAR = 9999
datetime.min、datetime.max	datetime 所能表示的最小值与最大值
datetime.resolution	datetime 最小单位
datetime.today()	返回一个表示当前本地时间的 datetime 对象
datetime.now([tz])	返回一个表示当前本地时间的 datetime 对象，如果提供了参数 tz，则获取 tz 参数所指时区的本地时间
datetime.utcnow()	返回一个当前 utc 时间的 datetime 对象
datetime.fromtimestamp(timestamp[,tz])	根据时间戳创建一个 datetime 对象，参数 tz 指定时区信息
datetime.utcfromtimestamp(timestamp)	根据时间戳创建一个 datetime 对象
datetime.combine(date, time)	根据 date 和 time 创建一个 datetime 对象
datetime.strptime(date_string, format)	将格式字符串转换为 datetime 对象
datetime.year、month、day、hour、minute、second、microsecond、tzinfo	年、月、日、时、分、秒、毫秒、时区
datetime.date()	获取 date 对象
datetime.time()	获取 time 对象
datetime. replace([year[, month[, day[, hour[, minute[, second[, microsecond[,tzinfo]]]]]]]])	返回一个替换了指定日期时间字段的新 datetime 对象
datetime.timetuple ()	返回一个时间元素，等价于 time.localtime()
datetime. utctimetuple()	返回 UTC 时间元组对象，等价于 time.localtime()
datetime. toordinal ()	返回日期对应的 Gregorian Calendar 日期
datetime. weekday ()	返回 0~6 表示星期几（星期一是 0，以此类推）
datetime. isocalendar ()	返回一个三元组格式 (year, month, day)
datetime. isoformat ([sep])	返回一个 ISO 8601 格式的日期字符串，如"YYYY-MM-DD"的字符串

续表

属性、方法和函数名	含 义
datetime.ctime()	返回一个日期时间的 C 格式字符串，等效于 time.ctime(time.mktime(dt.timetuple()))
datetime.strftime(format)	返回自定义格式化字符串，表示日期
date.max、date.min	date 对象所能表示的最大日期、最小日期
date.resolution	date 对象表示日期的最小单位。这里是天
date.today()	返回一个表示当前本地日期的 date 对象
date.fromtimestamp(timestamp)	根据给定的时间戳，返回一个 date 对象
datetime.fromordinal(ordinal)	将 Gregorian Calendar 时间转换为 date 对象（Gregorian Calendar：一种日历表示方法，类似于我国的农历，西方国家使用较多）
date.year、date.month、date.day	年、月、日
date.replace(year, month, day)	生成一个新的日期对象，用参数指定的年、月、日代替原有对象中的属性（原有对象仍保持不变）
date.timetuple()	返回日期对应的 time.struct_time 对象
date.toordinal()	返回日期对应的 Gregorian Calendar 日期
date.weekday()	返回 weekday。如果是星期一，则返回 0；如果是星期 2，则返回 1，以此类推
date.isoweekday()	返回 weekday。如果是星期一，则返回 1；如果是星期 2，则返回 2，以此类推
date.isocalendar()	返回格式如(year，month，day)的元组
date.isoformat()	返回格式如 " YYYY-MM-DD " 的字符串
date.strftime(fmt)	自定义格式化字符串

附录 B　Python 程序设计课程的思政目标与思政元素

B.1　Python 程序设计课程思政目标

Python 程序设计课程的思政目标如表 B.1 所示。

表 B.1　Python 程序设计课程的思政目标

总体目标	细化目标
新时代家国观	家国舆情：了解世情、国情、党情、民情； 家国认同：增强对党的创新理论的政治认同、思想认同、情感认同； 家国自信：道路自信、理论自信、制度自信、文化自信； 家国梦：培养学生的爱国主义精神，建立为实现中国梦不断奋斗的理想和信念
社会主义核心价值观	公民价值：爱国、敬业、诚信、友善； 国家价值：富强、民主、文明、和谐； 社会价值：自由、平等、公正、法治； 价值融合：把国家、社会、公民的价值要求融为一体，把小我融入大我； 价值内外化：将社会主义核心价值观内化为精神追求、外化为自觉行动
科学发展观	科学发展基础：一切从实际出发，实事求是； 科学历史与唯物观：树立正确的历史发展观，客观看待历史和现实，建立科学唯物主义观念，尊重科学发展的客观规律； 科学践行：培养理论联系实际的科学态度，在实践中进行构思、设计与实现，并在实践中平衡、优化、演变； 科学精神：增强学术志趣，增强科技是第一生产力的信念，培养科学精神（不断探索，勇攀高峰，持之以恒，勇于创新）； 科学使命与内外化：激发科学报国的热情和信心，增强科学信念，并付诸实际行动
优良传统文化观	民族爱国精神：理解以爱国主义为核心的民族精神（爱国主义、服务人民、科学与学习、勤劳勇敢、团结与集体、诚信、法治、艰苦奋斗）； 时代改革创新精神：理解以改革创新为核心的时代精神（改革创新、与时俱进、开拓进取、求真务实、奋勇争先）； 文化精髓：理解中华优秀传统文化中讲仁爱、重民本、守诚信、崇正义、尚和合、求大同的思想精华和时代价值； 文化传承与内外化：传承中华文脉，富有中国心、饱含中国情、充满中国味

续表

总体目标	细化目标
现代法治观	基本法治观：理解依法治理念，树立法治观念； 法治认知：深化对法治理念、法治原则、重要法律概念的认知； 法治理想与信念：坚定走中国特色社会主义法治道路的理想和信念； 法治内外化：提高运用法治思维和法治方式维护自身权利，参与社会公共事务，提高化解矛盾纠纷的意识和能力
职业修养观	职业精神与规范：理解职业精神（职业理想、职业态度、职业责任、职业技能、职业纪律、职业良心、职业信誉、作风）和职业规范（爱岗敬业，忠于职守；诚实守信，宽厚待人；办事公道，服务群众；以身作则，奉献社会；勤奋学习，开拓创新）； 职业责任与荣誉感：建立职业责任感，增强职业荣誉感； 职业践行：自觉实践职业精神和职业行为规范； 职业精神内外化：形成职业品格（内化）和行为习惯（外化）

B.2 本书知识点与思政元素的关联

本书各章节的 Python 知识点与思政元素的关联如表 B.2 所示。

表 B.2 各章节 Python 知识点与思政元素的关联

章节	知识点与思政元素
1.2	**知识点** Python 语言的发展历史 **思政元素** 　　由 Python 版本的不停迭代更新，可以学习坚持不懈、精益求精、不断创新、追求卓越、工匠精神等，可以知道创新并不是也不可能一蹴而就，需要磨炼耐心，打磨追求卓越的"匠人"品格。 　　借此学习发奋读书的典故，如凿壁偷光、映月读书、囊萤映雪、悬梁刺股、牛角挂书、韦编三绝、十年窗下等。 　　由 Python 语言是由外国人设计，可以培养学生自主创新、不甘人后的进取心。 　　图灵奖获得者、华人计算机学家姚期智院士，2017 年放弃美国国籍成为中国公民，正式成为中国科学院院士，为国家发展贡献力量； 　　钱学森在美国港口准备回国时，被美国官员拦住并被关进特米那岛上的监狱 14 天，最后仍毅然决然地回到祖国，报效国家； 　　为了回国开展电子计算机工作，1950 年，已经是美国伊利诺伊大学教授的华罗庚不但毅然放弃待遇优厚的职位，还动员了很多留学生回国。他在回国途中发表了《致中国全体留美学生的公开信》，提倡"为了选择真理，我们应当回去，为了国家民族，我们应当回去，为了为人民服务，我们也应当回去"。 　　弘扬以爱国主义为核心的民族精神和以改革创新为核心的时代精神，希望学生能认识到自己的时代责任和历史使命

续表

章节	知识点与思政元素
1.4	**知识点** Python 语言的应用 **思政元素** 　　1、大国战略，技术强国。国家正着力实现关键技术自主可控，为维护国家安全、网络安全提供技术保障。中国信息化需求巨大，但在一些关键技术领域如操作系统、芯片技术、CPU 技术等方面，还难以做到自主可控，对国家安全造成威胁。建设网络强国，不仅仅是靠网络技术，还要有软件技术等其他技术的支撑，大家要知道程序设计工作岗位和工作内容的社会价值，自觉树立远大职业理想，将职业生涯、职业发展脉络与国家发展的历史进程融合起来。 　　2、国产软件生态体系——鸿蒙生态体系。信息技术应用创新产业是数据安全、网络安全的基础，也是新基建的重要组成部分。各种云和相关服务内容，基础软件：数据库、操作系统、中间件；应用软件：OA、ERP、办公软件、政务应用、流版签软件；信息安全：边界安全产品、终端安全产品等，自己可掌控、可研究、可发展、可生产的；中华民族伟大复兴离不开科技，科技发展离不开计算机，而软件是计算机的灵魂，中国需要有自己的操作系统
1.6	**知识点** Python 程序规范 **思政元素** 　　工匠精神，敬业求精、职业能力、职业品质、职业素养、道德规范；注释是一个程序员需要具备的基本素养，其规范对个人编程风格养成甚至未来的软件项目管理等能力具有重要影响，在华为编码规范中，其规范注释部分就有 8 页之多，可见注释的重要性
	知识点 标识符命名规则 **思政元素** 　　规矩意识，无规矩不成方圆，工作、生活和学习，要按规矩办事，在团队中各尽其责，才会高效地完成任务；遵守国家法律制度、遵守校规校纪、遵守实验室管理规定、课堂纪律
2.1	**知识点** 整型数据 **思政元素** 　　春秋战国时期，中国人就已经熟练地使用十进位制的算筹记数法，比世界上第二个发明十进制的国家古代印度至少早约 1000 年。借此提高学生的民族自豪感和自信心，引导学生进一步思考在新时代如何延续古圣先贤的智慧，再创辉煌，实现伟大复兴的中国梦。 　　1996 年，"阿丽亚纳-5"运载火箭将 64 位格式转化为 16 位格式，使得内存溢出，导致火箭发射后爆炸的重大事故；被除数为 0 的千年虫问题等。通过这些事件，使学生理解，在依赖科学技术的同时，更重要的是一丝不苟、严谨认真的学习和工作态度
	知识点 浮点型数据 **思政元素** 　　浮点运算速度是指计算机系统每秒可以处理的浮点操作，通常用 FLOPS 来表示。世界排名位于前四位的中国"神威·太湖之光"安装了 40 960 个中国自主研发的"申威 26010"众核处理器，它采用 64 位自主申威指令系统和大规模并行处理体系结构，峰值性能为 12.5 亿亿次/秒，持续性能为 9.3 亿亿次/秒；中国的"天河二号"峰值性能为 5.49 亿亿次/秒，持续性能为 3.39 亿亿次/秒，采用了自创的新型异构多态体系结构。超级计算机被称为"国家重器"，属于国家战略高技术领域，是世界各国竞相角逐的科技最高点，彰显我国的科技实力

续表

章节	知识点与思政元素
2.3	**知识点** 运算符优先级 **思政元素** 　　从运算符优先级可知，处理事情要进行统筹安排，一定按照事情的轻重缓急来做，选择重要的先做，凡事都要有条理
3.1	**知识点** 算法 **思政元素** 　　学习软件工程师的职责。程序员编写程序要解决问题，明辨是非，服务于国家、社会和人民，要具有良好的道德素养。这就是践行社会主义核心价值观。 　　做"四有"新人：要讲政治、有信念，政治合格；要讲规矩、有纪律，执行纪律合格；要讲道德、有品行，品德合格；要讲奉献、有作为，发挥作用合格。 **反面案例** 　　华夏银行程序员盗窃案、程序员倒卖邮局信息、阿里巴巴月饼事件。 　　NSA"特定访问操作（TAO）"硬件后门：根据斯诺登提供的资料，NSA 的"特定访问操作"项目就是 NSA 一个在硬件中植入后门的项目。除了在网络设备固件中加入后门，NSA 还在不同的 PC 甚至 PC 附件如硬盘中加入了监控程序。 　　双椭圆曲线后门：双椭圆曲线后门同样来自于 NSA，它可能是最隐蔽的后门。通过一个在密码学中常用的随机数发生算法植入后门。理论上，Dual_EC_DRBG(双椭圆确定性随机数生成器) 是 NIST 制定的一个标准，这里面存在一个很隐蔽的缺陷，使得攻击者能够解密数据。在斯诺登揭密之后，人们才知道这个后门的存在，也知道了 NSA 通过干预标准的制定来达到在算法中植入后门的方式
3.2	**知识点** 顺序结构 **思政元素** 　　遵守规则，不插队，开车、排队等都要遵守秩序
3.3	**知识点** 选择结构 **思政元素** 　　考虑周全，尊重事实，合理选择；一切从实际出发，实事求是。 　　抗击新冠病毒疫情期间，国家审时度势，科学规划，依据实际情况划分高风险区、中风险区和低风险区，对不同类型的区域采取有针对性的防范策略，最大化各方效率。 　　人的一生也面临很多选择，要慎重选择并承担选择之后带来的后果，不要患得患失。在生活中"鱼和熊掌不可兼得"，千万不要做违背良心的事情，不要做有悖社会公德的事情

3.4	**知识点** 循环结构
	思政元素 1
	`k=1`
	`for i in range(366):`
	`    k=k*1.01`
	`print(k)`
	输出结果：38.161268676216146
	　　从正反两方面理解以上程序：
	　　1、不积跬步无以至千里，每天进步一点点，如坚持一年则收获颇丰。
	　　2、循环不是简单的重复，是实现"量变到质变"的基础，但要注意分析，防止死循环！假如网络贷款 100 元，每天利率 1%，一年后要还款 3816.13 元。远离网贷，远离校园贷，树立正确的消费观

续表

章节	知识点与思政元素
| 3.4 | **思政元素 2**<br>```
k=1
for i in range(366):
    k=k*0.99
print(k)
```<br>输出结果：0.02526278480776821<br>　　　理解以上程序：每天耗费一点点，一年下来你将一无所有。须养成节约的好习惯。<br>**思政元素 3**<br>　　　很多计算机病毒的自我复制是通过循环语句实现的，死循环可能会带来计算机安全问题，大家须对软硬件安全有正确的理解。例如，当年被评为毒王的"熊猫烧香"病毒自动感染硬盘文件，该病毒设计者最后以破坏计算机信息系统罪被判处 4 年有期徒刑。<br>　　　同学们须正确利用科学知识为社会发展做积极贡献，坚决抵制一切危害社会的违法行为，明辨黑客和红客概念 |
4	**知识点**　数据类型 **思政元素** 　　　由 Python 多样化的数据结构，可以学习到： 　　　1、分类学思想是人类解决复杂问题时最常用的方法之一，在学习生活中须做好分类计划，统筹规划。 　　　2、理解、思考问题须周详，各个突破，学会未雨绸缪的前瞻性，培养不拖沓的好习惯。 　　　3、工作生活中养成良好的习惯，要做好物品分类管理、文件分类存放
4.2	**知识点**　列表 **思政元素** 　　　1、幻方是一种中国游戏，它将数字置于正方形格子中，使每行、每列和对角线上的数字之和都相等，有"河图"和"洛书"之说。南宋时期的杨辉在其著作《续古摘奇算法》中对该问题做了详细的研究。实现幻方的 Python 程序请参阅参考文献[25]。 　　　2、杨辉三角形（例 4.16），又称贾宪三角形，是二项式系数在三角形中的一种几何排列，在南宋数学家杨辉于 1261 年所著的《详解九章算法》一书中出现。欧洲数学家帕斯卡在 1654 年发现这一规律，所以这个表又称帕斯卡三角形。帕斯卡的发现比杨辉晚 393 年，比贾宪晚 600 年。杨辉三角是中国数学史上的伟大成就之一
5.3	**知识点**　分词与词云 **思政元素** 　　　2021 年 7 月 1 日是中国共产党成立 100 周年，习近平总书记发表了重要讲话，将讲话内容生成词云图，学习讲话关注的热点；以中国地图为背景，强化祖国的陆地和海洋边界意识。 　　　实现词云图的 Python 程序代码及效果图见 B.3 节
6.1	**知识点**　函数 **思政元素** 　　　化繁为简，大事化小；分而治之，逐个击破；团结协作，合作共赢。 　　　增强解决复杂问题的信心。 　　　人的一生要做很多小事，但这些小事融合到一起成就了精彩的一生
```

续表

章节	知识点与思政元素
| 6.2 | **知识点** 函数定义<br>**思政元素**<br>　　割圆术计算圆周率。<br>```
import math
def zu(n):           ## 假设边长为1
  def f(x):          ## 由当前边长，求割后边长
    h = 1 - math.sqrt(1-(x/2)**2)
    return math.sqrt(h**2 + (a/2)**2)

  a = 1              ## 初始边长
  k = 6              ## 初始边数
  for i in range(n):
    a = f(a)
    k *= 2
  return a * k / 2

if __name__ == '__main__':
  print(zu(24))
  print(math.pi)
```<br>　　理解以上程序：刘徽是魏晋时期伟大的数学家、我国古典数学理论的奠基者之一，创造了割圆术计算圆周率的方法。我国南北朝时期著名的数学家、天文学家祖冲之具代表性的研究就是圆周率，比西方早了近 1000 年 |
| 6.3 | **知识点** 函数调用
思政元素
　　函数调用涉及软件著作权及知识产权问题，不能未经允许擅自使用他人设计的软件或相关 API 函数接口。采用第三方函数库或者软件面临一定风险，因为无法实现自主与可控，会受制于人。
　　自主可控是保障网络安全、信息安全的前提。自主可控意味着信息安全容易治理，产品和服务一般不存在恶意后门，并可以不断改进或修补漏洞。
　　自主可控技术就是依靠自身研发设计，全面掌握产品核心技术，实现信息系统从硬件到软件的自主研发、生产、升级、维护的全程可控。简单地说就是核心技术、关键零部件、各类软件全部国产化，自己开发，自己制造，不受制于人。
　　自主可控是我国信息化建设的关键环节，在信息安全方面意义重大。党和国家对发展自主可控软件有着巨大期待与要求。激发学生学好程序设计的决心和信心，使他们自觉将知识学习与中华民族伟大复兴的中国梦联系起来 |
| 7.4 | **知识点** 继承、封装
思政元素
　　通过继承思想，学习尊重他人，以父母为本，继承长辈的优良品质，弘扬中华民族的优良传统。
　　继承的同时也要创新，理解以改革创新为核心的时代精神（改革创新、与时俱进、开拓进取、求真务实、奋勇争先）。
　　不管是工作、学习还是生活，都要做好规划，一步一个脚印，把它们封装起来，成就美好的未来 |
```

续表

章节	知识点与思政元素
8.1	**知识点** 作用域 **思政元素** 从全局作用域到大局意识，再到增强四个意识
8.3	**知识点** 模块 **思政元素** 由 hashlib 认识保密的重要性。 保守秘密，严防泄密，了解《中华人民共和国保密法》。 王小云院士历经十年破解 MD5 和 SHA-1 两大国际密码算法，成绩斐然
9.2	**知识点** 异常处理 **思政元素** 通过异常处理的学习，我们应经常更新操作系统，安装杀毒软件，修补漏洞，避免造成损失
10	**知识点** 文件 **思政元素** 文件的操作流程包括打开、读写和关闭，一步都不能省略。应养成良好的文件操作习惯，提高信息安全意识以免信息丢失；同时通过保存资料，可以实现资源共享和温故知新
11	**知识点** 可视化 **思政元素** 通过编写程序、绘制新冠肺炎疫情地图，使学生从四个维度了解中国共产党在疫情控制中发挥的重大作用。实现绘制的 Python 程序代码见本书配套资源。 政治维度：从始终坚持人民至上，把人民群众生命安全和身体健康放在一切工作的首位，到坚持全国一盘棋，建立"一省包一市"对口支援机制，充分发挥社会主义制度集中力量办大事的优势，也是"中国之治"与"西方之乱"背后的制度根源。 精神维度：义无反顾的医务人员，日夜值守的公安民警、疾控工作人员与社区工作人员，深入一线的新闻工作者，真诚奉献的志愿者，将奉献精神体现得淋漓尽致；广大群众也通过自我隔离、捐款捐物等各种方式，积极参与疫情斗争，以爱国主义为核心的民族精神得到充分彰显。 舆论维度：对意识形态和舆论传播战场中有关疫情的"噪音""杂音"进行及时批驳和澄清。对于疫情期间国内外的各种错误观点、论调与杂音，教育学生须理性思考、理智发声，养成辩证思考的思维习惯，在甄别信息、分析思考、交流讨论中辨明是非，做到不信谣、不传谣、不造谣。 国际维度：我国第一时间向国际社会主动通报疫情信息，第一时间发布新冠病毒基因序列等信息，第一时间公布诊疗方案和防控方案，毫无保留分享防控和救治经验；向国际社会大规模援助抗疫资金、医疗和物资；推进共建"一带一路"，维护全球产业链供应链稳定；公开承诺中国新冠疫苗将成全球公共产品
12.1	**知识点** 数据库 **思政元素** 国内数据库领域从被国外产品霸占市场到众多国产数据库的崛起（TiDB、达梦数据库、GBase、OceanBase、阿里云 PolarDB、腾讯公司的 TDSQL 和 Tbase、人大金仓 Kingbase、巨杉数据库 SequoiaDB、华为 GaussDB），增强学生的民族自豪感

续表

章节	知识点与思政元素
13.1	**知识点** 爬虫 **思政元素** 编写爬虫应遵守 Robots 协议，保护知识产权。做到以下两点： 1、搜索技术应服务于人类，同时尊重信息提供者的意愿，并维护其隐私权； 2、网站有义务保护其使用者的个人信息和隐私不被侵犯。 应遵守法律法规，包括网络安全法、民法、数据安全管理办法，刑法之非法获取计算机系统数据罪、非法侵入计算机信息系统罪、侵犯公民个人信息罪，反不正当竞争法之侵犯商业秘密罪等

B.3 课程思政的 Python 实例

【例 B.1】 2021 年 7 月 1 日是中国共产党成立 100 周年，习近平总书记发表了重要讲话。将讲话内容生成词云图，学习讲话关注的热点；以中国地图为背景，加强对于祖国的陆地和海洋边界的意识。

```python
import jieba                              #加载jieba分词库，用以断句、分词
import wordcloud                          #加载wordcloud词云库，用以绘制词云
import matplotlib.pyplot as plt           #画图模块
from matplotlib.pyplot import imread      #这是处理图像的函数，读取背景图片
f = open ('七一讲话.txt','r',encoding='UTF-8' )  #注意：从网络上下载相关文本时，
                                          #应保存为utf-8格式，否则会出错
t = f.read()
f.close()
img_file = 'bj3.jpg'                      #设置背景图片
mask_img = imread(img_file)               #解析背景图片
words = jieba.lcut(t)                     #分词
txt = " ".join(words)                     #加空格
stop = {'今年','以上','万亿元'}            #忽略的关键字
w = wordcloud.WordCloud(font_path = "msyh.ttc", mask = mask_img,width = 1000,
    height = 700, max_font_size = 90, min_font_size=8, background_color=
    'white', stopwords= stop, max_words= 2000)
w.generate(txt)                           #生成图云
w.to_image()                              #生成图片，也可以使用
                                          #w.to_file("七一讲话.png")生成图片文档
plt.figure('中国共产党成立100周年')        #显示图片
plt.rcParams['font.sans-serif']=['SimHei']    #标题显示中文
plt.rcParams['axes.unicode_minus'] = False    #标题显示中文
plt.title('七一讲话词云图__课程思政案例')
plt.imshow(w)
plt.axis('off')                           #关闭坐标轴
plt.show()
data = {}
for word in words:
    if len(word)>1:
        if word in data:
            data[word]+=1
        else:
```

```
        data[word]=1
hist = list(data.items())                       #转成列表
hist.sort(key=lambda x:x[1],reverse=True)       #排序
# print(hist)
for i in range(20):
    print('{:<10}{:>5}'.format(hist[i][0],hist[i][1]))
                                        #左对齐10,右对齐5个长度
```

输出结果如图 B.1 所示。

图 B.1　"七一"讲话词云图

参 考 文 献

[1] 嵩天，礼欣，黄天羽. Python 语言程序设计基础[M]. 2 版. 北京：高等教育出版社，2017.
[2] 林信良. Python 程序设计教程[M]. 北京：清华大学出版社，2016.
[3] 董付国. Python 程序设计基础[M]. 北京：清华大学出版社，2015.
[4] 董付国. Python 可以这样学[M]. 北京：清华大学出版社，2017.
[5] 董付国. Python 程序设计[M]. 2 版. 北京：清华大学出版社，2016.
[6] 董付国. Python 程序设计开发宝典[M]. 北京：清华大学出版社，2017.
[7] 约翰·策勒. Python 程序设计[M]. 王海鹏，译. 3 版. 北京：人民邮电出版社，2018.
[8] 刘宇宙. Python 3.5 从零开始学[M]. 北京：清华大学出版社，2017.
[9] 埃里克·马瑟斯. Python 编程从入门到实践[M]. 袁国忠，译. 北京：人民邮电出版社，2016.
[10] 李佳宇. Python 零基础入门学习[M]. 北京：清华大学出版社，2016.
[11] 马克·萨默菲尔德. Python 3 程序开发指南[M]. 王弘博，孙传庆，译. 2 版. 北京：人民邮电出版社，2015.
[12] 塞巴斯蒂安·拉施卡. Python 机器学习[M]. 高明，徐莹，陶虎成，译. 北京：机械工业出版社，2017.
[13] 胡松涛. Python 网络爬虫实战[M]. 北京：清华大学出版社，2016.
[14] 韦玮. 精通 Python 网络爬虫：核心技术、框架与项目实战[M]. 北京：机械工业出版社，2017.
[15] 罗伯特·塞奇威克. 程序设计导论：Python 语言实践[M]. 江红，余青松，译. 北京：机械工业出版社，2016.
[16] 刘春茂，裴雨龙，展娜娜. Python 程序设计案例课堂[M]. 北京：清华大学出版社，2017.
[17] 韦玮. Python 程序设计基础实战教程[M]. 北京：清华大学出版社，2018.
[18] 韦玮. 12306 火车票抢票[EB/OL]. [2018-5-22]. https://blog.csdn.net/TH_NUM/article/details/80275498.
[19] 匿名. Python 3 实例[EB/OL]. [2018-5-22]. http://www.runoob.com/python3/python3-examples.html.
[20] 匿名. Python 资源大全，让你相见恨晚的 Python 库[EB/OL]. [2018-2-22]. http://mp.weixin.qq.com/s/WYkc9QoJZpmf9glVAI-9ng.
[21] 煜妃. 新手常见的 Python 报错及解决方案[EB/OL]. [2018-2-22]. http://mp.weixin.qq.com/s/eRP-mZaXcPdG86HbVgRedMw.
[22] 匿名. 27 行 Python 代码批量将 PPT 转换为 PDF[EB/OL]. [2018-2-22]. http://mp.weixin.qq.com/s/lPL_HaL3acflmp-Yz6OSIQ.
[23] 赵越. 数林觅风[EB/OL]. [2020-2-22]. https://woaielf.github.io/.
[24] 姜大志，熊智，杜支强. 计算机类专业课程思政实施方略研究[J]. 计算机教育，2021(3): 85-89.
[25] 山阴少年. Python 之任意阶幻方的构造[EB/OL]. (2017-10-28)[2021-07-22]. https://blog.csdn.net/jclian91/article/details/78380798.

图书资源支持

感谢您一直以来对清华版图书的支持和爱护。为了配合本书的使用,本书提供配套的资源,有需求的读者请扫描下方的"书圈"微信公众号二维码,在图书专区下载,也可以拨打电话或发送电子邮件咨询。

如果您在使用本书的过程中遇到了什么问题,或者有相关图书出版计划,也请您发邮件告诉我们,以便我们更好地为您服务。

我们的联系方式:

地　　址:北京市海淀区双清路学研大厦 A 座 714

邮　　编:100084

电　　话:010-83470236　010-83470237

客服邮箱:2301891038@qq.com

QQ:2301891038(请写明您的单位和姓名)

资源下载: 关注公众号"书圈"下载配套资源。

书圈

获取最新书目

观看课程直播